高等职业院校精品教材系列

主体工程施工
——混凝土与砌体结构

陈　琦　主编
梁璋彬　李月莲　林娉婷　副主编
游经团　主审

電子工業出版社
Publishing House of Electronics Industry
北京·BEIJING

内 容 简 介

本书按照教育部职业教育教学改革要求，结合国家示范专业建设与课程改革新成果，采用国家最新的建设工程标准、规范、规程和图集进行编写。本书主要介绍房屋建筑主体工程的施工工序、工艺、质量标准等，内容包括模板工程施工、钢筋工程施工、混凝土工程施工、预应力工程施工、砌体工程施工等。本书内容结合建筑工程实际，注重施工工艺和施工方法，图文并茂，实用性强，方便教学。

本书为高等职业本专科院校对应课程的教材，以及开放大学、成人教育、自学考试、中职学校及培训班的教材，同时也是工程技术人员的一本参考书。

本书配有免费的电子教学课件及大量的模拟试题和答案，详见前言。

图书在版编目（CIP）数据

主体工程施工：混凝土与砌体结构/ 陈琦主编. —北京：电子工业出版社，2017.2
全国高等院校规划教材. 精品与示范系列
ISBN 978-7-121-30713-3

Ⅰ. ①主…　Ⅱ. ①陈…　Ⅲ. ①钢筋混凝土结构－高等学校－教材②砌块结构－高等学校－教材
Ⅳ. ①TU375②TU36

中国版本图书馆 CIP 数据核字（2016）第 314600 号

策划编辑：陈健德（E-mail：chenjd@phei.com.cn）
责任编辑：李　蕊
印　　刷：北京捷迅佳彩印刷有限公司
装　　订：北京捷迅佳彩印刷有限公司
出版发行：电子工业出版社
　　　　　北京市海淀区万寿路 173 信箱　邮编 100036
开　　本：787×1 092　1/16　印张：12.75　字数：326.4 千字
版　　次：2017 年 2 月第 1 版
印　　次：2022 年 7 月第 5 次印刷
定　　价：39.00 元

凡所购买电子工业出版社图书有缺损问题，请向购买书店调换。若书店售缺，请与本社发行部联系，联系及邮购电话：（010）88254888，88258888。

质量投诉请发邮件至 zlts@phei.com.cn，盗版侵权举报请发邮件至 dbqq@phei.com.cn。
本书咨询联系方式：chenjd@phei.com.cn。

前言

近年来，建筑工程施工技术领域发生了深刻的变化，尤其是主体工程施工取得了许多重大的突破和新的成果。主体工程施工是建筑行业的重点工程项目，也是高职院校多个建筑类专业的核心课程，以及施工员、质检员、监理员、造价员等岗位培训、鉴定、考试的核心内容。

本书按照教育部职业教育教学改革要求，结合国家示范专业建设与课程改革新成果，采用国家最新的建设工程标准、规范、规程和图集进行编写。本书主要介绍房屋建筑主体主要工种工程的施工工艺、施工方法及质量标准等，着重培养建筑工程现场一线的施工技术。内容由 5 个项目组成：项目 1 为模板工程施工，项目 2 为钢筋工程施工，项目 3 为混凝土工程施工，项目 4 为预应力工程施工，项目 5 为砌体工程施工。本书主要具有以下特点：

(1) 依据最新的施工规范和规程等编写内容，如《混凝土结构工程施工规范》(GB 50666—2011)、《混凝土结构工程施工质量验收规范》(GB 50204—2015)、《砌体结构工程施工质量验收规范》(GB 50203—2011)、《建筑施工扣件式钢管脚手架安全技术规范》(JGJ 130—2011)、《钢筋机械连接技术规程》(JGJ 107—2010)、《钢筋焊接及验收规程》(JGJ 18—2012)、《混凝土强度检验评定标准》(GB/T 50107—2010)、《混凝土结构施工图平面整体表示方法制图规则和构造详图》(11G101)、《混凝土结构施工钢筋排布规则与构造详图》(12G901) 等。

(2) 教材紧扣建筑工程现场施工实践，体现“适用、实用”原则，如在钢筋连接中介绍目前常用的直螺纹机械连接工艺，在砌体中介绍新型墙体混凝土小型空心砌块和加气混凝土砌块砌筑工艺等。

(3) 针对模板、脚手架专项方案编制，增加模板设计计算及脚手架设计计算内容，并配有详细和完整的计算案例。

(4) 在钢筋下料计算中，引入图集 (11G101) 中的构造详图，以框架梁、框架柱钢筋下料为例，详细介绍梁柱内主筋、箍筋、拉筋的下料计算。

(5) 在每个项目前插入“知识目标”和“能力目标”对读者学习起引导作用，明确学习重点和应达到的能力目标。在每个项目后，设置“能力训练”，方便读者自测与总结。

本课程的综合实践性较强，建议采用多媒体等方式开展教学，学时安排建议：少学时 50 学时，多学时 70 学时。各学校可根据本校的专业教学目标对内容和课时进行适当调整。

本书由福建信息职业技术学院陈琦担任主编并统稿，福州职业技术学院梁璋彬、福建信息职业技术学院李月莲和林娉婷参加编写。具体编写分工如下：陈琦编写课程导入、项目 1、项目 4；李月莲编写项目 2；林娉婷编写项目 3；梁璋彬编写项目 5。本书由福建平潭综合实验区土地开发集团公司高级工程师游经团担任主审。

本书在编写过程中参考引用了大量的文献资料，并得到了有关高等院校、施工企业领导及许多企业一线工程技术人员的大力支持，在此向他们表示衷心的感谢。

由于编者水平有限，书中难免存在不足，恳请广大读者批评指正。

为了方便教师教学，本书还配有免费的电子教学课件与习题参考答案，选用本教材的教师可登录华信教育资源网（http://www.hxedu.com.cn）免费注册后再进行下载，有问题时请在网站留言或与电子工业出版社联系（E-mail：hxedu@phei.com.cn）。

编　者

目　录

0 课 程 导 入

知识目标

1．了解建筑工程的划分。
2．掌握主体结构的含义。
3．熟悉主体结构的形式。
4．了解课程的性质与目标。

能力目标

1．正确表述主体结构的含义与混凝土主体结构施工程序及工作过程。
2．结合实体建筑，正确表述结构形式。
3．了解本课程与其他课程的衔接关系。

0.1 建筑工程划分

建筑工程施工周期较长，从开工到竣工交付使用要经过若干工序、若干专业工种的相互配合，工程质量合格与否，取决于各工序和各专业工种的质量。为确保工程质量达到合格的标准，应对建筑工程进行细化管理。一般可把一个建筑工程划分为单位工程、分部工程、分项工程进行管理和控制。

1. 单位工程

具备独立施工条件并能形成独立使用功能的建筑物及构筑物为一个单位工程，它由建筑工程和建筑设备安装工程共同构成。例如，学校中的一栋教学楼、办公楼，住宅小区中的一栋住宅楼等均为一个单位工程。单位工程由多个分部工程组成。

2. 分部工程

分部工程按专业性质、建筑部位确定。建筑工程可分为地基基础、主体结构、建筑装修、建筑屋面等十个分部工程。主体结构工程就是十大分部工程之一，如图 0.1 所示。

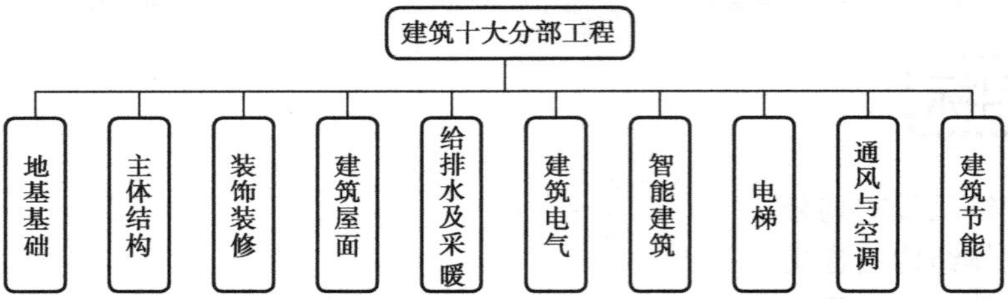

图 0.1　建筑十大分部工程

3. 分项工程

分项工程是工程的最小单位，也是质量管理的基本单元。分项工程的划分主要按工种、材料、施工、设备类别等进行。例如，按工种划分，钢筋混凝土主体工程可分为钢筋工程、模板工程、混凝土工程；按材料划分，砌体结构工程可分为砖砌体、混凝土小型空心砌块砌体、填充墙砌体等。

为了及时纠正施工中出现的质量问题，确保工程质量，施工完成之后要进行检验评定，验评的最小单位是检验批，可把分项工程划分成检验批进行验收。检验批是指按同一生产条件或按规定的方式汇总起来供检验用的并由一定数量样本组成的检验体。

0.2 主体结构的含义

在建筑结构中，基础以上主要承受并传递荷载的结构称为主体结构。主体结构包含混凝土结构、砌体结构、钢结构、木结构等。主体结构工程是建筑十大分部工程之一。

混凝土主体结构工程是由模板、钢筋、混凝土等多个分项工程组成的，其主要构件有柱、梁、板、剪力墙和楼梯，它的施工流程如图 0.2 所示。

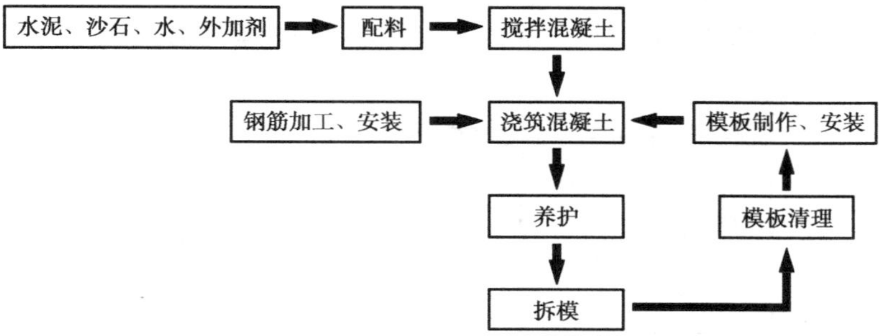

图 0.2　混凝土主体结构施工流程

0.3　主体结构的形式

1．框架结构

框架结构如图 0.3 所示，是指由柱和梁构成的承重体系，即由梁和柱组成框架共同抵抗使用过程中出现的水平荷载和竖向荷载。采用该结构的房屋墙体不承重，仅起到围护和分隔作用。

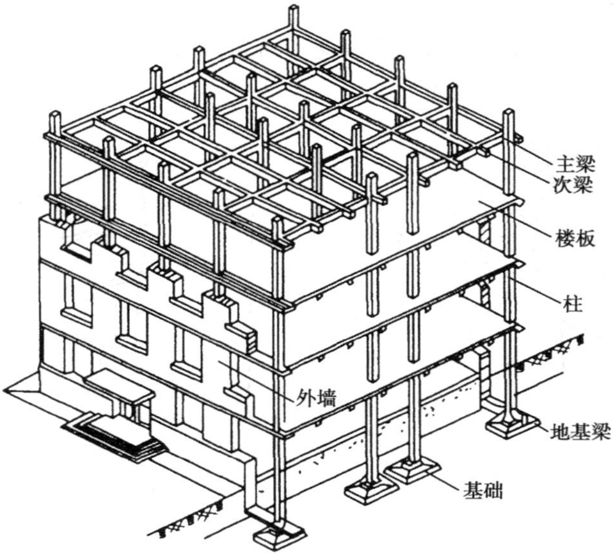

图 0.3　框架结构示意图

2．剪力墙结构

剪力墙结构如图 0.4 所示，是指由钢筋混凝土墙体构成的承重体系，是用钢筋混凝土墙板来代替框架结构中的梁柱以抵抗使用过程中出现的水平荷载和竖向荷载。该墙体不仅起到分隔和围护作用，主要还起承重作用，在家居装修中剪力墙不能拆除或破坏。

3．框架剪力墙结构

框架剪力墙结构简称框剪结构，如图 0.5 所示，这种结构是在框架结构中布置一定数量的剪力墙，由梁柱框架和剪力墙共同承受内力。剪力墙均是落地剪力墙。

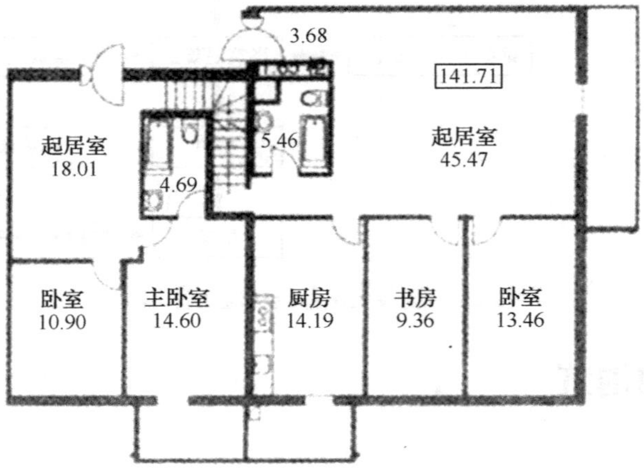

图 0.4　剪力墙结构平面示意图

4．框支剪力墙结构

框支剪力墙结构如图 0.6 所示，是主体结构中的部分剪力墙因建筑要求不能落地，直接落在下层框架梁上，再由框架梁将荷载传至框架柱上，这样的梁就叫框支梁，柱就叫框支柱，上面的墙叫框支剪力墙。这是一个局部的概念，因为结构中一般只有部分剪力墙会是框支剪力墙，大部分剪力墙一般都是落地的。

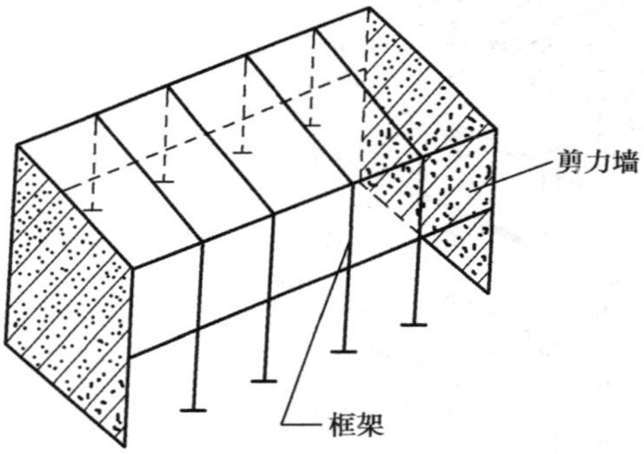

图 0.5　框架剪力墙结构示意图

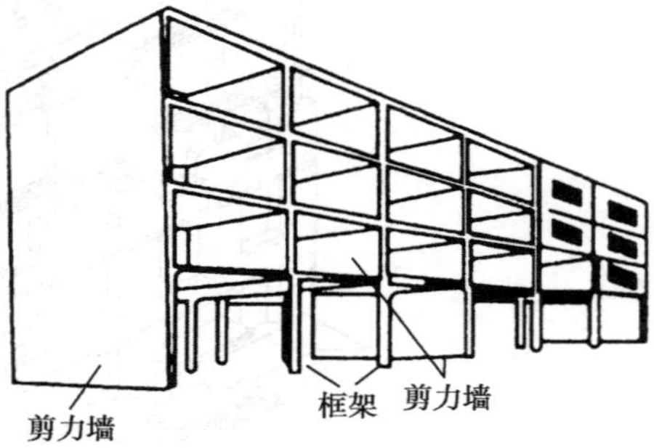

图 0.6　框支剪力墙结构示意图

5．筒体结构

筒体结构如图 0.7 所示，是由框架剪力墙结构与全剪力墙结构综合演变和发展而来的。筒体结构是将剪力墙或密柱框架集中到房屋的内部和外围而形成的空间封闭式的筒体。其特点是剪力墙集中而获得较大的自由分割空间，多用于写字楼建筑。

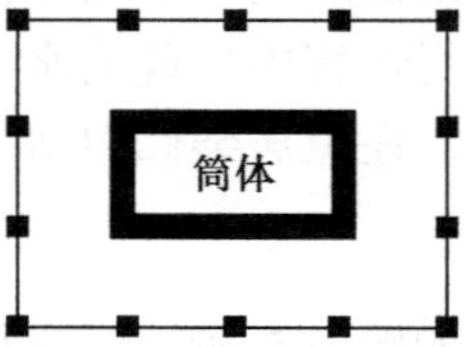

图 0.7　筒体结构示意图

0.4 课程的性质及前后课程衔接

1. 课程性质

主体结构施工是土建类专业的必修课和专业核心课。本课程包含施工人员考试中的许多内容，如各工种施工工艺、施工方法、质量控制、安全检查等方面的内容。

2. 前后课程衔接

本课程的前导课程有建筑材料应用与检测、建筑结构、建筑工程施工图识读、建筑工程测量等；平行课程有地基基础工程施工、屋面与防水工程施工、装饰装修工程施工等；后续课程包括建筑施工组织、建筑工程计量等。

0.5 教学方法和考核方法

1. 教学方法

建议采用多媒体教学、案例教学、任务式教学，到实训基地、施工现场等进行实境教学。

2. 考核方法

课程考核注重学生学习的过程，建议采用过程评价与期末综合评价相结合的考核方法。

0.6 本课程的特点和学习方法

主体结构施工是一门综合性、时效性很强的专业课程，它综合运用建筑工程材料应用与检测、建筑制图与构造、建筑结构、建筑工程测量等课程知识，应用国家颁发的现行建筑工程施工及验收规范和相关施工规程来解决主体结构施工中的问题。

施工技术与生产实践联系非常紧密，生产实践是施工发展的源泉，而技术的发展日新月异，给主体施工提供了日益丰富的技术内容。因此，本课程也是一门实践性很强的课程，学习中需勤动手、勤动脑、勤动口、勤查阅相关资料，重视实训教学环节，实现“做中学、学中做、边做边学”，与学过的知识相联系，理论与实践相联系，培养学生的职业能力。

项目 1

模板工程施工

知识目标

1．熟悉模板的分类及进场验收。
2．熟悉现行规范对模板分项工程的有关规定。
3．掌握模板的构造与安装、模板拆除、模板设计。

能力目标

1．能够指导模板施工（包括模板的定位、安装、检查）。
2．能够进行模板的设计计算。
3．在模板施工过程中，能够进行质量控制，分析处理常见的质量问题。

模板工程是混凝土结构施工的重要项目。现浇框架、剪力墙结构模板使用量按建筑面积约为 2.5 m^2 和 5 m^2，占混凝土结构工程总造价的 25%、总用工量的 35%、工期的 50%～60%。

模板就是使钢筋混凝土结构或构件成形的模型：由水泥、沙子、石子、水及外加剂经过搅拌机搅拌出的混凝土具有一定流动性，需要灌注在与构件形状、尺寸相同的模型内，经过凝结硬化，才能成为需要的构件。

任务 1.1　模板的分类与进场验收

1.1.1　模板的组成及基本要求

模板系统由模板及支撑两部分组成。模板的形状和尺寸要与结构构件相同，并应具有一定的强度和刚度，以保证在混凝土自重、施工荷载及混凝土侧压力的作用下，不破坏、不变形、不漏浆。支撑系统是保证模板形状、尺寸及其空间位置的支撑体系。根据不同的结构构件及其空间位置来选择和设计不同的支撑系统。支撑系统既要保证模板的空间位置的准确性，又要承受模板、钢筋、混凝土的自重及施工荷载，所以要求支撑系统具备足够的强度、刚度和稳定性，在上述荷载作用下不沉降、不变形、不破坏。

对模板及支撑系统安装的基本要求：要保证结构和构件的形状、尺寸、位置的准确；具有足够的强度、刚度和稳定性；板面平整、接缝严密；构造简单、装拆方便，能多次周转使用；选材合理、用料经济。

1.1.2　模板的种类

模板的种类很多，按材料分：木模、钢模、钢木模、木竹胶合板、铝合金、塑料模板等。

按安装方式分：

拼装式——木模、小钢模、胶合板模板；

整体式——大模、飞模、隧道模；

移动式——筒壳模、滑模、爬升模；

永久式——预应力、非预应力混凝土薄板、压延钢板。

1. 胶合板

包括木胶合板和竹胶合板。木胶合板是由木段旋切成单板或由木方刨切成薄木，再用胶粘剂胶合而成的三层或多层的板状材料，通常用奇数层单板，并使相邻层单板的纤维方向互相垂直胶合而成。竹胶合板由竹席、竹帘、竹片等多种组坯结构与木单板等其他材料复合而成。胶合板模板具有表面平整光滑，容易脱模；耐磨性强；防水性好；模板强度和刚度较好，使用寿命较长，周转次数可达 20～30 次以上；材质轻，适宜加工大面积模板，板缝少，能满足清水混凝土施工的要求等优点。胶合板常用厚度一般为 18 mm，内、外楞的间距通过设计计算进行调整；拼板接缝处要求附加小龙骨。支撑系统可以选用钢管脚手，也可采用木材。采用木支撑时，不得选用脆性、严重扭曲和受潮容易变形的木材。钉子长度应为胶合板厚度的 1.5～2.5 倍，每块胶合板与木楞相叠处至少钉两颗钉子。木胶合板的规格尺寸见表 1.1。

表 1.1　木胶合板的规格尺寸

厚度（mm）	层数	宽度（mm）	长度（mm）
12	至少 5 层	915	1 830
15	至少 7 层	1 220	1 830
18		915	2 135
		1 220	2 440

注：平行方向指平行胶合板表板的纤维方向。

胶合板必须选用经过板面覆膜罩面处理后的胶合板；在施工现场的使用中，脱膜后立即清洗表面浮浆，堆放整齐；模板拆除时，严禁抛扔，以免损伤板面处理层；胶合板边角应涂有封边胶，故应及时清除水泥浆；胶合板板面尽量不钻孔洞；遇有预留孔洞时，可用普通木板拼补；使用前必须涂刷脱膜剂，便于脱膜，防止损坏模板。

2．组合钢模板

组合钢模板由钢模板和配件两大部分组成，见图 1.1。钢模板包括平面模板、阳角模板、阴角模板等。配件主要有连接件和支撑件，连接件包括有 U 形卡、L 形插销、钩头螺栓等，支撑件主要采用钢管。钢模板的肋高为 55 mm，宽度、长度和孔距采用模数制设计，钢模板（$\delta = 2.50$ mm、2.75 mm、3.00 mm）经专用设备压轧成形并焊接，采用配套的通用设备，能组合拼装成不同尺寸的板面和整体模架。组合钢模板包括宽度为 100～300 mm，长度为 450～1 500 mm 的组合小钢模板；宽度为 350～600 mm，长度为 450～1 800 mm 的组合宽面钢模板；宽度为 750～1 200 mm，长度为 450～2 100 mm 的组合轻型大钢模板。组合钢模板的特点是强度高、刚度大；组装灵活、装拆方便；通用性强、周转次数多；节约木材，混凝土成形质量好。

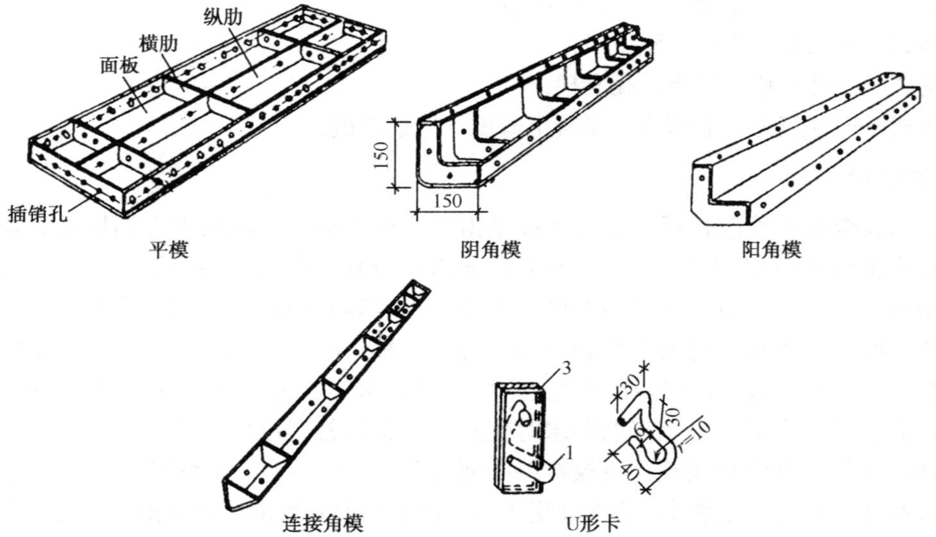

图 1.1　组合钢模板的组成

钢模板采用模数制设计，通用模板的宽度应以 50 mm 进级，宽度超过 600 mm，应以

150 mm 进级；长度应以 150 mm 进级，长度超过 900 mm，应以 300 mm 进级。钢模板规格见表 1.2。

表 1.2　钢模板规格（mm）

名　称	代号	宽　度	长　度	肋高
平面模板	P	1 200、1 050、900、750、600、550、500、450、400、350、300、250、200、150、100	2 100、1 800、1 500、1 200、900、750、600、450	55
阴角模板	E	150×150，100×150	1 800、1 500、1 200、900、750、600、450	
阳角模板	Y	100×100，50×50		
连接角模	J	50×50	1 500、1 200、900、750、600、450	

3．大模板

大模板由面板结构、支撑系统、操作平台及附件组成（见图 1.2）。面板的材料有钢板、木（竹）胶合板。整块钢面板用 4～6 mm（以 6 mm 为宜）的钢板拼焊而成。这种面板具有良好的强度和刚度，能承受较大的混凝土侧压力及其他施工荷载，重复利用率高，一般周转次数在 200 次以上。钢板面平整光洁、耐磨性好、易于清理，这些均有利于提高混凝土表面的质量，对于施工清水混凝土较有利。缺点是耗钢量大、重量大（40 kg/m^2）、易生锈、损坏后不易修复。

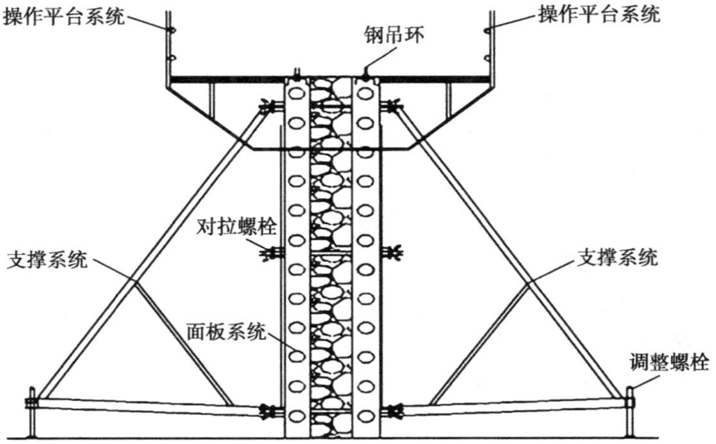

图 1.2　大模板构造示意图

4．滑动模板

滑动模板又称滑模。滑模在框架剪力墙结构、剪力墙结构和烟囱、筒仓等构筑物施工中得到广泛的应用。滑模装置主要由模板系统、操作平台系统、液压系统等组成（见图 1.3）。

随着混凝土的浇注，模板在液压系统的动力作用下，连续向上滑升；随着模板的滑升，依次在模板内浇筑混凝土和绑轧钢筋，从而逐步完成结构混凝土的浇筑工作，直至达到设计标高为止。特点是避免了模板重复拆装造成的施工间断，提高了施工效率，节约大量的模板

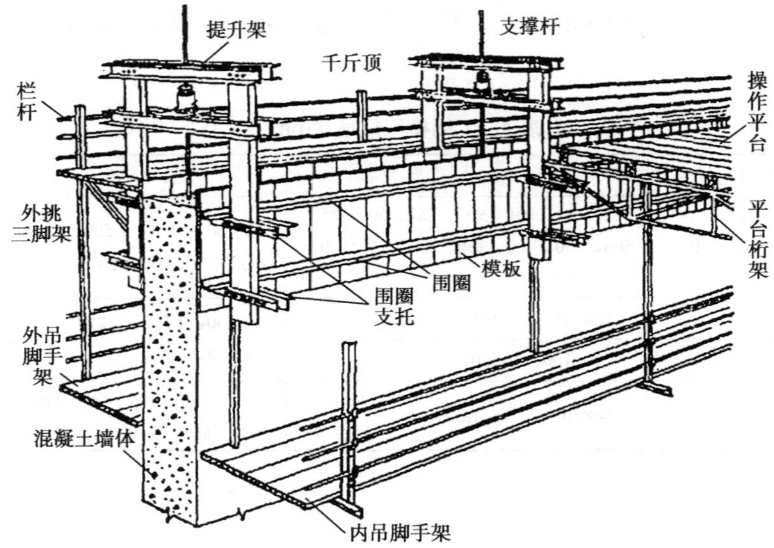

图 1.3　液压滑升模板构造

和脚手架，节省劳动力，结构整体性好，对建筑的立面和造型有一定的限制。

5. 爬升模板

爬升模板是一种适用于现浇钢筋混凝土竖直或倾斜结构施工的模板，如墙体、桥梁、塔柱等（见图 1.4）。

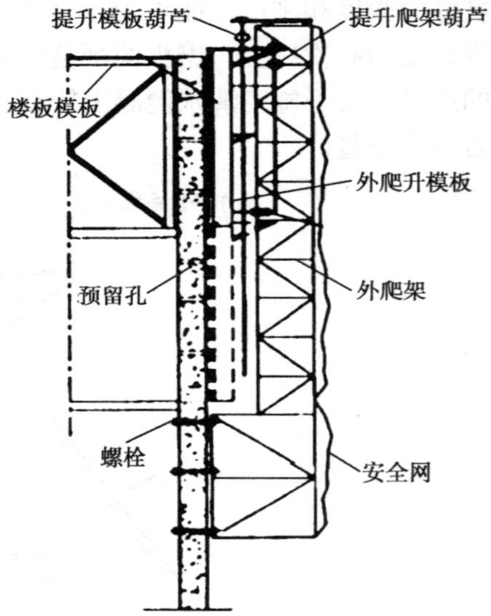

图 1.4　爬模构造

爬升模板是综合大模板与滑动模板的工艺与特点的一种模板工艺，具有大模板和滑动模板共同的优点，尤其适用于超高层建筑施工。

它与滑动模板一样，在结构施工阶段依附在建筑竖向结构上，随着结构施工而逐层上升，这样模板可以不占用施工场地，也不用其他垂直运输设备。另外，它装有操作脚手架，施工时有可靠的安全围护，故可不需搭设外脚手架，特别适用于在较狭小的场地上建造多层或高层建筑。

1.1.3　模板材料的进场验收

进入施工现场的材料必须进行验收并填写验收记录和验收清单。模板材料必须持有出厂合格证和力学性能试验报告。

胶合板模板的材料应符合施工技术方案的要求，同时必须满足施工技术规范和模板设计的要求。胶合板的厚度不小于 15 mm，也不宜大于 20 mm。胶合板必须是酚醛树脂胶合板，不得使用脲醛树脂胶合板。模板用胶合板必须保证有一个完好的板面，表面不得有腐朽、虫蛀、木节及拼缝等缺陷，模板的胶合层不应脱胶翘角。胶合板不得有划伤、破边、破角、起层、脱皮等缺陷。模板木方必须是Ⅱ等红松或白松，并持有出厂合格证。木材的含水率不得大于 18%，含水率过大时应进行自然干燥或烘干。

组合钢模板的板面必须平整，无扭曲、凸凹，无重皮、掉漆等缺陷。几何尺寸偏差应控制在 1 mm 之内，并不得有边角开焊现象发生。组合钢模板的板面应在 2.5 mm 以上，板肋应在 2 mm 以上。组合钢模板的对接间隙应小于 0.25 mm，安装后的模板不得漏浆。组合钢模板的肋高 55 mm，新模板的肋板不得弯曲。模板的销孔孔径为 12.2 mm，位置距板面 22 mm，距肋板边缘 23 mm。

支撑钢管必须顺直，无弯曲、重皮、开焊等缺陷。支架杆件的直径、壁厚等，应符合设计要求；钢管必须持有出厂合格证和材质试验单。模板的附件如勾头螺栓、3 形扣件、L 形插销等都必须符合相应的质量要求。

有必要时，应对模板、支架杆件和连接件的力学性能进行抽样检查。

任务 1.2　模板的设计

模板工程的施工根据其自身特点，可以划分为三个阶段：模板设计、模板安装和模板拆除。这三个阶段均应由施工单位完成。它们之间既有区别，又有密切联系。

与建筑工程的施工图设计不同，模板的设计通常由承担工程施工任务的施工单位完成。对于大型、复杂或有特殊功能要求的模板体系也可以由施工单位委托设计单位或其他具备设计资质的相关单位进行设计。但是，其质量、安全责任仍应由施工承包单位承担。在这种情况下，施工单位有责任对模板委托设计的设计质量进行严格审查，必要时还可以组织对模板设计方案进行专项审查或评估。

模板设计虽然与模板安装及拆除由同一单位完成，但是不能因此就减少或简化模板设计这一重要环节。对于模板的质量与安全，模板设计人员有不可推卸的责任。模板设计的计算书和施工图应列为工程档案长期保存。模板设计人员应参与模板安装与混凝土浇筑的整个施工过程，随时参与监控模板工程的质量与安全等各项工作。

1.2.1　模板设计内容

为了保证施工质量和安全，模板及其支架都应该进行设计，以保证其具有足够的承载能力、刚度和稳定性。模板设计的内容主要包括以下 4 个方面：

（1）模板方案的选择（选型和选材）。

（2）模板荷载分析。

（3）模板计算（承载力、刚度与稳定性）及构造措施。

（4）模板施工图绘制及模板安装说明。

1.2.2　模板设计过程

模板的设计包括选型、计算、调整、确定几个过程。

选型：首先应根据工程特点、施工部位和施工条件，选择适当的模板类型和模板材料，确定适宜的模板支撑系统。

计算：根据初步确定的模板类型、材料和模板支撑系统，进行荷载分析与结构计算，完成模板设计计算书，确定模板安装的主要参数及相应的构造措施。

调整：对各个要素进行综合分析，进行必要的调整和补充。

确定：明确模板施工的各项技术要求，完成模板施工图的绘制，并编制模板设计说明。

对于简单的工程，如果已经做过类似的计算，或已有成熟的施工经验，能够确定材料规格和模板构造，则可以不再重新进行模板的结构计算而直接引用，从而作出模板的施工图和设计说明。

1．模板的计算

1）荷载分析

模板及支架的设计应计算不同工况下的各项荷载。常遇的荷载应包括模板及支架自重（G_1）、新浇筑混凝土自重（G_2）、钢筋自重（G_3）、新浇筑混凝土对模板侧面的压力（G_4）、施工人员及施工设备荷载（Q_1）、混凝土下料产生的水平荷载（Q_2）、泵送混凝土或不均匀堆载等因素产生的附加水平荷载（Q_3）及风荷载（Q_4）等，各项荷载的标准值可按以下方式确定。

（1）模板及支架自重标准值 G_{1k}。

如对于楼板模板也可参考表 1.3 中的经验数据计算。

表 1.3　模板及支架自重标准值 G_{1k}（kN/m^2）

项 目 名 称	木　模　板	定型组合钢模板
无梁楼板的模板及小楞	0.30	0.50
有梁楼板模板（包含梁模板）	0.50	0.75
楼板模板及支架（楼层高度为 4 m 以下）	0.75	1.10

（2）新浇筑混凝土自重标准值 G_{2k}。

普通混凝土可采用 24 kN/m^3，对于其他混凝土可按照容重确定。

（3）钢筋自重标准值 G_{3k}。

钢筋重量标准值应根据工程结构设计图纸确定。对于一般钢筋混凝土梁板结构，钢筋重量标准值可采用下列数值：

楼板——1.1 kN/m^3；梁——1.5 kN/m^3。

（4）新浇筑混凝土对模板侧面的压力标准值 G_{4k}。

采用内部振捣器时且浇筑速度不大于 10 m/h、混凝土的坍落度不大于 180 mm，新浇筑的混凝土作用于模板的最大侧压力可按以下两式计算，并取两式中的较小值。

$$F = 0.28\gamma_c t_0 \beta V^{\frac{1}{2}} \tag{1-1}$$

$$F = \gamma_c H \tag{1-2}$$

式中，F 为新浇筑混凝土对模板的最大侧压力标准值（kN/m^2）。γ_c 为混凝土的重力密度（kN/m^3）。t_0 为新浇筑混凝土的初凝时间（h），可按实际测量值确定，当缺乏试验资料时可采用 $t_0=200/(T+15)$ 计算，T 为混凝土的温度（℃）。β 为混凝土坍落度影响修正系数，当坍落度大于 50 mm 且不大于 90 mm 时，β 取 0.85；当坍落度大于 90 mm 且不大于 130 mm 时，β

取 0.9；当坍落度大于 130 mm 且不大于 180 mm 时，β 取 1.0。V 为混凝土浇筑高度（厚度）与浇筑时间的比值，即浇筑速度（m/h）。H 为混凝土侧压力计算位置处至新浇筑混凝土顶面的总高度（m）。混凝土侧压力的计算分布图如图 1.5 所示，图中 $h = F / \gamma_c$。

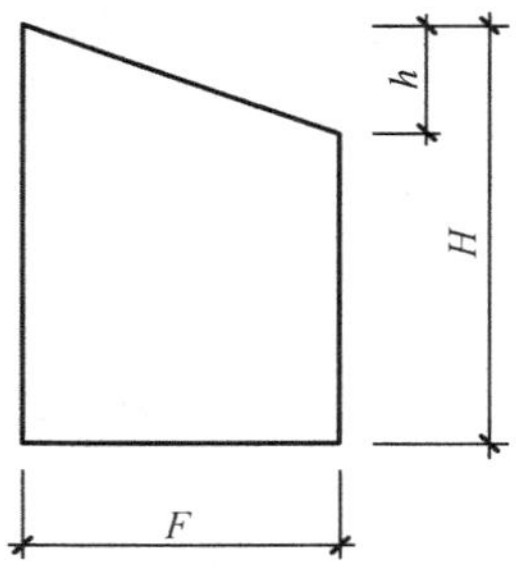

h—有效压头高度；H—模板内混凝土总高度；F—最大侧压力

图 1.5　混凝土侧压力分布

当浇筑速度大于 10 m/h，或混凝土的坍落度大于 180 mm 时，侧压力的标准值可按公式（1-2）计算。

（5）施工人员及施工设备的荷载标准值 Q_{1k}。

施工人员及施工设备的荷载标准值 Q_{1k} 可按实际情况计算，且不应小于 2.5 kN/m^2。

（6）混凝土下料产生的水平荷载标准值 Q_{2k}。

混凝土下料产生的水平荷载标准值如表 1.4 所示。

表 1.4　混凝土下料产生的水平荷载标准值

下 料 方 式	水平荷载（kN/m^2）
溜槽、串筒、导管或泵管下料	2
吊车配备斗容器下料或小车直接倾倒	4

（7）泵送混凝土或不均匀堆载等因素产生的附加水平荷载标准值 Q_{3k}。

可取计算工况下竖向永久荷载标准值的 2%，并应以线荷载形式作用在模板支架上端水平方向。

（8）风荷载标准值 Q_{4k}。

可按现行国家标准《建筑结构荷载规范》（GB 50009）的有关规定计算，此时基本风压可按 10 年一遇的风压取值，但基本风压不应小于 0.2 kN/m^2。

2）荷载组合

混凝土的模板及支架按表 1.5 的规定确定最不利的作用效应组合。承载力验算应采用荷载基本组合，变形验算应采用永久荷载标准组合。

表 1.5　参与模板及支架承载力计算的各项荷载组合

计 算 内 容		荷 载 组 合
模板	底面模板的承载力	$G_1+G_2+G_3+Q_1$
	侧面模板的承载力	G_4+Q_2
支架	支架水平杆及节点的承载力	$G_1+G_2+G_3+Q_1$
	立杆的承载力	$G_1+G_2+G_3+Q_1+Q_4$
	支架结构的整体稳定	$G_1+G_2+G_3+Q_1+Q_3$ $G_1+G_2+G_3+Q_1+Q_4$

注：表中的“+”仅表示各项荷载参与组合，而不表示代数相加。

3）模板及其支架验算

（1）模板及支架结构构件应按短暂设计状况下的承载能力极限状态进行设计，并应符合下式要求：

$$\gamma_0 S \leqslant \frac{R}{\gamma_R} \tag{1-3}$$

式中　γ_0——结构重要性系数，对重要的模板及支架宜取$\gamma_0 \geqslant 1.0$；对于一般的模板及支架应取$\gamma_0 \geqslant 0.9$。

S——荷载基本组合的效应设计值。

R——模板及支架结构构件的承载力设计值，应按国家现行有关标准计算。

γ_R——承载力设计值调整系数，应根据模板及支架重复使用情况取用，不应小于 1.0。

（2）模板及支架的荷载基本组合的效应设计值，可按下式计算：

$$S = 1.35\alpha\sum_{i\geqslant1} S_{G_{ik}} + 1.4\psi_{cj}\sum_{j\geqslant1} S_{Q_{jk}} \tag{1-4}$$

式中　$S_{G_{ik}}$——第 i 个永久荷载标准值产生的荷载效应值。

$S_{Q_{jk}}$——第 j 个可变荷载标准值产生的荷载效应值。

α——模板及支架的类型系数，对侧面模板，取 0.9；对底面模板及支架，取 1.0。

ψ_{cj}——第 j 个可变荷载的组合值系数，宜取$\psi_{cj} \geqslant 0.9$。

（3）模板及支架的变形验算应符合下式要求：

$$a_{fk} \leqslant a_{f,lim} \tag{1-5}$$

式中　a_{fk}——采用荷载标准组合计算的构件变形值。

$a_{f,lim}$——变形限值。

（4）模板及支架的变形限值应符合下列规定：

对结构表面外露的模板，挠度不得大于模板构件计算跨度的 1/400；对结构表面隐蔽的模板，挠度不得大于模板构件计算跨度的 1/250；对清水混凝土模板，挠度应满足设计要求；支架的轴向压缩变形值或侧向弹性挠度值不得大于计算高度或计算跨度的 1/1 000。

（5）模板支架的高宽比不宜大于 3。当高宽比大于 3 时，应增设稳定性措施，并应进行支架的抗倾覆验算。

（6）支架应按混凝土浇筑前和混凝土浇筑时两种工况进行抗倾覆验算。支架的抗倾覆验算应满足下式要求：

$$\gamma_0 M_0 \leqslant M_r \tag{1-6}$$

式中　γ_0——结构重要性系数。

M_0——支架的倾覆力矩设计值，按荷载基本组合计算，其中永久荷载分项系数取 1.35，可变荷载分项系数取 1.4。

M_r——支架的抗倾覆力矩设计值，按荷载基本组合计算，其中永久荷载的分项系数取 0.9，可变荷载的分项系数取 0。

（7）模板支架结构钢构件的长细比不应超过表 1.6 规定的容许值。

2．构造措施

除设计验算外，维持结构整体稳定性的构造措施非常重要。由于施工情况的复杂性和各

表 1.6 模板支架结构钢构件的容许长细比

构件类别	容许长细比
受压构件的支架立柱及桁架	180
受压构件的斜撑、剪刀撑	200
受拉构件的钢杆件	350

种载荷的不确定性，许多因素难以进行定量计算和验算。许多构造措施实际上是大量经验与教训的结晶，属于概念设计的范畴。例如，设置斜向剪刀撑，防止水平倾覆及受荷不均匀引起的扭转倾覆。对模板工程安全事故的分析表明，未对模板体系的整体稳定性给予充分考虑，采取的构造措施不足或缺少，往往是造成模板体系倾覆、倒塌的重要原因之一。

3. 模板施工图绘制

完成模板结构计算后，应根据计算结果绘制模板施工图。模板施工图依模板工程的规模与复杂程度不同有较大差异。复杂的模板施工图实际就是一套完整的结构设计图；而对简单的模板工程，施工图则比较简单。通常模板施工图设计应包括以下内容。

（1）模板体系设计：根据工程结构设计图纸的要求及模板加工的要求确定，并应包括模板位置、标高等信息。

（2）模板板面设计：按照可能达到或要求达到的周转次数及投入条件确定。

（3）模板拼缝设计：按照结构的功能要求及模板加工条件，确定采用的拼缝方式（硬拼缝、企口缝等）。

（4）螺栓、龙骨、支撑设计：经计算确定其数量、位置、间距、直径、断面尺寸、连接方式等。

（5）模板起拱设计：根据构件跨度和荷载，确定起拱高度和相关要求。

（6）模板构造设计：应采取增强模板整体稳定性的构造措施，模板重要部位的构造措施应予以加强。

（7）细部设计：在完成模板体系的设计后，为使模板施工安装有可操作性，还需要进行某些节点的细部设计。通常需要对下列部位进行节点细部设计，即清水楼梯踏步、外门窗口滴水线、外墙企口式门窗口模板、装饰线条模板、拆装式门窗口钢模板、丁字墙门口处整体模板、墙体门窗口一体式大钢模板等。

（8）编制模板施工图说明：以文字形式完善模板设计的各种具体要求，增加模板施工图的可读性，以便于施工操作。

1.2.3 楼板模板计算

楼板（平台）模板一般支撑在横楞（木楞或钢楞）上，横楞再支撑在下部支柱上，两端则支撑在梁的立挡上。

1. 板模板计算

（1）当为木模板时，木楞的间距一般为 0.5～1.0 m，模板按连续梁计算，可按结构计算方法或查表求出它的最大弯矩和挠度，再按下式分别进行强度和刚度的验算。

截面抵抗矩：

$$W \geqslant \frac{M}{f_m} \tag{1-7}$$

挠度：

$$w = \frac{K_w q l^4}{100EI} \leqslant [w] = \frac{l}{400} \tag{1-8}$$

剪应力：

$$\tau = \frac{3V}{2bh} \leqslant f_v \tag{1-9}$$

式中 W——板模板的截面抵抗矩（mm^3），$W = \frac{bh^2}{6}$。

M——板模板计算最大弯矩（N·mm），对三跨连续梁，$M = 0.1ql^2$。

f_m——木材抗弯强度设计值（N/mm^2）。

f_v——木材抗剪强度设计值（N/mm^2）。

w——板模板的挠度（mm）。

K_w——挠度系数，一般按三跨连续梁取 0.677。

q——作用于模板底板上的均布荷载。

l——计算跨度，等于木楞间距（mm）。

E——木材的弹性模量，$E = (9\sim12)\times10^3\ N/mm^2$。

I——底板的截面惯性矩（mm^4），$I = \frac{bh^3}{12}$。

b——底板木板的宽度（mm）。

h——底板木板的厚度（mm）。

$[w]$——板模板的容许挠度，取 $l/400$。

（2）当为组合式钢模板时，钢楞间距按图 1.6 所示的位置布置，可按单跨两端悬臂板求弯矩和挠度，再按下式分别进行强度和刚度的验算。

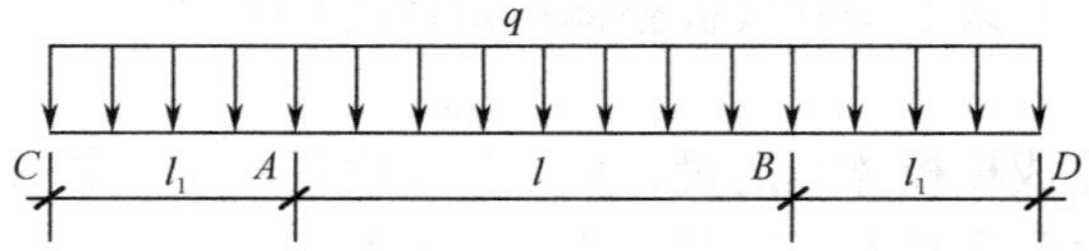

图 1.6 楼板平台模板采用组合钢模板时的计算简图

当施工荷载均布作用时，设 $n = \frac{l_1}{l}$。

支座弯矩：

$$M_A = 0.5q_1 l_1^2$$

跨中弯矩：

$$M = \frac{1}{8}q_1 l^2 (1 - 4n^2)$$

按以下公式进行截面强度的验算：

$$\sigma = \frac{M}{W} < f \tag{1-10}$$

板的挠度按下式验算。

端部挠度：

$$w=\frac{q_2 l_1 l^3}{24EI}(-1+6n^2+3n^3)\leqslant[w]=\frac{l}{400} \tag{1-11}$$

跨中挠度：

$$w=\frac{q_2 l^4}{384EI}(5-24n^2)\leqslant[w]=\frac{l}{400} \tag{1-12}$$

式中 q_1、q_2——分别为作用于钢模板上不同组合的均布荷载（N/mm）。

l——钢模板技术跨度（mm），等于钢楞间距。

l_1——钢模板悬臂端长度（mm）。

σ——钢模板承受的应力（N/mm^2）。

W——钢模板截面抵抗矩（mm^3）。

f——钢模板的抗拉、抗弯强度设计值，取215 N/mm^2。

E——钢材的弹性模量，$E=2.1\times10^5$ N/mm^2。

I——钢模板的截面惯性矩（mm^4）。

$[w]$——钢模板的容许挠度，取$l/400$。

2．板模板横楞计算

横楞由支柱或钢桁架支撑，其跨距一般与板模块跨距相当，当横楞长度较大（大于1.5 m）时，按二跨或三跨连续梁计算；当横楞长度较小（小于1.5 m）时，按单跨两端悬臂梁计算，求出最大弯矩和挠度，然后用模板同样的方法进行强度和刚度的验算。

3．支柱计算

当采用木支柱时，强度和稳定性验算方法同梁、木顶撑的计算方法；当采用工具或钢管架或钢管脚手支架支顶时，其强度和稳定性验算方法参见钢管架计算和钢管脚手支架计算。

【案例1】 商住楼底层楼板模板验算

商住楼底层平台楼面，标高为6.5 m，楼板厚200 mm，次梁截面为250 mm×600 mm，中心2.0 m，采用组合钢模板支模，主板型号为P3015（钢面板厚度为2.3 mm，重量0.33 kN/m^2，$I_X=26.39\times10^4$ mm^4，$W_X=5.86\times10^3$ mm^3，钢材设计强度为215 N/mm^2，弹性模量为2.1×10^5 N/mm^2。支撑横楞用内卷边槽钢，钢楞间距0.75 m。下面进行楼板模板验算。

解： 1）楼板模板验算

（1）荷载计算。

楼板标准荷载如下。

楼板模板自重为0.33 kN/m^2。

楼板混凝土自重为$24\times0.20=4.8$ kN/m^2。

楼板钢筋自重为$1.1\times0.20=0.22$ kN/m^2。

施工人员及设备（均布荷载）重为2.5 kN/m^2。

则设计均布荷载分别为

$$q_1=[(0.33+4.8+0.22)\times1.35+2.5\times0.9\times1.4]\times0.3=3.11\ kN/m$$

$$q_2=(0.33+4.8+0.22)\times0.3=1.61\ kN/m\text{（变形验算）}$$

（2）强度验算。

计算简图如图 1.7（a）所示。

当施工荷载按均布作用时（见图 1.7（a）），已知 $n=\frac{0.375}{0.75}=0.5$

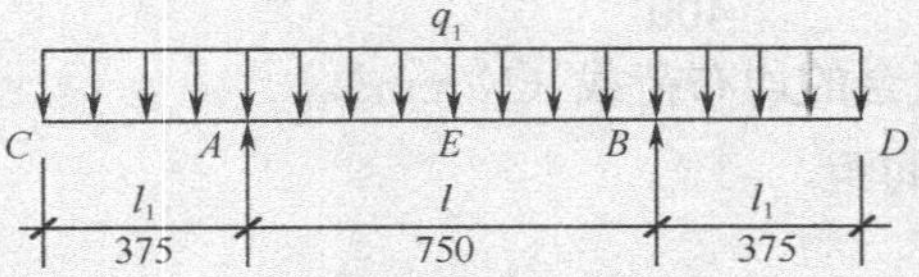

（a）模板的强度计算简图

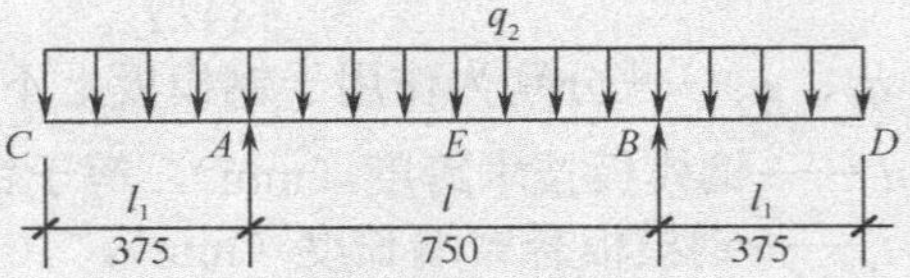

（b）模板的刚度计算简图

图 1.7　楼板模板计算简图

支座弯矩：

$$M_A=0.5q_1l_1^2=0.5\times3.11\times0.375^2$$
$$=0.22\ \text{kN}\cdot\text{m}$$

跨中弯矩：

$$M=\frac{1}{8}q_1l_1^2(1-4n^2)=\frac{1}{8}\times3.11\times0.75^2\times[1-4\times(0.5)^2]=0$$

比较以上弯矩值，截面强度验算，$\sigma=\frac{M}{W}=\frac{0.22\times10^6}{5\,860}=37.54\ \text{MPa}<f=215\ \text{MPa}$，满足要求。

（3）刚度验算。

刚度验算的计算简图如图 1.7（b）所示。

端部挠度：

$$w=\frac{q_2l_1l^3}{24EI}\ (-1+6n^2+3n^3)$$
$$=\frac{1.61\times375\times750^3}{24\times2.1\times10^5\times26.39\times10^4}(-1+6\times0.5^2+3\times0.5^3)=0.167\ \text{mm}$$
$$\leqslant[w]=\frac{l}{400}=\frac{750}{400}=1.875\ \text{mm}$$

跨中挠度：

$$w=\frac{q_2l^4}{384EI}(5-24n^2)$$
$$=\frac{1.61\times750^4}{384\times2.1\times10^5\times26.39\times10^4}(5-24\times0.5^2)=0.024\ \text{mm}$$
$$\leqslant[w]=\frac{l}{400}=1.875\ \text{mm}$$

故刚度满足要求。

2）楼板模板支撑钢楞验算

设钢楞采用两根100 mm× 50 mm× 20 mm× 3 mm 的内卷边槽钢（$W_X=20.06\times10^3\ \text{mm}^4$，$I=100.28\times10^4\ \text{mm}^4$），钢楞间距为0.75 m。

（1）荷载计算。

钢楞承受的楼板标准荷载与楼板相同，则钢楞承受的均布荷载为

$$q_1=[(0.33+4.8+0.22)\times1.35+2.5\times0.9\times1.4]\times0.75=7.78\,\text{kN/m}$$

$$q_2=(0.33+4.8+0.22)\times0.75=4\,\text{kN/m}\text{（变形验算）}$$

（2）强度验算。

钢楞强度验算简图如图 1.8（a）所示，$n=\dfrac{0.3}{1.0}=0.3$。

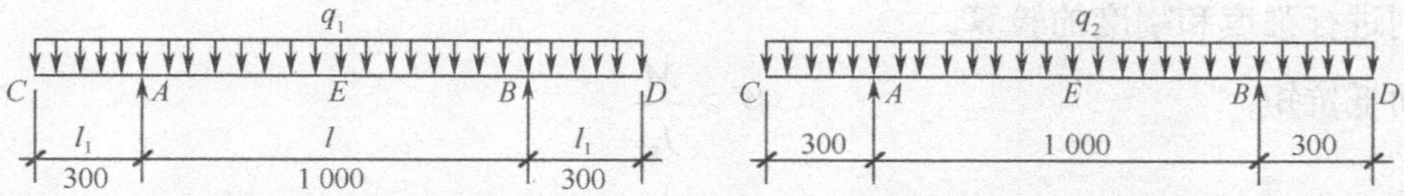

（a）钢楞的强度计算简图　　（b）钢楞的刚度计算简图

图 1.8　支撑楼板模板的钢楞计算简图

当施工荷载均布作用时

支座弯矩：

$$\begin{aligned}M_\text{A}&=0.5q_1l_1^2\\&=0.5\times7.78\times0.3^2\\&=0.35\,\text{kN}\cdot\text{m}\end{aligned}$$

跨中弯矩：

$$M=\frac{1}{8}q_1l^2(1-4n^2)=\frac{1}{8}\times7.78\times1.0^2\times[1-4\times(0.3)^2]=0.62\,\text{kN}\cdot\text{m}$$

比较以上弯矩值，有

$$\sigma=\frac{M}{W}=\frac{0.62\times10^6}{20.06\times10^3\times2}=15.5\,\text{MPa}<f=215\,\text{MPa}$$

强度满足要求。

（3）刚度验算（见图 1.8（b））。

端部挠度：

$$\begin{aligned}w&=\frac{q_2l_1l^3}{24EI}(-1+6n^2+3n^3)\\&=\frac{4\times300\times1\,000^3}{24\times2.1\times10^5\times100.28\times10^4\times2}(-1+6\times0.3^2+3\times0.3^3)=0.469\,\text{mm}\\&\leqslant[w]=\frac{l}{400}=\frac{1\,000}{400}=2.5\,\text{mm}\end{aligned}$$

跨中挠度：

$$\begin{aligned}w&=\frac{q_2l^4}{384EI}(5-24n^2)\\&=\frac{4\times1\,000^4}{384\times2.1\times10^5\times100.28\times10^4\times2}(5-24\times0.3)=1.75\,\text{mm}\\&\leqslant[w]=\frac{l}{400}=2.5\,\text{mm}\end{aligned}$$

故刚度满足要求。

1.2.4 梁模板计算

梁模板的计算包括模板底板、侧模板和底板下的顶撑计算。

1. 梁模板底板计算

梁模板的底板一般支撑在楞木或顶撑上，楞木或顶撑的间距大多为1.0 m 左右，一般按多跨连续梁计算，可按结构力学方法或查有关表求得它的最大弯矩、剪力和挠度，再按以下公式分别进行强度和刚度的验算。

截面抵抗矩：
$$W \geqslant \frac{M}{f_m} \tag{1-13}$$

挠度：
$$w = \frac{K_w q l^4}{100EI} \leqslant [w] = \frac{l}{400} \tag{1-14}$$

剪应力：
$$\tau = \frac{3V}{2bh} \leqslant f_v \tag{1-15}$$

式中 M——模板计算最大弯矩（N·mm）。

V——计算最大剪力，$v = K_v ql$，K_v为剪力系数。

f_m——木材抗弯强度设计值（N/mm^2）。

f_v——木材抗剪强度设计值（N/mm^2）。

W——板模板的截面抵抗矩（mm^3），$W = \frac{bh^2}{6}$。

w——板模板的挠度（mm）。

K_w——挠度系数，一般按三跨连续梁取0.677。

q——作用于模板底板上的均布荷载。

l——计算跨度，等于木楞间距（mm）。

E——木材的弹性模量，$E = (9 \sim 12) \times 10^3$ N/mm^2。

I——底板的截面惯性矩（mm^4），$I = \frac{bh^2}{12}$。

τ——底板木板受到的剪应力（N/mm^2）。

b——底板木板的宽度（mm）。

h——底板木板的厚度（mm）。

$[w]$——板模板的容许挠度，取$l/400$。

2. 梁侧模板计算

梁侧模板受到新浇筑混凝土侧压力的作用（见图 1.9）。

梁侧模支撑在竖向立挡上，其支撑跨度由立挡的间距确定。一般按三跨或四跨连续梁计算，求出其最大弯矩、剪力和挠度值，然后再用与底板计算同样的方法进行强度和刚度的验算。

3. 木顶撑计算

木顶撑（立柱）主要承受梁的底板或楞木传来的竖向荷载的作用。木顶撑一般按两端铰接轴心受压杆件来验算。当顶撑中间不设纵横向拉条时，其计算长度$l_0 = l$（l为木顶撑的长度)；当顶撑中间两个方向设水平拉条时，计算长度 $l_0 = 0.5l$ 。

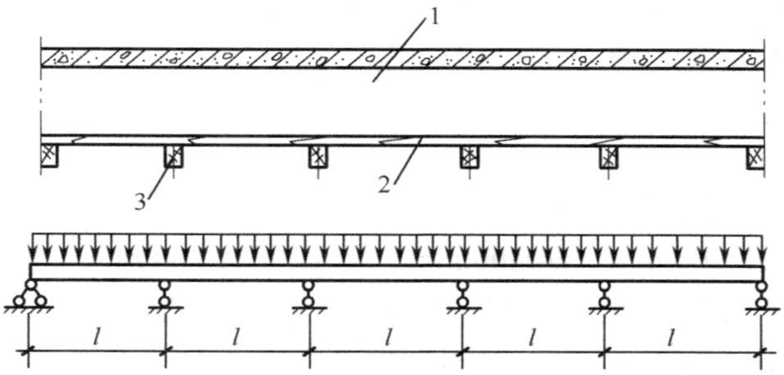

（a）梁模底板计算简图

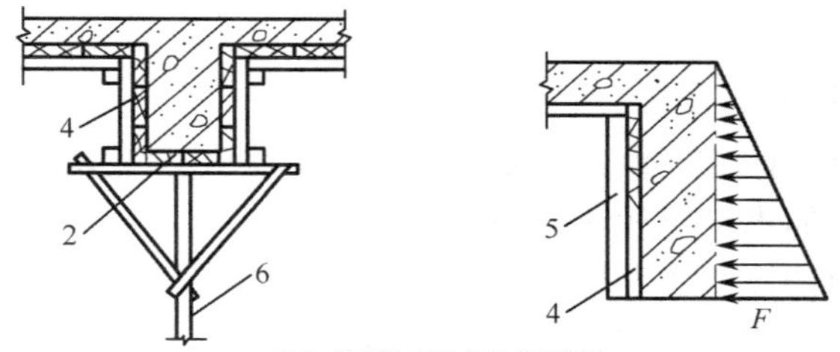

（b）梁模侧模板计算简图

1—大梁；2—底模板；3—楞木；4—侧模板；5—立挡；6—木顶撑

图 1.9　梁侧模板构造和计算

木顶撑的间距一般为800～1 250 mm，顶撑头截面为50 mm×100 mm，顶撑立柱截面为100 mm×100 mm，顶撑承受两根顶撑之间的梁荷载，按轴心受压杆件计算。

1）强度验算

顶撑的受压强度按下式验算：

$$\sigma = \frac{N}{A_n} \tag{1-16}$$

2）稳定性验算

顶撑的稳定性按下式验算：

$$\sigma = \frac{N}{\varphi A_0} \leqslant f_c \tag{1-17}$$

式中　σ——顶撑的压应力。

N——轴向压力，即两根顶撑之间承受的荷载。

A_n——木顶撑的净截面面积。

f_c——木材顺纹抗压强度设计值。

A_0——木顶撑截面的计算面积，当木材无缺口时，$A_0 = A$（A 为木顶撑的毛截面面积）。

φ——轴心受压构件稳定系数，根据木顶撑的长细比 λ 求得，有 $\lambda = l_0 / i$，其中 l_0 为受压构件的计算长度。

i——构件截面的回转半径，对于圆木，$i = d/4$；对于方木，$i = \frac{b}{\sqrt{2}}$。d 为圆截面的

直径，b 为方截面短边。

根据经验，顶撑截面尺寸的选定一般以稳定性来控制。

当梁模板采用组合钢模板时，其计算荷载与木模板相同，计算方法同前述模板计算中有关组合钢模板计算部分。

【案例 2】 某工程梁模板的计算

某工程梁的截面 B=300 mm，H=800 mm，楼板厚度 200 mm，梁模板使用的木方截面 80 mm×80 mm，梁模板截面底部木方距离 400 mm，梁模板截面侧面木方距离 300 mm。梁底与梁侧模面板厚度 h=18 mm，弹性模量 E=10 000 N/mm^2，抗弯强度$[f_m]$=17 N/mm^2，抗剪强度$[f_v]$=1.2 N/mm^2，H 方向对拉螺栓一道，对拉螺栓直径 12 mm（A=76 mm^2）。对拉螺栓间距为 600 mm。

解： 1）梁模板荷载标准值计算

模板自重 0.34 kN/m^2；钢筋自重 1.5 kN/m^3；混凝土自重 24 kN/m^3；混凝土下料直接用小车倾倒，混凝土下料产生的水平荷载 4 kN/m^2。

新浇筑混凝土侧压力计算公式为下式中的较小值：

$$F = 0.28\gamma_c t_0 \beta V^{\frac{1}{2}} = 0.28 \times 24 \times \frac{200}{20+15} \times 1 \times 2.5^{\frac{1}{2}} = 60.72\ \text{kN/m}^2$$

$$F = \gamma_c H = 24 \times 0.6 = 14.4\ \text{kN/m}^2$$

故取 $F = 14.4\ \text{kN/m}^2$。

2）梁模板底模计算

截面抵抗矩 W 和惯性矩 I 分别为

$$W = \frac{300 \times 18^2}{6 \times 1\,000} = 16.2\ \text{cm}^3，\quad I = \frac{300 \times 18^3}{12 \times 10\,000} = 14.58\ \text{cm}^4$$

梁模板底模按照三跨度连续梁计算：

$$q = 0.3 \times [1.35 \times (0.34 + 1.5 \times 0.8 + 24 \times 0.8) + 1.4 \times 0.9 \times 2.5] = 9.34\ \text{kN/m}$$

（1）抗弯强度计算。

$$M_{\max} = -0.10ql^2$$
$$= -0.1 \times 9.34 \times 0.4^2 = -0.15\ \text{kN} \bullet \text{m}$$

$$\sigma = \frac{M}{W} = \frac{0.15 \times 10^6}{16.2 \times 10^3} = 9.57\ \text{N/mm}^2 < 17\ \text{N/mm}^2$$

梁模板底模抗弯计算强度满足要求。

（2）抗剪强度计算。

最大剪力的计算公式如下：

$$Q = 0.6ql = 0.6 \times 9.34 \times 0.4 = 2.24\ \text{kN}$$

截面抗剪强度必须满足：

$$T = \frac{3Q}{2bh} = \frac{3 \times 2.24 \times 10^3}{2 \times 300 \times 18} = 0.62\ \text{N/mm}^2 < 1.2\ \text{N/mm}^2$$

梁模板底模抗剪计算强度满足要求。

（3）挠度计算。

最大挠度计算公式如下：

$$V_{\max} = 0.677\frac{ql^4}{100EI}$$

式中，$q = 0.3 \times (0.34 + 24 \times 0.8 + 1.5 \times 0.8) = 6.22\ \text{N/mm}$。

三跨连续梁均布荷载作用下的最大挠度为

$$V_{\max} = 0.677 \times 6.22 \times 400^4 / (100 \times 10^4 \times 14.58 \times 10^4) = 0.73\ \text{mm}$$

$$< \frac{l}{400} = \frac{400}{400} = 1\ \text{mm}$$

梁模板底模的挠度满足要求。

3）梁模板侧模计算

梁模板侧模按照三跨连续梁计算：

$$W = \frac{600 \times 18^2}{6 \times 1\,000} = 32.4\ \text{cm}^3, \quad I = \frac{600 \times 18^3}{12 \times 10\,000} = 29.16\ \text{cm}^4$$

（1）抗弯强度计算。

抗弯强度计算公式要求：

$$q = (1.35 \times 0.9 \times 14.4 + 1.4 \times 0.9 \times 4) \times 0.8 = 18.03\ \text{kN/m}$$

最大弯矩计算公式如下：

$$M_{\max} = -0.10ql^2$$

$$= -0.1 \times 18.03 \times 300^2 / 10^6 = 0.16\ \text{kN} \cdot \text{m}$$

$$f = 0.16 \times 10^6 / 32.4 \times 10^3 = 4.95\ \text{kN/mm}^2 < 17\ \text{kN/mm}^2$$

梁模板侧模抗弯计算强度满足要求。

（2）抗剪强度计算。

最大剪力的计算公式如下：

$$Q = 0.6ql = 0.6 \times 18.03 \times 0.3 = 3.25\ \text{kN}$$

截面抗剪强度必须满足：

$$T = \frac{3Q}{2bh} = \frac{3 \times 3.25 \times 10^3}{2 \times 600 \times 18} = 0.45\ \text{N/mm}^2 < 1.2\ \text{N/mm}^2$$

梁模板侧模抗剪计算强度满足要求。

（3）挠度计算。

最大挠度计算公式如下：

$$V_{\max} = 0.677\frac{ql^4}{100EI}$$

式中，$V_{\max} = 0.677\frac{14.4 \times 0.8 \times 300^4}{100 \times 10^4 \times 29.16 \times 10^4} = 0.21\ \text{mm} < \frac{300}{400} = 0.75\ \text{mm}$。

梁模板侧模的挠度满足要求。

（4）穿墙螺栓计算。

$$N < [N] = fA$$

式中 N——穿墙螺栓所受到的拉力（kN）。

A——穿墙螺栓的有效面积（mm^2）。

f——穿墙螺栓的抗拉强度设计值，取 170 N/mm^2。

$$N = 18.03 \times 0.6 = 10.82 \text{ kN} < fA = 170 \times 76 / 10^3 = 12.92 \text{ kN}$$

1.2.5 柱模板计算

柱常用截面为正方形或矩形，模板的一般构造如图 1.10 所示。柱模板主要承受混凝土的侧压力和混凝土下料产生的水平荷载，荷载计算和组合与梁模板的侧模基本相同。

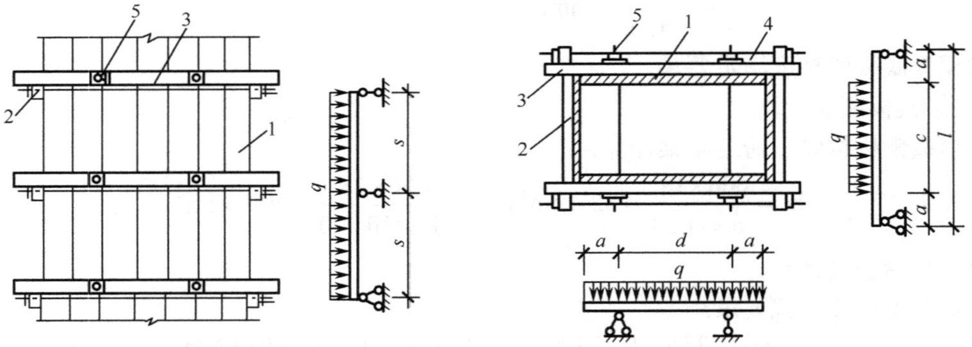

（a）柱模板构造及计算简图　　（b）柱箍长、短边计算简图

1—柱模板；2—柱箍短边方木或钢楞；3—柱箍长边方木或钢楞；4—拉杆螺栓或钢筋箍；5—对拉螺栓

图 1.10　柱模板构造及计算简图

1．柱箍计算

1）柱箍间距计算

柱箍为模板的支撑和支撑件，其间距按柱的侧模板刚度来控制。按两跨连续梁计算，其挠度应满足以下条件：

$$w = \frac{K_w q l^4}{100EI} \leqslant [w] = \frac{l}{400} \tag{1-18}$$

$$l = \sqrt[3]{\frac{EI}{4K_w q}} \tag{1-19}$$

式中　E——弹性模量，木材的弹性模量 $E_t = (9 \sim 10) \times 10^2$ N/mm^2。

I——柱模板截面的惯性矩。

l——柱箍间距（mm）。

K_w——系数，两跨连续梁，$K_w = 0.521$。

q——侧压力线荷载，若模板每块拼板宽度为100 mm，则 $q = 0.1F$。

2）柱箍截面选择

对于长边（见图 1.10（b）），其最大弯矩按下式计算：

$$M_{\max 1} = (1 - 4\lambda^2)\frac{qd^2}{8} \tag{1-20}$$

式中　d——跨中长度。

q——作用于长边上的线荷载。

λ——悬臂部分长度 a 与跨中长度 d 的比值，即 a/d。

柱箍长边需要的截面抵抗矩：

$$W_1=\frac{M_{\max 1}}{f_{\mathrm{m}}} \tag{1-21}$$

对于短边（见图 1.10（b）），其最大弯矩按下式计算：

$$M_{\max 2}=(2-\eta)\frac{qcl}{8} \tag{1-22}$$

式中 q——作用于短边上的线荷载。

c——线荷载分布长度。

l——短边长度。

η——c 与 l 的比值。

柱箍短边需要的截面抵抗矩：

$$W_2=\frac{M_{\max 2}}{f_{\mathrm{m}}} \tag{1-23}$$

3）拉杆螺栓截面选择

拉杆螺栓的拉力 N (N)和需要的截面 A_0 (mm^2)按下式计算：

$$N=\frac{ql}{2} \tag{1-24}$$

$$A_0=\frac{N}{f} \tag{1-25}$$

式中 q——作用于柱箍上的线荷载。

l——柱箍的计算长度。

A_0——拉杆螺栓需要的截面面积。

f——钢材的抗拉强度设计值，采用 Q235 钢，$f=215\ \mathrm{N/mm^2}$。

2. 柱模板计算

柱模板受力按简支梁分析。模板承受的弯矩 M，需要的截面抵抗矩、挠度分别按以下公式计算：

$$M=\frac{ql^2}{8} \tag{1-26}$$

$$W=\frac{M}{f_{\mathrm{m}}} \tag{1-27}$$

$$w=\frac{5ql^4}{384EI}\leqslant[w]=\frac{l}{400} \tag{1-28}$$

符号意义同前。当柱模板采用组合钢模板时，其计算荷载与木模板相同，计算方法也与“板模板计算”中有关组合钢模板计算部分相同。

【案例 3】 某工程柱模板计算

某工程的柱截面尺寸为600 mm×800 mm，柱高 4 m，每个模板高 2 m，采取分节浇筑混凝土，每节浇筑高度为 2 m，浇筑速度 $V=2$ m/h，浇筑时气温 $T=30$ ℃，$E=9.5\times10^3\ \mathrm{N/mm^2}$，

试计算确定柱箍尺寸、间距和模板截面。

解： 柱模板构造及计算简图如图 1.11 所示。

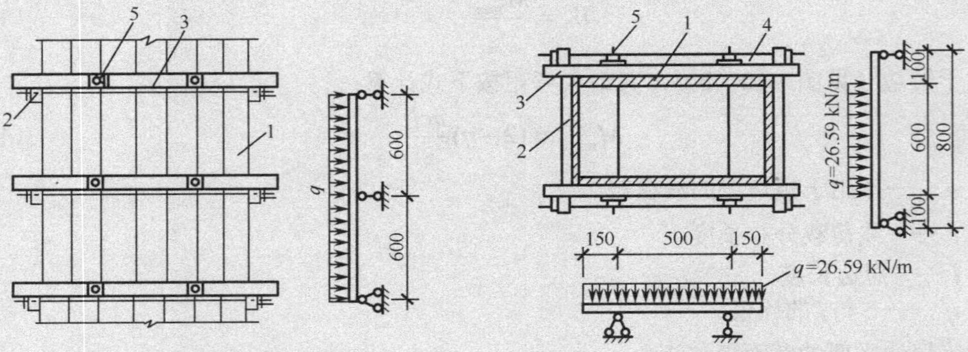

（a）柱模板构造及计算简图　　（b）柱箍长、短边计算简图

1—柱模板；2—柱箍短边方木或钢楞；3—柱箍长边方木或钢楞；4—拉杆螺栓或钢筋箍；5—对拉螺栓

图 1.11　柱模板构造及计算简图

1）荷载计算

新浇筑混凝土对模板产生的侧压力为

$$F = 0.28 r_c \left(\frac{200}{T+15}\right) \beta V^{\frac{1}{2}} = 0.28 \times 24 \times \left(\frac{200}{30+15}\right) \times 1 \times 2^{\frac{1}{2}} = 42.24\ \text{kN/m}^2$$

$$F = 24 \times 2 = 48\ \text{kN/m}^2$$

取 F 值较小者，$F = 42.24\ \text{kN/m}^2$ 作为标准值，并考虑下料混凝土产生的水平荷载 $2\ \text{kN/m}^2$，则总侧压力为 $42.24 \times 1.35 \times 0.9 + 2 \times 1.4 \times 0.9 = 53.84\ \text{kN/m}^2$。

2）柱箍间距计算

假定模板厚 30 mm，每块拼板宽 100 mm，则侧压力的线分布荷载为 $q = 53.84 \times 0.1 = 5.38\ \text{kN/m}$，两跨连续梁的挠度系数 $K_w = 0.521$，$l = \sqrt[3]{\dfrac{EI}{4K_w q}} = \sqrt[3]{\dfrac{9.5\times10^3 \times \frac{1}{12} \times 100 \times 30^2}{4 \times 0.521 \times 5.38}} = 575\ \text{mm}$

根据计算选用柱箍间距 $S = 500\ \text{mm}$，满足设计要求。

3）柱箍截面计算

柱箍受到的侧压力 $F = 42.24\ \text{kN/m}^2$，柱箍间距 S=500 mm，线布荷载 $q = 42.24 \times 0.5 = 21.12\ \text{kN/m}^2$。对于长边，假设两根拉杆，两边悬臂 150 mm，$\lambda = \dfrac{0.15}{0.5} = 0.3$，则承受的最大弯矩：

$$M_{\max 1} = (1 - 4\lambda^2)\frac{qd^2}{8} = \left[1 - 4 \times \left(\frac{0.15}{0.5}\right)^2\right] \times \frac{21.12 \times 0.5^2}{8} = 0.4\,224\ \text{kN}\cdot\text{m}$$

长边柱箍需截面抵抗矩：　$W = \dfrac{M}{f_m} = \dfrac{422\,400}{13} = 32\,492\ \text{mm}^3$

选用 80 mm× 80 mm（$b \times h$）截面，$W = 48\,000\ \text{mm}^3 > W$，符合要求。

对于短边，按简支梁计算，其最大弯矩：

$$M_{\max 2}=(2-\eta)\frac{qcl}{8}=\left(2-\frac{600}{800}\right)\times\frac{21.12\times0.6\times0.8}{8}=1.584\,\text{kN}\cdot\text{m}$$

$$W=\frac{M}{f_{\text{m}}}=\frac{1\,584\,000}{13}=121\,846\,\text{mm}^3$$

选用100 mm×100 mm（$b\times h$）截面，$W=166\,667\,\text{mm}^3>W$，符合要求。

4）模板计算

柱模板按简支梁计算，其最大弯矩：

$$M=\frac{ql^2}{8}=\frac{1}{8}\times5.38\times0.6^2=0.24\,\text{kN}\cdot\text{m}\text{（拼板宽 100 mm）}$$

模板需要截面抵抗矩：
$$W=\frac{240\,000}{13}=18\,461\,\text{mm}^3$$

假定模板截面为 100 mm× 30 mm，$W=15\,000\,\text{mm}^3<W$，改用 100 mm× 35 mm，$W=20\,416\,\text{mm}^3>W$，满足要求。

5）刚度验算

其标准荷载 $q=42.24\times0.1=4.22\,\text{kN/m}$，模板的挠度为

$$w=\frac{5ql^4}{384EI}=\frac{5\times4.22\times500^4}{384\times9.5\times10^3\times\frac{1}{12}\times100\times35^3}=1.01\,\text{mm}<[w]=\frac{500}{400}=1.25\,\text{mm}$$

满足刚度要求。

1.2.6 墙模板计算

墙模板的计算包括墙侧模板（木模或钢模）、内楞（木或钢）、外楞（木或钢）和对拉螺栓等。

1．墙侧模板

1）荷载计算

墙侧模板受到的荷载与柱模相似，是新浇筑混凝土侧压力和下料产生的水平荷载。

2）强度验算

当墙侧模采用木模板时，支撑在内楞上一般按三跨连续梁计算，其最大弯矩 $M_{\max}$ 按下式计算：

$$M_{\max}=\frac{1}{10}ql^2 \tag{1-29}$$

其截面强度按下式验算：

$$\sigma=\frac{M_{\max}}{W}<f_{\text{m}} \tag{1-30}$$

式中 q——作用在模板上的侧压力（N/mm）。

l——内楞的间距（mm）。

σ——模板承受的应力（N/mm^2）。

W——模板的截面抵抗矩（mm^3）。

f_m——木材的抗弯强度设计值，采用松木板时取13 N/mm²。

当墙侧模采用组合式钢模板时，板长多为 1 200 mm 或 1 500 mm，端头横向用 U 形卡连接，纵向用 L 形插销连接，板的跨度不应大于板长（一般取 600 mm 或 750 mm），可按单跨两端悬臂板求其弯矩，再按以下公式进行强度验算。

支座弯矩：

$$M_A = -\frac{1}{2}q_1 l_1^2 \tag{1-31}$$

$$M_B = -\frac{1}{8}q_1 l_1^2(1-4n^2) \tag{1-32}$$

其截面强度按下式验算：

$$\sigma = \frac{M}{W} < f \tag{1-33}$$

式中 q_1——作用于钢模板上的均布荷载（N/mm）。

l_1——钢模板悬臂端长度（mm）。

n——l_1 与 l 的比值，即 $n = l_1 / l$。

σ——钢模板承受的应力（N/mm²）。

W——钢模板的截面抵抗矩（mm³）。

f——钢模板的抗拉、抗弯强度设计值，取215 N/mm²。

3）刚度验算

当用木模板时，板的挠度按下式验算：

$$w = \frac{q_1 l^4}{150EI} < [w] = \frac{l}{400} \tag{1-34}$$

当用组合钢模板时，板的挠度按以下公式验算。

端部挠度：

$$w_c = \frac{q_2 l_1 l^3}{24EI}(-1+6n^2+3n^3) < [w] = \frac{l}{400} \tag{1-35}$$

跨中挠度：

$$w_E = \frac{q_2 l^4}{150EI}(5-24n^2) \quad < [w] = \frac{l}{400} \tag{1-36}$$

式中 q_2——作用于钢模板上的标准均布荷载。

E——木材或钢材的弹性模量，木材取 $(9\sim12)\times10^3$ N/mm²；钢材取 2×10^5 N/mm²。

I——木模板或钢模板的截面惯性矩（mm⁴）。

$[w]$——木模板或钢模板的容许挠度值（mm），取 $\frac{l}{400}$。

其他符号意义同前。

2．墙模板内外楞计算

1）内楞强度验算

内楞（木或钢）承受模板、墙模板作用的荷载按三跨连续梁计算，其强度按下式验算：

$$M=\frac{1}{10}q_3l^2 \tag{1-37}$$

式中　M——内楞的最大弯矩（N·mm）。

q_3——作用在内楞上的荷载（N/mm）。

l——内楞计算跨度（mm）。

2）内楞挠度验算

内楞挠度按下式计算：

$$w=\frac{q_3l^4}{150EI}<[w]=\frac{l}{400} \tag{1-38}$$

式中　w——内楞挠度（mm）。

E——木材或钢材的弹性模量（N/mm²）。

I——木模板或钢模板的截面惯性矩（mm⁴）。

$[w]$——内楞的容许挠度值（mm），取$l/400$。

其他符号意义同前。

外楞的作用主要是加强各部分的连接及模板的整体刚度，不是一种受力构件，按支撑内楞需要设置，可不进行计算。

3．对拉螺栓计算

对拉螺栓一般设在内、外楞（木或钢）相交处，直接承受内、外楞传来的集中荷载，其允许拉力N按下式计算：

$$N=Af_t^b \tag{1-39}$$

式中　A——对拉螺栓的净截面积（mm²）。

f_t^b——螺栓抗拉强度设计值，取170 N/mm²。

【案例4】 某商业楼地下室墙模板计算

某商业楼地下室的墙厚450 mm，高5.0 mm，模板宽1 m，内楞间距500 mm，外楞间距550 mm，采取分节浇筑混凝土，每节浇筑高度为2.5 m，浇筑速度$v=2m/h$，混凝土重力密度$\gamma_c=24\text{ kN/m}^3$，浇筑时温度$T=25$℃，采用吊车配备斗容器下料，采用木模板，试计算确定木模板厚度、内楞截面和间距。

解： 1）荷载计算

墙木模板受到的侧压力为

$$\gamma_c=24\text{ kN/m}^3,\quad \beta=1$$

$$F=0.28\gamma_c\left(\frac{200}{T+15}\right)\beta V^{1/2}=0.28\times24\times\left(\frac{200}{25+15}\right)\times1\times2^{\frac{1}{2}}=47.52\text{ kN/m}^2$$

$$F=\gamma_cH=24\times2.5=60\text{ kN/m}^2$$

取二者较小者，$F=47.52\text{ kN/m}^2$，作为对模板侧压力的标准值，并考虑混凝土下料产生的水平荷载标准值4 kN/m²，则作用于模板的总荷载设计值为

$$q = 47.52 \times 0.9 \times 1.35 + 4 \times 0.9 \times 1.4 = 62.78\ \text{kN/m}^2$$

2）木模板计算

（1）强度验算。

设木模板的厚度为 30 mm，则

$$W = \frac{bh^2}{6} = \frac{1\,000 \times 30^2}{6} = 15 \times 10^4\ \text{mm}^3$$

$$M = 0.1ql^2 = 0.1 \times 62.78 \times 0.5^2 = 1.57\ \text{kN} \cdot \text{m}$$

模板截面强度：

$$\sigma = \frac{M}{W} = \frac{1.57 \times 10^6}{15 \times 10^4} = 10.5\ \text{N/mm}^2 < f_\text{m} = 13\ \text{N/mm}^2$$

故强度满足要求。

（2）刚度验算。

刚度验算采用标准荷载，同时不考虑下料荷载作用，则

$$q_2 = 47.52 \times 1 = 47.52\ \text{kN/m}$$

模板挠度：

$$w = \frac{q_2 l^4}{150EI} = \frac{47.52 \times 500^4}{150 \times 9\,000 \times 22.5 \times 10^5} = 0.98\ \text{mm} < \frac{l}{400} = \frac{500}{400} = 1.25\ \text{mm}$$

故刚度满足要求。

3）内木楞计算

设内木楞的截面 80 mm×100 mm，$W = 13.33 \times 10^4\ \text{mm}^3$，$I = 6.67 \times 10^6\ \text{mm}^4$，外楞间距为 550 mm。

（1）强度验算。

内木楞承受的弯矩：

$$q_1 = 62.78 \times 0.5 = 31.39\ \text{kN/m}$$

$$M = \frac{1}{10} q_1 l^2 = 0.1 \times 31.39 \times 0.55^2 = 0.95\ \text{kN} \cdot \text{m}$$

内木楞的强度：

$$\sigma = \frac{M}{W} = \frac{0.95 \times 10^6}{13.33 \times 10^4} = 7.13\ \text{N/mm}^2 < f_\text{m} = 13\ \text{N/mm}^2$$

故强度满足要求。

（2）刚度验算。

内木楞的挠度：

$$q_2 = 47.52 \times 0.5 = 23.76\ \text{kN/m}$$

$$w = \frac{q_2 l^4}{150EI} = \frac{23.76 \times 550^4}{150 \times 9\,000 \times 6.67 \times 10^6} = 0.24\ \text{mm} < \frac{l}{400} = \frac{550}{400} = 1.38\ \text{mm}$$

故刚度也满足要求。

任务 1.3　模板安装与验收

1.3.1　模板安装的一般规定

1. 模板工程应编制专项施工方案

模板工程应编制专项施工方案。对于滑模、爬模、飞模等工具式模板工程及高大模板支架工程的专项施工方案，应进行技术论证。

编制、审查并认真实施专项施工方案是施工单位控制模板工程质量和安全的基本措施之一。《混凝土结构工程施工质量验收规范》（GB 50204）将是否按照相关规定编制施工方案列为验收要求。

高大模板支架是指具备下列四个条件之一的模板支架工程：支模高度超过 8m，或构件跨度超过 18 m，或施工总荷载超过 15 kN/m^2，或施工总荷载超过 20 kN/m。

模板工程专项施工方案一般宜包括下列内容：模板及支架的类型；模板及支架的材料要求；模板及支架的计算书和施工图；模板及支架的安装、拆除相关技术措施；施工安全和应急措施（预案）、文明施工、环境保护等技术要求。

2. 对模板及支架应进行设计

对模板及支架应进行设计。模板及支架应具有足够的承载力、刚度和稳定性，应能可靠地承受施工过程中所产生的各类荷载。

1）承载力

模板及支架的承载力已通过设计计算确定，安装时所需的是实施模板设计的要求。施工中，除了应严格按照图纸施工外，还应对模板使用的材料、加工、连接件等进行检查，必要时应进行试验，以判断模板及支架的材料是否符合规定。当发现模板或支架使用的材料不合格时，应停止使用。例如，发现作为模板立柱或支撑用的钢管壁厚不够，或扣件质量可疑等问题时，应立即停止施工，向有关部门反映，及时采取处理措施。

2）刚度和稳定性的控制

模板的刚度主要指模板体系中某个构件模板的刚度。只要模板安装时采用的材料（板面材料、大小龙骨、螺栓等）和节点做法（拼装与连接、数量、位置、紧固等）严格按照模板设计的规定进行施工，其刚度一般应能满足要求。

模板的稳定性针对的是一个相互联系的支撑系统，各个构件之间的联系是否稳固可靠，是整个模板支撑系统是否会失稳的关键。稳定性涉及的范围较大，从立柱、杆件、支撑、扣件、螺栓等支撑系统使用的材料和零配件，到整个支撑系统内的立杆与杆件设置数量、安装位置、节点做法等，均可能引起稳定性问题，而且稳定性问题是相互联系的，一处失稳有可能引起较大范围的连锁反应，导致局部或整个支撑系统失稳破坏或倒塌。

为满足安装中模板支撑系统的整体稳定性要求，除了严格按照设计要求安装施工外，还应采取保证整体稳定性的措施，包括：控制施工荷载；增加连接构造，加强支撑系统的整体性；严格执行检查验收制度；浇筑施工时监控等。

3．模板及支架应保证工程结构和构件各部分形状、尺寸和位置准确

模板及支架应保证工程结构和构件各部分形状、尺寸和位置准确，且应便于钢筋安装和混凝土浇筑、养护。模板应按图纸加工、制作。通用性强的模板宜制作成定型模板。

竖向模板安装时，应在安装基层面上测量放线，并应采取保证模板位置准确的定位措施。对竖向模板及支架，安装时应有临时稳定措施。安装位于高空的模板时，应有可靠的防倾覆措施。应根据混凝土一次浇筑高度和浇筑速度，采取合理的竖向模板抗侧移、抗浮和抗倾覆措施。模板安装应与钢筋安装配合进行，梁柱节点的模板宜在钢筋安装后安装，这样既能保证梁、柱节点处钢筋骨架安装质量又方便操作。

4．对跨度不小于 4 m 的梁、板，其模板起拱高度宜为梁、板跨度的 1/1 000～3/1 000

对跨度较大的现浇筑混凝土梁、板的模板，由于其自重的影响，如果不起拱可能造成跨中明显的下沉变形，严重时可能影响装饰和美观，故模板在安装时适度起拱有利于保证构件的形状和尺寸。

1.3.2 各构件模板安装

1．柱模板

1）柱模板的构造

柱模板的特点：断面尺寸不大但比较高。柱模由四面侧板、柱箍、支撑组成。一般采用 18 mm 厚胶合板做面板，竖向内楞采用 60 mm×80 mm 木方，间距（中到中）250～300 mm，在木工车间制作施工现场组拼。

柱顶与梁交接处留出缺口，缺口尺寸为梁的高及宽（梁高以扣除板厚度计算），并在缺口两侧及口底钉上衬口挡，衬口挡离缺口边的距离即为梁侧板及底板的厚度，衬口挡为 50 mm×50 mm 的木挡，与梁柱接面刨平，拼接密实。柱支撑一般采用柱箍和木方、钢管等作为剪刀撑和抛撑，也可沿柱轴线方向搭成排架，又可兼作梁模及顶板的支撑体系。柱套箍间距 500 mm 左右，自下而上安装，下部可稍密。柱脚要预留清扫口，便于浇筑混凝土时清理垃圾。较高的柱子应在模板中部一侧留临时浇捣口，以便浇筑混凝土。柱模安装见图 1.12。

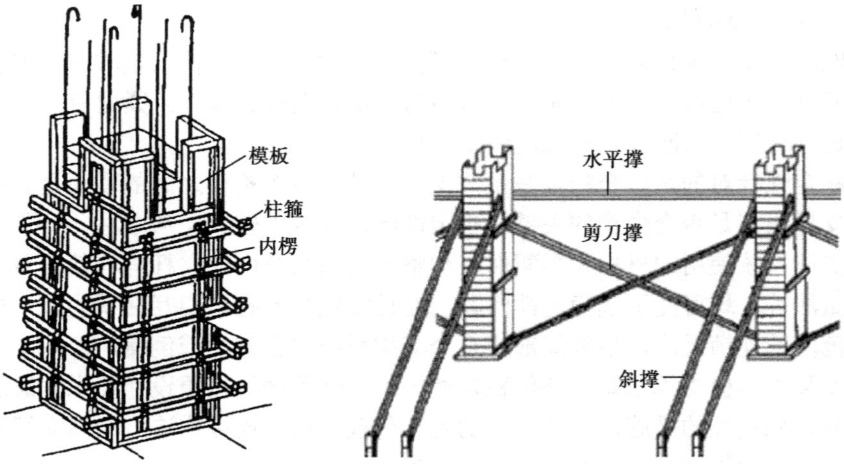

图 1.12　柱模板支设图

2）柱模板安装的质量通病及预防

柱模板安装的质量通病主要如下。

（1）胀模，造成截面尺寸不准，鼓出、漏浆，混凝土不密实或蜂窝麻面。

（2）偏斜，一排柱子不在同一轴线上。

（3）柱身扭曲，梁柱接头处偏差大。

原因分析：

（1）柱箍间距太大或不牢，钢筋骨架缩小。

（2）测放轴线不认真，梁柱接头处未按大样图安装组合。

（3）成排柱子支模不跟线、不找方，钢筋偏移未扳正就套柱模。

（4）柱模未保护好，支模前已歪扭，未整修好就使用，板缝不严密。

（5）模板两侧松紧不一，未进行柱箍和穿墙螺栓设计。

（6）模板上有混凝土残渣，未很好清理，或拆模时间过早。

预防措施：

（1）根据规定的柱箍间距要求钉牢固，柱子支模前必须先校正钢筋位置。

（2）成排柱子支模前应先在底部弹出通线，将柱子位置兜方找中；应先立两端柱模，校直与复核位置无误后，顶部拉通长线，再立中间各根柱模。柱距不大时，相互间应用剪刀撑及水平撑搭牢。柱距较大时，各柱单独拉四面斜撑，保证柱子位置准确。

（3）四周斜撑要牢固。

2．墙模板

1）墙模板构造

墙模板的特点：高度大而厚度小，主要是承受混凝土的侧向压力。墙模板的面板采用18 mm胶合板，背部支撑由内、外楞组成，直接支撑模板的为竖向内楞（又称内龙骨、立挡），一般采用60 mm×80 mm木方，中到中间距300 mm左右；用以支撑内层龙骨的为横向外楞（又称外龙骨、横挡），一般采用双肢ϕ48×3.5钢管或50 mm×100 mm方木，中到中间距500～600 mm，下部可稍密，上下两道距模板上下口200 mm。组装墙体模板时，通过M14穿墙螺栓将墙体两侧模板拉结，每个穿墙螺栓成为主龙骨的支点，穿墙螺栓布置水平间距600 mm左右，竖向间距同外楞。并采用钢管+U形托作为斜撑，一般设中下两道，间距600 mm左右，以固定模板并保证模板的垂直度，见图1.13。

2）墙模板安装的质量通病及预防

墙模板安装的质量通病主要有：墙体混凝土厚薄不一致；墙体上口过大；混凝土墙体表面粘连；角模与大模板缝隙过大、跑浆；角模入墙过深、门窗洞口变形。

预防措施：

（1）墙身放线应准确，误差控制在允许范围内，模板就位调整应认真，穿墙螺栓要全部穿齐、拧紧。

（2）支模时上口卡具按设计要求尺寸卡紧。

（3）模板清理干净，隔离剂涂刷均匀，拆模不能过早。

（4）模板拼装时缝隙过大，连接固定措施不牢固，应加强检查，及时处理。

（5）改进角模支模方法。

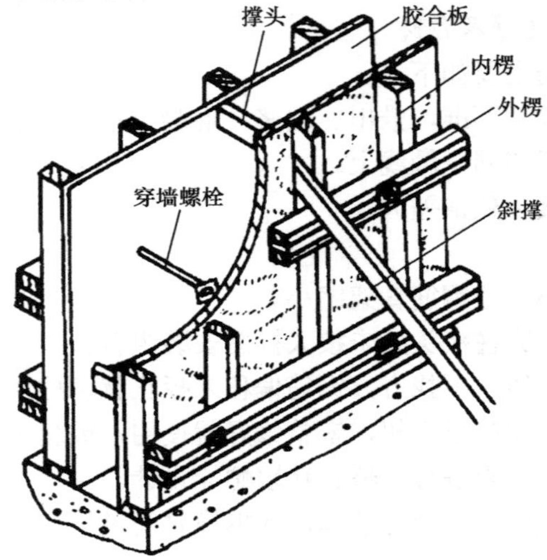

图 1.13　墙模板支设图

（6）门窗洞口模板的组装及固定要牢固，必须认真进行洞口模板设计，能够保证尺寸，便于装拆。

3．梁模板

1）梁模板的构造

梁模板的特点：跨度较大而宽度不大。梁模板采用 18 mm 胶合面板作为面板，梁侧模板采用 40 mm×60 mm 木方作为内楞（横向），上中下各设一道，间距约 300 mm；采用 60 mm×80 mm 木方或钢管作为外楞（竖向），间距 500 mm 左右。当梁高>700 mm 时，应在梁中设置一道 M12 对拉螺栓加固，水平间距 500 mm。梁底模采用 60 mm×80 mm 木方横向布置，间距 300 mm 左右。纵向支撑一般采用钢管脚手架作为支撑系统，沿梁跨方向立杆纵距 1～1.2 m，梁两侧立杆间距 600～700 mm，其他纵距 1.5 m，步距 1.5 m，见图 1.14。

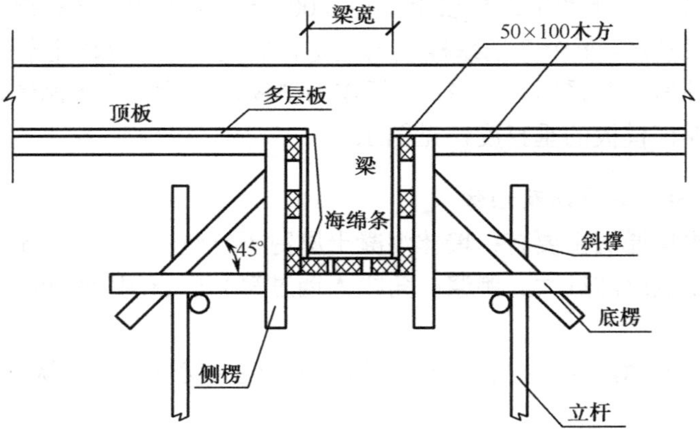

图 1.14　梁模板支设图

安装梁模板支架之前，首层为土壤地面时应平整夯实，首层土壤地面，在支撑下宜铺设通长垫板，并且楼层间的上、下支撑宜在一条直线上；支撑一般采用双排，间距一般以 500～

1 000 mm 为宜（具体应按施工计算定），在支撑上方连接梁底短钢管，在支撑之间应设纵横水平连接杆。当梁跨度等于或大于 4 m 时，梁底模板应按设计要求起拱。如果设计无要求，则起拱高度宜为全跨长度的 1/1 000～3/1 000。在梁底模板上绑扎钢筋，安装梁侧模板，安装外竖楞、斜撑，其间距一般为 750 mm。当梁高超过 700 mm 时，需加腰楞，并穿对拉螺栓拉结；梁侧模板上口要拉线找直，安装牢固，以防跑模。梁模板支设时，为便于拆梁侧模板，采用顶板压梁侧模板的做法。

2）梁模板安装的质量通病及预防

梁模板安装的质量通病主要有：梁身不平直，梁底不平及下挠，梁侧模板胀模，局部模板嵌入柱梁间、拆除困难。

预防措施：

（1）支模时应遵守边模包底模的原则，梁模与柱模连接处，下料尺寸一般应略为缩短。

（2）梁模板上下口应设锁口楞，再进行侧向支撑，以保证上下口模板不变形；梁底模板按规定起拱。

（3）混凝土浇筑前，应将模内清理干净，并浇水湿润。

4. 板模板

1）板模板的构造

板模板的特点：面积大，厚度一般不大，横向侧压力很小。面板尽量采用 18 mm 厚的整张胶合板，以 60 mm×80 mm 木方做板底支撑（内楞），中心间距 300 mm 左右，内楞（小龙骨）由外楞支撑，外楞（大龙骨）采用 50 mm×100 mm 木方或钢管脚手架，中心间距 1 m 左右，以定型钢支撑、圆木或扣件式钢管脚手架作为支撑系统，脚手架排距 1.0 m，跨距 1.0 m，步距 1.5 m。楼层高度在 4.5 m 以下时，应设两道水平拉杆和剪刀撑，一般离地 200～300 mm 处设一道，往上纵横方向每隔 1 500 mm 左右设一道。若楼层高度在 4.5 m 以上，则要另作施工方案，如图 1.15 所示。

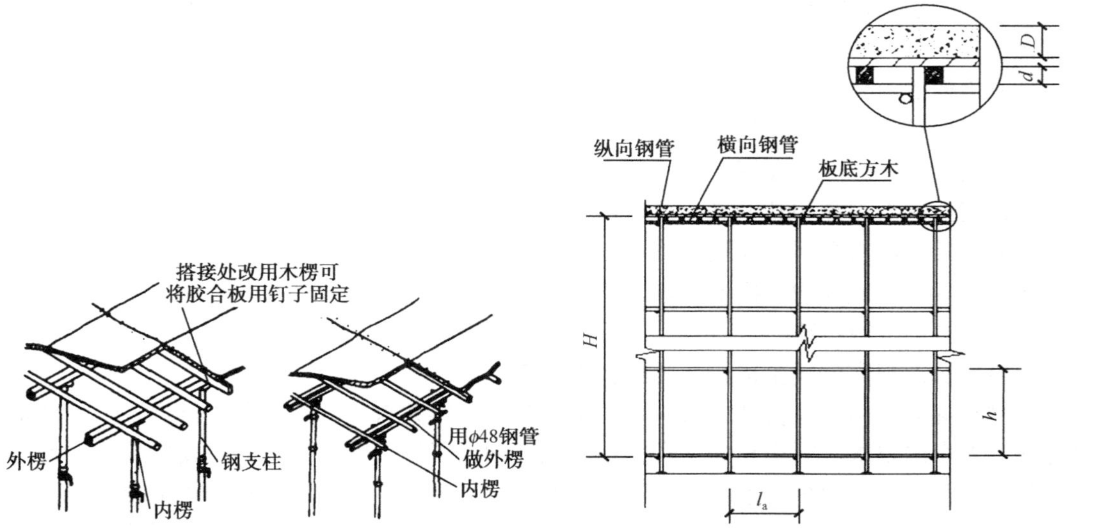

图 1.15　楼板模板支设图

2）板模板安装的质量通病及预防

板模板安装的质量通病主要包括：板中部下挠，板底混凝土面不平，板底标高不准。

预防措施：

（1）板模板厚度要一致，大、小龙骨木料要有足够的强度和刚度，表面要平整。

（2）支顶要符合规定的保证项目要求。

（3）板底标高应测量控制准确、板底模须按规定起拱。

1.3.3　模板验收

模板验收依据验收规范《混凝土结构工程施工质量验收规范》（GB 50204），结合模板安装（含预制构件）工程检验批质量验收记录进行。验收包括主控项目（质量控制要点）和一般项目。

1．模板验收主控项目

1）模板及支架材料的技术指标应符合国家现行有关标准和专项施工方案的规定

检查数量：全数检查。

检验方法：检查质量证明文件。

模板及支架材料的技术指标主要是模板、支架及配件的材质、规格、尺寸及力学性能等。对其质量的判定依据主要是国家现行标准，对其规格、尺寸等的判定除了应符合国家现行标准外，还应满足专项施工方案的要求。目前常用的模板及支架材料种类繁多，其规格尺寸、材质和力学性能等各异，其中部分材料、配件的材质、规格尺寸、力学性能等可能不符合要求，给模板及支架的质量、安全留下隐患，甚至可能酿成事故。

考虑到现实中模板及支架材料的租赁、周转等情况比较复杂，在正常情况下的主要检验方法是核查质量证明文件。检查中如果发现质量证明文件不能证实其质量满足要求，则应由施工、监理单位会同有关单位商定处理措施，包括退场、进一步抽样检验等。

2）现浇筑混凝土结构的模板及支架安装完成后，应按照专项施工方案对下列内容进行检查验收

（1）模板的定位。

（2）支架杆件的规格、尺寸、数量。

（3）支架杆件之间的连接。

（4）支架的剪刀撑和其他支撑设置。

（5）支架与结构之间的连接设置。

（6）支架杆件底部的支撑情况。

检查数量：全数检查。

检验方法：观察、尺量检查；力矩扳手检查。

现浇筑混凝土结构模板及支架安装的主要验收内容共有 6 项，其是否符合要求的判定依据是施工方案的要求，因为相关标准的规定已经纳入了施工方案之中。主要检验方法是用尺量、观察检查和使用力矩扳手检查。对模板的定位，主要检查其标高和轴线位置，应符合设计要求和规范规定。对支架杆件的规格、尺寸和支架立杆、水平杆间距，主要检查是否与专项施工方案的要求一致。对支架杆件之间的连接，主要检查连接方式、配件数量、螺栓拧紧力

矩等。对支架的剪刀撑和其他支撑设置，主要检查设置的数量、位置、连接方式等，以及风缆、抛撑等的设置和固定情况。对支架与结构之间的连接设置，主要检查其是否能抵抗拉力和压力，连接节点是否符合施工方案要求，固定是否牢固、可靠等。对支架杆件底部的支撑情况，主要检查支撑层和支撑部位的情况、垫板是否顶紧，以及是否中心承载、各层立杆是否对齐等。对支架的整体稳固性措施，主要检查施工方案要求的各项稳固措施是否实施并落实到位。

2. 模板验收一般项目

1）模板安装质量的要求

（1）模板的接缝应严密。

（2）模板内不应有杂物。

（3）模板与混凝土的接触面应平整、清洁。

（4）对清水混凝土构件，应使用能达到设计效果的模板。

检查数量：全数检查。

检验方法：观察检查。

无论是采用何种材料制作的模板，其接缝都应严密，避免漏浆，但木模板需考虑浇水湿润时的木材膨胀情况，故安装时拼缝不宜过于严密，且应在浇筑混凝土前浇水湿润，使木板膨胀闭合接缝。浇水不可过多，湿润即可，模板内不应积水。当采用钢模板、塑料模板、竹胶板等材料时，由于这些材料不吸水、不膨胀，故板缝处理主要靠接缝严密来实现。为使接缝严密，可将模板侧边改做成企口以实现两侧边严密对接。对容易漏浆的接缝，可采用胶带纸粘贴，泡沫塑料挤紧或在拼缝中填塞堵漏材料等方法。

模板内部和与混凝土的接触面应清理干净，以避免出现夹渣等缺陷。对清水混凝土工程及装饰混凝土工程所使用的模板，应达到使混凝土表面满足设计要求的效果。

2）脱模剂的品种和涂刷方法

脱模剂的品种和涂刷方法应符合专项施工方案的要求。脱模剂不得影响结构性能及装饰施工，不得沾污钢筋和混凝土接槎处。

检查数量：全数检查。

检验方法：观察检查；检查质量证明文件和施工记录。

脱模剂又称隔离剂，主要功能是帮助模板顺利脱模，此外还具有保护混凝土结构的表面质量，增加模板的周转使用次数，降低工程成本等功能。脱模剂的品种、性能和涂刷方法应在施工方案中加以规定。选择脱模剂时，应避免使用可能会对混凝土结构受力性能造成不利影响（如对混凝土中钢筋具有腐蚀性）的脱模剂，或影响混凝土表面后期装修（如使用废机油等）的脱模剂。

脱模剂分为水性和油性两类。水性脱模剂涂刷后很快干燥，附着力强，污染钢筋的可能性相对较小，通常用于楼板模板。但水性脱模剂一旦遇水容易被冲掉，隔离效果会受到影响。因此，使用水性脱模剂时应注意防止雨淋或水冲。油性脱模剂脱模效果较好，但是容易触碰钢筋或混凝土接槎处，造成污染。因此，油性脱模剂不可用于楼板模板，只能用于竖向模板。使用油性脱模剂时，应注意不要涂刷过厚，且不得流淌。合模前应绑好钢筋垫块，避免模板触碰钢筋。

工程实践中，当有条件时，脱模剂宜在支模前涂刷；当受施工条件限制或支模工艺不同时，也可现场涂刷。现场涂刷脱模剂容易沾污钢筋和混凝土接槎处，可能会对混凝土结构受

力性能造成不利影响，故应避免。

脱模剂的品种、性能主要通过检查脱模剂质量证明文件来判定其是否符合要求，是否会影响结构性能及装饰施工；脱模剂的涂刷质量主要通过观察并对施工记录进行检查。

3）模板的起拱

模板的起拱应符合现行国家标准《混凝土结构工程施工规范》（GB 50666）的规定，并应符合设计及施工方案的要求。

检查数量：在同一检验批内，对梁，应抽查构件数量的10%，且不少于3件；对板，应按有代表性的自然间抽查10%，且不少于3间；对大空间结构，板可按纵、横轴线划分检查面，抽查10%，且不少于3面。

检验方法：水准仪或尺量检查。

起拱高度在《混凝土结构工程施工规范》中给出了规定，通常跨度超过 4m 时宜起拱，起拱高度宜为梁、板跨度的1/1 000～3/1 000，应根据具体工程情况并结合施工经验选择，对刚度较大的钢模板、钢管支架等可采用较小值，对木模板、木支架等刚度较小的可采用较大值。需注意《混凝土结构工程施工规范》给出的起拱值未包括设计为了抵消构件在外荷载下出现的过大挠度所给出的要求。同时应注意“起拱不得减少构件截面高度”，验收时应注意检查梁板在跨中部位侧模的高度。

4）支架立柱和竖向模板安装在土层上时，应符合的规定

土层应坚实、平整；其承载力或密实度应符合施工方案的要求；应有防水、排水措施；对冻胀性土，应有预防冻融措施；支架立柱下应设置垫板，并应符合施工方案的要求。

检查数量：全数检查。

检验方法：观察检查；承载力检查勘察报告或试验报告。

在土层上直接安装支架立柱和竖向模板，应按照地基基础设计规范的要求进行设计计算。施工中可根据具体情况提出对基土的密实度（压实系数）要求。验收时应检查勘察报告或试验报告。

基土上支模时应预先考虑并做好防水、排水措施。对于湿陷性黄土、膨胀性土和冻胀性土，由于其对水浸或冻融十分敏感，尤其应该注意。

土层上支模时立柱下应设置垫板，这是《混凝土结构工程施工规范》中规定的构造措施要求。验收时，应检查支架立柱下是否按照施工方案的要求设置垫板，垫板的面积是否足够分散立柱压力，是否中心承载。

5）现浇筑混凝土结构多层连续支模时，上、下层模板支架的立柱宜对准

检查数量：全数检查。

检验方法：观察检查。

多层连续支模时，上、下层模板支架的立柱应对准，利于混凝土重力及施工荷载的传递，减少楼层的附加应力，属于保证施工安全和质量的措施之一。考虑到多层连续支模时各层模板支架情况可能比较复杂，立柱对准的要求只是大致对准，检查时只需目测观察，不需要测量。

6）固定在模板上的预埋件、预留孔和预留洞应符合的规定

固定在模板上的预埋件、预留孔和预留洞不得遗漏，且应安装牢固。当设计无具体要求

时，其位置偏差应符合表 1.7 的规定。

表 1.7　预埋件、预留孔和预留洞位置允许偏差

项　目		允许偏差（mm）
预埋板中心线位置		3
预埋管、预留孔中心线位置		3
插筋	中心线位置	5
	外露长度	+10，0
预埋螺栓	中心线位置	2
	外露长度	+10，0
预留洞	中心线位置	10
	尺寸	+10，0

注：检查中心线位置时，应沿纵、横两个方向测量，并取其中偏差较大的值。

检查数量：在同一检验批内，对梁、柱和独立基础，应抽查构件数量的 10%，且不少于 3 件；对墙和板，应按有代表性的自然间抽查 10%，且不少于 3 间；对大空间结构，墙可按相邻轴线间高度 5 m 左右划分检查面，板可按纵、横轴线划分检查面，抽查 10%，且均不少于 3 面。

检验方法：尺量检查。

对固定在模板上的预埋件和预留孔、预留洞内置模板的检查验收。主要包括数量、位置、尺寸的检查，以及安装牢固程度的检查和对预埋件的外露长度的检查。预埋件的外露长度只允许有正偏差，不允许有负偏差；对预留洞内部尺寸，只允许大，不允许小。在允许偏差表中，不允许的偏差都以“0”来表示。对安装牢固的检查，可以检查预埋件在模板上的固定方式、预留孔与预留洞的内置模板固定措施等，从而对其牢固程度加以判断，也可用力扳动，模拟混凝土浇筑时受到挤压是否移位等。

7）现浇筑结构模板安装的尺寸允许偏差要求

应符合表 1.8 的规定。

表 1.8　现浇筑结构模板安装的允许偏差及检验方法

项　目		允许偏差（mm）	检 验 方 法
轴线位置		5	尺量检查
底模上表面标高		±5	水准仪或拉线、尺量检查
截面内部尺寸	基础	±10	尺量检查
	柱、墙、梁	+4，−5	尺量检查
层高垂直度	不大于 5 m	6	经纬仪或吊线、尺量检查
	大于 5 m	8	经纬仪或吊线、尺量检查
相邻两板表面高低差		2	尺量检查
表面平整度		5	2 m 靠尺和塞尺检查

注：检查轴线位置时，应沿纵、横两个方向测量，并取其中偏差较大的值。

检查数量：在同一检验批内，对梁、柱和独立基础，应抽查构件数量的 10%，且不少于 3 件；对墙和板，应按有代表性的自然间抽查 10%，且不少于 3 间；对大空间结构，墙可按相邻轴线间高度 5 m 左右划分检查面，板可按纵、横轴线划分检查面，抽查 10%，且均不少于 3 面。

任务 1.4　模板的拆除

模板及其支架的拆除受到许多因素的制约，在拆除的时间、顺序和方法上都应当遵守相关规定；否则，不仅会影响工程质量，甚至会发生安全事故。模板拆除的顺序及安全措施应在施工技术方案中加以详细规定，现场施工应严格按照施工技术方案执行。方案应经过项目技术负责人和监理工程师的审批并向施工操作人员交底，施工操作人员按照方案进行拆除操作。制定方案时，应针对工程和构件的具体情况，尽可能考虑周全。

1.4.1　模板拆除程序

（1）模板拆除一般是先支的后拆，后支的先拆，先拆非承重部位，后拆承重部位，并做到不损伤构件或模板。

（2）肋形楼盖应先拆柱模板，再拆楼板底模板、梁侧模板，最后拆梁底模板。拆除跨度较大的梁下支柱时，应先从跨中开始分别拆向两端。侧立模的拆除应按自上而下的原则进行。

（3）工具式支模的梁、板模板的拆除，应先拆卡具，顺口方木、侧板，再松动木楔，使支柱、桁架等平稳下降，逐段抽出底模板和横挡木，最后取下桥架、支柱、托具。

（4）多层楼板模板支柱的拆除：当上层模板正在浇筑混凝土时，下一层楼板的支柱不得拆除，再下一层楼板支柱仅可拆除一部分。跨度 4 m 及 4m 以上的梁，均应保留支柱，其间距不得大于 3 m；其余再下一层楼的模板支柱，当楼板混凝上达到设计强度时，可全部拆除。

1.4.2　侧模的拆除

混凝土结构侧模的拆除相对比较简单，通常只要混凝土构件具备一定强度即可。过早拆模，容易出现混凝土强度不足而造成缺棱掉角等缺陷。这个强度通常认为是 2.5 N/mm^2，但是施工现场不易准确判断强度数值，侧模拆除时间可参考表 1.9。

表 1.9　侧模拆除时间参考表

水 泥 品 种	混凝土强度等级	混凝土凝固的平均温度（℃）					
		5	10	15	20	25	30
普通水泥	≥C20	混凝土强度达到 2.5 MPa 所需天数					
		3	2.5	2	1.5	1	1

1.4.3　底模及支架的拆除

底模与支架拆除涉及构件的质量和人员安全，是整个模板拆除工作的重点。为了确保质量和安全，应充分考虑拆除底模时混凝土结构的实际强度，以及构件可能尚未形成设计所要求的最终的受力体系等情况，必要时应加设临时支撑。正式拆模前，应检查确认具备相应条

件，并经项目技术负责人批准。

底模及支架拆除时的混凝土强度应符合设计要求；当设计无具体要求时，同条件养护试件的混凝土抗压强度应符合表 1.10 的规定。

表 1.10 底模拆除时的混凝土强度要求

构 件 类 型	构件跨度（m）	按达到设计混凝土强度等级值的百分率计算（%）
板	≤2	≥50
	>2，≤8	≥75
	>8	≥100
梁、拱、壳	≤8	≥75
	>8	≥100
悬臂结构		≥100

1.4.4 模板拆除注意事项

（1）拆除时不要用力过猛、过急，拆下来的木料应整理好并及时运走，做到活完场清。

（2）在拆除模板过程中，如发现混凝土有影响结构安全的质量问题时，应暂停拆除。经处理后，方可继续拆除。

（3）拆除跨度较大的梁下支柱时，应先从跨中开始，分别拆向两端。

（4）多层楼板模板支柱的拆除，其上层楼板正在浇筑混凝土时，下一层楼板模板的支柱不得拆除，再下一层楼板的支柱仅可拆除一部分。

（5）拆模间歇时，应将已活动的模板、牵杆、支撑等运走或妥善堆放，防止因扶空、踏空而坠落。

（6）模板上有预留孔、洞者，应在安装后将洞口盖好。混凝土板上的预留孔、洞，应在模板拆除后随即将洞口盖好。

（7）拆除模板一般用长撬棍。人不许站在正在拆除的模板下。在拆除模板时，要防止整块模板掉下，拆模人员要站在门窗洞口外拉支撑，防止模板突然全部掉落伤人。

（8）高空拆模时，应有专人指挥，并在下面标明工作区，暂时禁止人员过往。

（9）定型模板要加强保护，拆除后立即清理干净，堆放整齐，以便再次利用。

（10）已拆除模板及支架的结构，应在混凝土强度达到设计强度等级后，才允许承受全部计算荷载。当承受施工荷载大于计算荷载时，必须经过核算，加设临时支撑。对后张法预应力混凝土结构构件，侧模宜在预应力张拉前拆除；底模支架的拆除应按施工技术方案执行，当无具体要求时，不应在结构构件建立预应力前拆除。

思考与练习题 1

一、单项选择题

1．模板按（　　）分类，可分为现场拆装式模板、固定式模板和移动式模板。

A．材料　B．结构类型　C．施工方法　D．施工顺序

2．模板按（　）分类，可分为基础模板、柱模板、梁模板、楼板模板、墙模板等。

A．建筑部件　B．结构类型　C．施工方法　D．材料

3．（　）是一种大型工具式模板，整体性好，混凝土表面容易平整、施工速度快。

A．胶合模板　B．组合钢模板　C．台模　D．爬升模板

4．拆装方便、通用性较强、周转率高的模板是（　）。

A．大模板　B．组合钢模板　C．滑升模板　D．爬升模板

5．某梁的跨度为 6 m，采用钢模板、钢支柱支模时，其跨中起拱高度可为（　）。

A．1 mm　B．2 mm　C．4 mm　D．8 mm

6．跨度为 6 m、混凝土强度为 C30 的现浇筑混凝土板，当混凝土强度至少达到（　）时，方可拆除模板。

A．15 N/mm^2　B．21 N/mm^2　C．22.5 N/mm^2　D．30 N/mm^2

7．悬挑长度为 1.5 m、混凝土强度为 C30 的现浇筑阳台板，当混凝土强度至少达到（　）时，方可拆除底模。

A．15 N/mm^2　B．21 N/mm^2　C．22.5 N/mm^2　D．30 N/mm^2

8．某混凝土梁的跨度为 6.3 m，采用木模板，钢支柱支模时其跨中起拱高度可为（　）。

A．1 mm　B．2 mm　C．4 mm　D．12 mm

9．跨度为 8 m、强度为 C30 的现浇筑混凝土梁，当混凝土强度至少达到（　）时，方可拆除模板。

A．15 N/mm^2　B．21 N/mm^2　C．22.5 N/mm^2　D．30 N/mm^2

10．模板的拆除顺序应按设计方案进行。当无规定时，应按顺序（　）拆除混凝土模板。

A．先支后拆，后支先拆　B．先拆先支，后支后拆

C．先拆次承重模板，后拆承重模板　D．先拆复杂部分，后拆简单部分

11．梁模板起拱高度，钢模板为全跨长度的（　）。

A．1‰～2‰　B．2‰～3‰　C．1‰～3‰　D．3‰～4‰

二、思考题

1．模板按材质分为几种？模板按施工方法分为几种？

2．简述模板的作用、模板及支架的基本要求。

3．模板计算应考虑哪些荷载？

4．有梁板柱结构的模板拆除顺序是什么？侧模板、底模板拆除时的强度如何确定？

项目2 钢筋工程施工

知识目标

1．了解钢筋的分类、进场管理、钢筋加工。
2．熟悉现行规范对钢筋工程的有关规定。
3．掌握钢筋的下料计算、钢筋连接、钢筋绑扎安装、钢筋隐蔽验收等。

能力目标

1．能够指导钢筋施工（包括钢筋的加工、连接、检查等）。
2．能够进行钢筋的下料计算。
3．在钢筋施工过程中，能够进行质量控制，分析处理常见的质量问题。

钢筋工程是普通钢筋进场检验、钢筋加工、钢筋连接、钢筋安装等一系列技术工作和完成实体的总称。

在钢筋混凝土结构中，钢筋起着关键性作用。钢筋及其加工质量，对建筑物质量将产生重要的甚至是决定性的影响。钢筋工程属于隐蔽工程，在混凝土浇筑完毕后，则难以对其质量进行检查。因此，从钢筋进场、加工及绑扎安装过程必须进行严格的控制，并建立健全、必要的检查及验收制度，稍有疏忽就可能给工程造成不可弥补的损失。

任务 2.1　钢筋分类及进场的验收管理

2.1.1　钢筋的分类

钢筋混凝土结构中常用的钢筋按化学成分可分为碳素钢钢筋和普通低合金钢钢筋。碳素钢钢筋按其含碳量多少又可分为低碳钢钢筋（含碳量小于 0.25%）、中碳钢钢筋（含碳量 0.25%～0.6%）和高碳钢钢筋（含碳量大于 0.60%）。含碳量大小直接影响钢筋的强度，含碳量增加，强度和硬度都增大，但塑性和韧性下降，脆性增大，焊接性差；尤其是高碳钢，破坏时无明显的信号而突然断裂，故一般不宜用于建筑工程中。普通低合金钢钢筋是在低碳钢和中碳钢中加入某些合金元素（如钛、钒、锰等，其含量一般不超过总量的 3%）冶炼而成；在普通低合金钢钢筋中，虽然不少钢筋含碳量较高，但由于加入了少量锰、钛、钒等元素，不但强度高，而且性能也好。这是因为锰（Mn）可提高钢筋的强度、硬度并改善其焊接性能；钛（Ti）和钒（V）可提高钢筋的强度、韧性和焊接性；硅（Si）能增强钢筋的弹性、强度和硬度，但会降低钢筋的塑性和韧性，不过少量的硅对钢筋的性能仍是有利的。

钢筋按强度分为Ⅰ（235、300）级、Ⅱ（335）级、Ⅲ（400）级、Ⅳ（500）级，级别越高，其强度及硬度越高，塑性越低。建筑用钢筋通常为Ⅰ、Ⅱ、Ⅲ级钢筋。按轧制外形可分为光圆钢筋和变形钢筋。光圆钢筋断面为圆形，表面无刻痕，使用时需加弯钩；变形钢筋表面一般轧制成螺旋纹或人字纹，可增大与混凝土的黏结力。建筑上光圆钢筋一般用于箍筋、拉结筋、小跨度板钢筋、塔吊基础钢筋等，变形钢筋一般用于柱、梁、大跨度板、剪力墙、楼梯等受力主筋。按生产工艺可分为热轧钢筋、冷轧扭钢筋、冷拉钢筋、冷拔钢筋、热处理钢筋、碳素钢丝、刻痕钢丝和钢绞线等。按供应方式，通常将直径为 6～10 mm 的Ⅰ级钢筋卷成盘圆形状供应，称盘圆或盘条钢筋；将直径为 12 mm 以上的钢筋轧成 6～12 m 一根，直条供应，称直条钢筋。按直径大小又可分为钢丝（3～5 mm）、细钢筋（6～10 mm）、中粗钢筋（12～20 mm）。

2.1.2　钢筋进场的验收

1. 验收内容

用于工程的钢筋，其规格和性能应符合国家现行有关标准的规定。钢筋在运输和存放时，不得损坏包装和标志，并应按牌号、规格、炉批分别堆放。室外堆放时，应采用避免钢筋锈蚀的措施。

钢筋材料进入施工现场后，主要有两项检查验收内容。一是作为产品对其质量证明文件的检查验收，以及对相应钢筋实物的品种、规格、外观、数量等的检查核对；二是对于钢筋主要性能的抽样复验。此外，对用于某些特殊部位或有特殊要求的钢筋，尚应符合某些特殊的性能要求，并进行相应的检验。

2．钢筋的质量证明文件

钢筋的质量证明文件的检查验收，主要是检查产品合格证和出厂检验报告。产品合格证是该批产品质量符合相关标准要求的证明，同时也是生产厂家承诺该批产品质量责任的“责任书”。我国的产品质量法对此有详细规定。施工时，进场钢筋的质量证明文件是最重要的工程技术资料之一，应纳入施工档案进行管理。

质量证明文件的检查并非仅对资料本身进行翻阅查看，更重要的是应该将资料与其所代表的实物对照核查。当然，对于钢筋实物，仅凭外观、规格等检查还难以判定其真实质量，但是按照质量证明文件对实物进行检查仍然是必不可少的环节。有时，从外观瑕疵观察和资料分析对比的某些矛盾迹象，也能够发现进场钢筋存在的问题，如混料错批等。

检查质量证明文件时，对于不能取得原件的资料，当采用复印件代替时，应符合复印文件的有关规定。

3．钢筋进场的抽样复验报告

钢筋进场时，应按国家现行相关标准《钢筋混凝土用热轧带肋钢筋》（GB 1499）等规定的组批规则、取样数量和方法，抽取试件做屈服强度、抗拉强度、伸长率、弯曲性能和重量偏差检验，检验结果必须符合相关标准的规定。

1）组批规则

钢筋应按批进行检查和验收，每批由同一厂家、同一牌号、同一炉罐、同一规格的钢筋组成，每批重量通常不大于 60 t；超过 60 t 的部分，每增加 40 t（或不足 40 t 的余数），增加一个拉伸试验试样和一个弯曲试验试样。允许由同一厂家、同一牌号、同一冶炼方法、同一浇注的不同炉罐号组成混合批，但各炉罐号含碳量之差不大于 0.02%，含锰量之差不大于 0.15%，混合批的重量不大于 60 t。同一规格每批取 3 件试件。当经产品认证符合要求的钢筋，且连续三批检验均一次合格时，检验批的容量可扩大一倍。

对于在钢筋场外加工的成形钢筋，进场时按同一工程、同一类型、同一原材料来源、同一组生产设备生产以不大于 30 t 为一批，当经产品认证符合要求的钢筋，且连续三批检验均一次合格时，检验批的容量可扩大为 60 t，抽样检验屈服强度、抗拉强度、伸长率和重量偏差。成形钢筋的类型指箍筋、纵筋、焊接网、钢筋笼等；同一原材料来源指成形钢筋加工所用钢筋为同一企业生产；同一生产设备指成形钢筋加工设备。

2）取样数量和方法（见表 2.1）

表 2.1　取样数量和方法

序号	检验项目	取样数量	取样方法	试验方法
1	拉伸	2 个	任选 2 根（盘）钢筋切取	GB/T 228.1，GB 1499
2	弯曲	2 个	任选 2 根（盘）钢筋切取	GB/T 232，GB 1499
3	反向弯曲	1 个	任选 1 根（盘）钢筋切取	GB/T 5126，GB 1499

续表

序号	检验项目	取样数量	取 样 方 法	试 验 方 法
4	重量偏差	5 个	试样应从不同钢筋上截取，数量不少于 5 个，每个试样长度不小于 500 mm	GB 1499
长度和重量的测量精度分别不应低于 1 mm 和 1 g				

按照上述规定进行抽样、检验，试验结果根据以下原则进行判定。

（1）试验结果与相应产品标准中规定的检验指标进行对比，判定其质量是否符合要求。

（2）试验项目中如有一项试验结果不符合标准要求，则从同批中再随机抽取双倍数量的试样进行复验。复验结果（包括该项试验所要求的任一指标）中，如仍有某个指标不符合标准要求，则该批产品应判为不合格。如全部符合要求，则应判为合格。钢筋的重量偏差项目不进行复验。

（3）试验结果无效：由于取样、制样、试验不当而获得的试验结果，应视为无效。

常用钢筋的主要性能指标应符合表 2.2 的规定，单位长度重量偏差应符合表 2.3 的规定。

表 2.2　钢筋性能基本要求

牌　号	公称直径范围（mm）	屈服强度（f_{yk}）不小于（N/mm^2）	抗拉强度（f_{stk}）不小于（N/mm^2）	断后伸长率（A）不小于（%）	最大力下总伸长率（A_{gt}）不小于（%）
HPB235	6～22	235	370	25.0	10.0
HPB300	6～22	300	420	25.0	10.0
HRB335 HRBF335	6～50	335	455	17.0	7.5
HRB400 HRBF400	6～50	400	540	16.0	7.5
HRB500 HRBF500	6～50	500	630	15.0	7.5
RRB400	8～40	400	600	14.0	5.0

注：表中屈服强度的符号为 f_{yk}，在相关钢筋产品标准中表示为 R_{eL}；抗拉强度的符号为 f_{stk}，在相关钢筋产品标准中表示为 R_m。

表 2.3　钢筋单位长度重量偏差要求

公称直径（mm）	实际重量与理论重量的偏差
≤12	±7%
14～20	±5%
≥22	±4%

对有抗震设防要求的结构，其纵向受力钢筋的性能应满足设计要求；当设计无具体要求时，对按一、二、三级抗震等级设计的框架和斜撑构件（含梯段）中的纵向受力普通钢筋应采用 HRB335E、HRB400E、HRB500E、HRBF335E、HRBF400E 或 HRBF500E 钢筋，其主要性能指标应满足上表中不带“E”的钢筋牌号要求，其强度和最大力下总伸长率的实测值应符合下列规定。

（1）钢筋的抗拉强度实测值与屈服强度实测值的比值不应小于1.25。

（2）钢筋的屈服强度实测值与屈服强度标准值的比值不应大于1.30。

（3）钢筋的最大力下总伸长率不应小于9%。

当发现钢筋有脆断、焊接性能不良或力学性能显著不正常等现象时，应对该批钢筋进行化学成分检验或其他专项检验。

以上项目在验收时均被列为主控项目，主要是各项力学性能指标的检验。这是工程质量和结构安全的关键所在，应加强控制。

4．外观质量

钢筋应外形平直、外观无损伤，表面不得有裂纹、油污、颗粒状或片状老锈。

钢筋进场时和使用前均应加强外观质量的检查。弯曲不直或经弯折损伤、有裂纹的钢筋不得使用，不平直的弯曲钢筋可能影响加工和安装，带有折痕的钢筋容易脆断，钢筋损伤、裂纹可能影响其力学性能；表面有油污、颗粒状或片状老锈的钢筋不得使用，以防止影响钢筋握裹力或锚固性能。

5．其他要求

钢筋焊接网和焊接骨架的焊点压入深度、开焊点数量、漏焊点数量及尺寸偏差应符合现行行业标准《钢筋焊接及验收规程》（JGJ 18）的有关规定。

2.1.3 见证检验

根据国务院《建设工程质量管理条例》规定和建设部文件要求，钢筋的进场抽样复验，应至少有30%的比例进行见证取样和送检。即在监理或建设单位人员的现场见证下，由施工单位的试验人员现场取样，送至具备资质的检测单位进行检测。见证取样和送检，是为了规范施工试验行为，提高抽样真实性和合法性的措施。对于重要的建筑材料，如钢筋及钢筋接头、水泥、砌块等，都要求进行见证取样和送检。

任务2.2 钢筋下料与代换

2.2.1 钢筋下料

钢筋下料也称钢筋翻样，是钢筋工程的施工技术人员根据建筑结构施工图纸中各种各样的钢筋样式、规格、尺寸及所在位置，按照国家相关的规程、规范要求，计算出各个构件中每根钢筋的制作装配数据、数值，形成文字材料或填写在配料表单中，再画出组装简图，作为操作人员、作业班组进行生产制作装配的依据，主要用于钢筋加工和绑扎。

钢筋下料：按照设计图纸的要求，确定各钢筋的直线下料长度、总根数及总重量，给出钢筋配料单，以供加工制作。

1．下料计算基本概念

外包尺寸：钢筋的外轮廓尺寸（外包就是曲线切线的交点连成的直线段）。

轴线长度：钢筋的截面中心的长度。

弯折量度差值：钢筋弯曲段的外包尺寸与轴线长度的差值。

下料长度：各段直线钢筋外包长度之和−弯折量度差值+弯钩增加长度=轴线长度。

（1）直钢筋下料长度=外包尺寸+弯钩增加值

（2）弯起钢筋下料长度=直段长度+斜段长度+弯钩增加值−量度差值

（3）箍筋下料长度=外包尺寸−量度差值+弯钩增加值

配料单：工程名称、构件名称、钢筋编号、钢筋简图及尺寸、钢筋直径、钢号、数量、下料长度及重量。

2．外包尺寸的计算

外包尺寸一般通过识读结构施工图而得知，常可通过计算构件的外形尺寸，加上钢筋的锚固长度，扣除混凝土保护层厚度而得到。

1）钢筋的锚固长度规定

受拉钢筋基本锚固长度如表 2.4 所示。

表 2.4　受拉钢筋基本锚固长度 l_{ab}、l_{abE}

钢筋种类	抗震等级	混凝土强度等级								
		C20	C25	C30	C35	C40	C45	C50	C55	≥C60
HPB300	一、二级（l_{abE}）	45*d*	39*d*	35*d*	32*d*	29*d*	28*d*	26*d*	25*d*	24*d*
	三级（l_{abE}）	41*d*	36*d*	32*d*	29*d*	26*d*	25*d*	24*d*	23*d*	22*d*
	四级（l_{abE}） 非抗震（l_{ab}）	39*d*	34*d*	30*d*	28*d*	25*d*	24*d*	23*d*	22*d*	21*d*
HRB335 HRBF335	一、二级（l_{abE}）	44*d*	38*d*	33*d*	31*d*	29*d*	26*d*	25*d*	24*d*	24*d*
	三级（l_{abE}）	40*d*	35*d*	31*d*	28*d*	26*d*	24*d*	23*d*	22*d*	22*d*
	四级（l_{abE}） 非抗震（l_{ab}）	38*d*	33*d*	29*d*	27*d*	25*d*	23*d*	22*d*	21*d*	21*d*
HRB400 HRBF400 RRB400	一、二级（l_{abE}）	—	46*d*	40*d*	37*d*	33*d*	32*d*	31*d*	30*d*	29*d*
	三级（l_{abE}）	—	42*d*	37*d*	34*d*	30*d*	29*d*	28*d*	27*d*	26*d*
	四级（l_{abE}） 非抗震（l_{ab}）	—	40*d*	35*d*	32*d*	29*d*	28*d*	27*d*	26*d*	25*d*
HRB500 HRBF500	一、二级（l_{abE}）	—	55*d*	49*d*	45*d*	41*d*	39*d*	37*d*	36*d*	35*d*
	三级（l_{abE}）	—	50*d*	45*d*	41*d*	38*d*	36*d*	34*d*	33*d*	32*d*
	四级（l_{abE}） 非抗震（l_{ab}）	—	48*d*	43*d*	39*d*	36*d*	34*d*	32*d*	31*d*	30*d*

受拉钢筋锚固长度 l_a、抗震锚固长度 l_{aE} 的计算公式及要求见表 2.5。

表 2.5　受拉钢筋锚固长度 l_a、抗震锚固长度 l_{aE}

非抗震	抗震	注：
$l_a=\zeta_a l_{ab}$	$l_{aE}=\zeta_{aE} l_a$	1．l_a 不应小于 200。 2．锚固长度修正系数 ζ_a 按表 2.6 取用，当多于一项时，可按连乘计算，但不应小于 0.6。 3．ζ_{aE} 为抗震锚固长度修正系数，对一、二级抗震等级取 1.15，对三级抗震等级取 1.05，对四级抗震等级取 1.00

表 2.6　受拉钢筋锚固长度修正系数ζ_a

锚固条件		ζ_a	
带肋钢筋的公称直径大于 25		1.10	—
环氧树脂涂层带肋钢筋		1.25	
施工过程中易受扰动的钢筋		1.10	
锚固区保护层厚度	$3d$	0.80	注：中间时按内插值。d 为锚固钢筋直径。
	$5d$	0.70	

当纵向受拉钢筋采用弯钩或机械锚固措施时，包括弯钩或锚固端在内的锚固长度（投影长度）可取基本锚固长度的 60%。

2）钢筋的混凝土保护层厚度的规定

混凝土保护层厚度为最外层钢筋外边缘至混凝土表面的距离，若为柱、梁构件，则箍筋为其最外层钢筋。混凝土保护层最小厚度规定如表 2.7 所示。

表 2.7　混凝土保护层最小厚度

环境类别	板、墙	柱、梁
一	15	20
二 a	20	25
二 b	25	35
三 a	30	40
三 b	40	50

注：1．本表适用于设计年限为 50 年，若为 100 年一类环境不应小于表中数据的 1.4 倍，其他环境类别应采取专门的有效措施。

2．混凝土强度等级不大于 C25，表中保护层厚度数据应加上 5 mm。

3．基础底面钢筋有混凝土垫层时不得少于 40 mm。

3．钢筋弯折相关规定

受力钢筋的弯折应符合下列规定：

（1）光圆钢筋末端应做 180° 弯钩，弯钩的弯后平直部分长度不应小于钢筋直径的 3 倍。作为受压钢筋使用时，光圆钢筋末端可不做弯钩。

（2）光圆钢筋的弯弧内直径（弯曲直径）不应小于钢筋直径的 2.5 倍。

（3）335 MPa 级、400 MPa 级带肋钢筋的弯弧内直径不应小于钢筋直径的 5 倍。

（4）直径为 28 mm 以下的 500 MPa 级带肋钢筋的弯弧内直径不应小于钢筋直径的 6 倍，直径为 28 mm 及以上的 500 MPa 级带肋钢筋的弯弧内直径不应小于钢筋直径的 7 倍。

（5）框架结构的顶层端节点，对梁上部纵向钢筋、柱外侧纵向钢筋在节点角部弯折处，当钢筋直径为 28 mm 以下时，弯弧内直径不宜小于钢筋直径的 12 倍；当钢筋直径为 28 mm 及以上时，弯弧内直径不宜小于钢筋直径的 16 倍。

（6）框架结构的非顶层的节点，梁、柱纵向钢筋弯折处，当钢筋直径为 28 mm 以下时，弯弧内直径不宜小于钢筋直径的 8 倍；当钢筋直径为 28 mm 及以上时，弯弧内直径不宜小于钢筋直径的 12 倍。

（7）箍筋弯折处的弯弧内直径不应小于纵向受力钢筋直径。

除焊接封闭箍筋外，箍筋、拉筋的末端应按设计要求做弯钩。当设计无具体要求时，应符合下列规定。

（1）箍筋、拉筋弯钩的弯弧内直径应符合前面的规定。

（2）对一般结构构件，箍筋弯钩的弯折角度不应小于 90°，弯折后平直部分长度不应小于箍筋直径的 5 倍；对有抗震设防及设计有专门要求的结构构件，箍筋弯钩的弯折角度不应小于 135°，弯折后平直部分长度不应小于箍筋直径的 10 倍和 75 mm 的较大值。

（3）圆柱箍筋的搭接长度不应小于钢筋的锚固长度，两末端均应做 135° 弯钩，弯折后平直部分长度对一般结构构件不应小于箍筋直径的 5 倍，对有抗震设防要求的结构构件不应小于箍筋直径的 10 倍。

（4）拉筋两端弯钩的弯折角度均不应小于 135°，弯折后平直部分长度不应小于拉筋直径的 10 倍。

4．量度差值的计算

钢筋弯折各种角度时的弯曲量度差值计算简图见图 2.1，钢筋弯折各种角度时的弯曲量度差值取值见表 2.8。

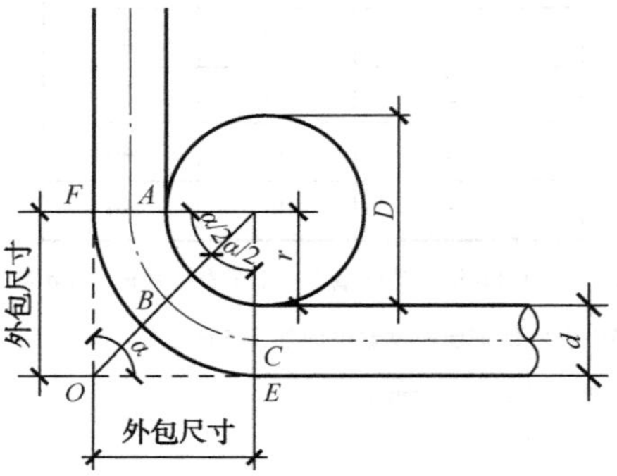

图 2.1　钢筋弯折处弯曲量度差值计算简图

弯折的量度差值=外包尺寸-轴线尺寸，即：当弯折角度$\alpha \leqslant 90°$时，

$$外皮量度差值=2\left(\frac{D}{2}+d\right)\times\tan\frac{\alpha}{2}-\pi(D+d)\times\frac{\alpha}{360°} \tag{2-1}$$

式中，D 为弯弧内直径。

表 2.8　钢筋弯折各种角度时的弯曲量度差值

弯曲角度	D=2.5d	D=4d	D=5d	D=6d	D=7d	D=8d	D=12d	D=16d
30°	0.290d	0.299d	0.305d	0.311d	0.317d	0.323d	0.348d	0.373d
45°	0.490d	0.522d	0.543d	0.565d	0.586d	0.608d	0.694d	0.780d
60°	0.765d	0.846d	0.900d	0.954d	1.008d	1.061d	1.276d	1.491d
90°	1.751d	2.073d	2.288d	2.502d	2.717d	2.931d	3.790d	4.648d

5. 弯钩长度增加值

钢筋末端弯钩类型主要有180°半圆弯钩，135°斜弯钩及90°直弯钩三种。

（1）受拉的光圆钢筋末端180°弯钩的长度计算如图2.2所示，其弯弧内直径D=2.5d，平直部分长度为3d。

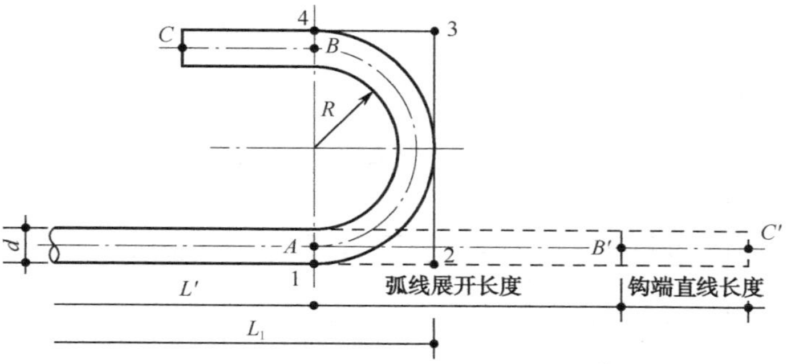

图2.2　180°弯钩计算简图

其弯钩增加长度为$\left[\frac{\pi}{2}(D+d)+3d\right]-\left(\frac{D}{2}+d\right)$。

当D=2.5d时，度量方法以外包尺寸度量，其每个弯钩长度增加值为6.25d。

（2）箍筋及拉筋末端常做135°弯钩，弯弧内直径可为D=2.5d、D=4d、D=5d等，弯后平直部分长度可为5d、10d、75 mm等。以弯弧内直径D=5d、平直部分长度为10d为例，135°弯钩的长度计算如图2.3所示。

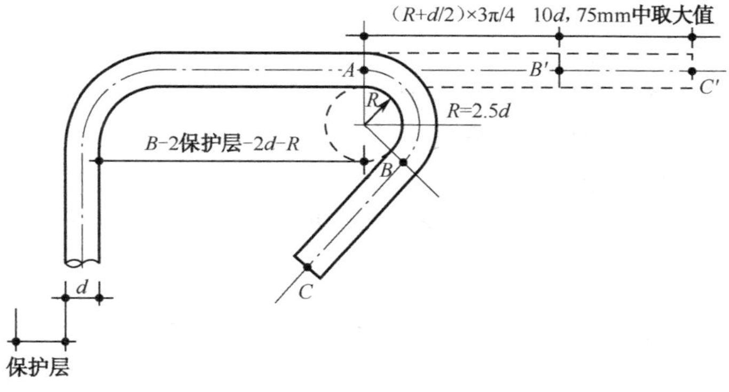

图2.3　135°弯钩计算简图

其弯钩增加长度为$\left[\frac{3}{8}\pi(D+d)+10d\right]-\left(\frac{D}{2}+d\right)$。

度量方法以外包尺寸度量。

当D=4d时，上式为12.89d，可取12.9d（箍筋，受力纵筋直径不小于20）。

当D=5d时，上式为13.57d，可取13.6d（箍筋，为二、三级钢筋）。

当D=2.5d时，上式为11.87d，可取11.9d（箍筋，受力纵筋直径小于20）。

（3）当纵向受拉钢筋采用弯钩时，包括弯钩在内的锚固长度（投影长度）可取基本锚固长度的60%。末端采用90°直弯钩时，其弯弧内直径D=4d，弯后平直部分长度12d。

度量方法以外包尺寸度量，其弯钩增加长度为$\left[\frac{1}{4}\pi(D+d)+12d\right]-\left(\frac{D}{2}+d\right)$，其每个弯钩长度增加值为 12.927$d$。

度量方法为以直线段为界度量，其弯钩增加长度为$\left[\frac{1}{4}\pi(D+d)+12d\right]$，其每个弯钩长度增加值为 15.927$d$。

钢筋末端弯钩增加值如表 2.9 所示。

表 2.9　钢筋末端弯钩增加值

弯曲角度	度量方法	以外包尺寸度量		以直线段 A 为界度量		平直段长度
		含平直段	不含平直段	含平直段	不含平直段	(3d、5d、10d，12d，75 mm)
180°	D=2.5d	6.25d	3.25d	8.5d	3.5d	3d
	D=4d	—	—	—	—	—
	D=5d	—	—	—	—	—
135°	D=2.5d	11.87d	1.87d	14.12d	4.12d	10d
	D=4d	12.89d	2.89d	15.89d	5.89d	10d
	D=5d	13.59d	3.59d	17.09d	7.09d	10d
90°	D=2.5d	—	0.50d	—	2.75d	—
	D=4d	12.927d	0.927d	15.927d	3.927d	12d
	D=5d	—	1.212d	—	4.712d	—

6．箍筋、拉筋长度计算

1）箍筋下料长度

箍筋长度可由矩形的外皮尺寸 2(B−2C)+2(H−2C)，扣除 4 个 90° 的量度差值，加上两个 90° 的弯钩增加值（必须以直线段为界度量）确定。以弯弧内直径 D=4d，弯后平直部分长度 10d 为例，箍筋长度计算如下：

$$2(B-2C)+2(H-2C)-4\times 2.073d+2\times(3.927d+10d)=2(B+H)-8C+19.56d\ (D=4d)\tag{2-2}$$

2）拉筋下料长度

如图 2.4 所示，中部直段长度为(B−2C)−2d−D，加上两个 135° 的弯钩增加值（必须以直线

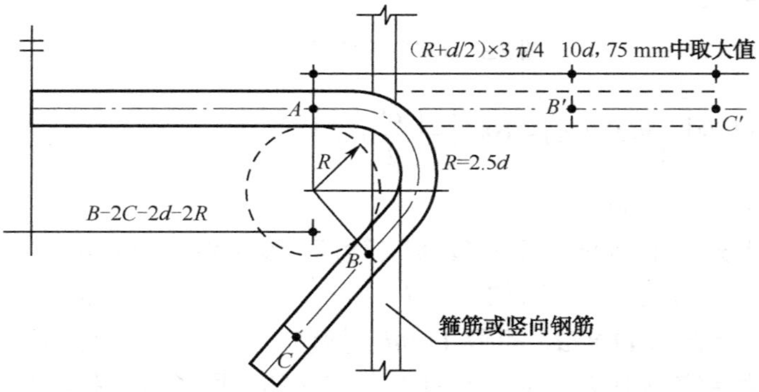

图 2.4　拉筋下料长度

段为界度量），以弯弧内直径 $D=4d$，弯后平直部分长度 $10d$ 为例，拉筋长度计算如下：

$$(B-2C)-2d-D+2\times(5.89d+10d)=B-2C+25.78d\ (D=4d) \qquad (2\text{-}3)$$

表 2.10 箍筋、拉筋下料长度

柱 箍 筋	是否抗震	箍筋直径 d	箍筋、拉筋下料长度计算公式	备 注
外箍	抗震	d=8，10，12	$L=2(B+H)-8C+18.50d$	$D=2.5d$
		d=8，10，12	$L=2(B+H)-8C+19.56d$	$D=4d$
		d=8，10，12	$L=2(B+H)-8C+20.27d$	$D=5d$
		d=6，6.5	$L=2(B+H)-8C-1.5d+150$	$D=2.5d$
	非抗震		$L=2(B+H)-8C+8.5d$	$D=2.5d$
内箍	$L=2\{[(B-2c-2d-D)/$间距个数$]\times$内箍占间距个数$+D+d\}+2(H-2C-d)+2\times$弯钩			
4×4 的内箍	抗震	d=8，10，12	$L=2(B-2C)/3+2(H-2C)+19.83d$	$D=2.5d$
		d=8，10，12	$L=2(B-2C)/3+2(H-2C)+20.89d$	$D=4d$
		d=8，10，12	$L=2(B-2C)/3+2(H-2C)+21.60d$	$D=5d$
		d=6，6.5	$L=2(B-2C)/3+2(H-2C)+150$	$D=2.5d$
拉筋	抗震	d=8，10，12	$L=B-2C+23.74d$	$D=2.5d$
		d=8，10，12	$L=B-2C+25.78d$	$D=4d$
		d=8，10，12	$L=B-2C+27.18d$	$D=5d$
		d=6，6.5	$L=B-2C+150+3.74d$	$D=2.5d$
	非抗震		$L=B-2C+13.74d$	$D=2.5d$
式中，H、B 为构件高度与宽度；C 为混凝土保护层厚度				

【案例 5】 某工程框架跨梁的钢筋下料计算

已知抗震等级为三级的框架 3 跨连续梁如图 2.5 所示，环境类别为一类，C35 混凝土，柱断面 500 mm×500 mm，轴线居中，柱外侧纵筋直径 22 mm，柱箍筋直径 10 mm，板厚 100 mm，请对其进行钢筋下料计算，并填写钢筋下料单。

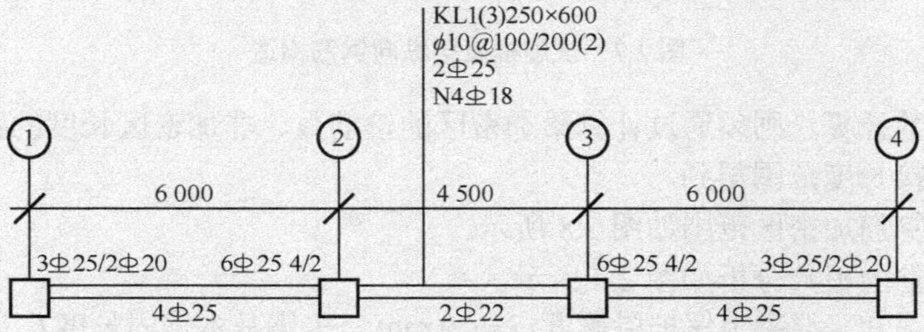

图 2.5 KL1 配筋图

梁平法识图分析：梁筋主要有纵向钢筋（又分上部纵筋、下部纵筋及侧面纵筋）、箍筋（拉筋）两大类。

梁纵向钢筋的外包尺寸主要由以下几部分组成：梁构件尺寸，梁纵向钢筋在端支座的锚固长度，上部非通长筋伸入梁跨内的长度，下部纵筋在中间支座的锚固长度等。

KL1 纵向钢筋根数分析如图 2.6 所示。

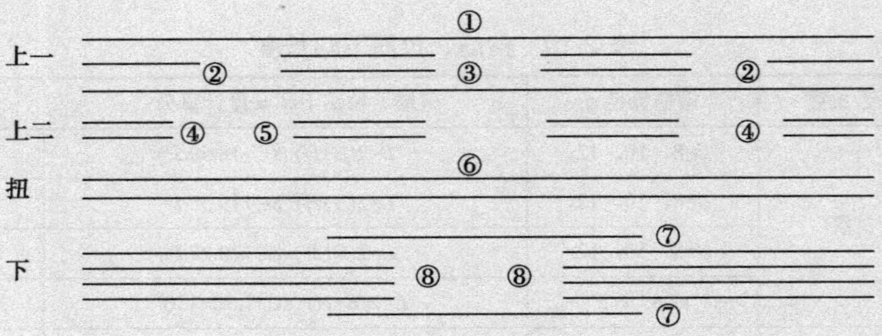

图 2.6　KL1 纵向钢筋根数分析

抗震框架梁纵向钢筋构造如图 2.7 所示。

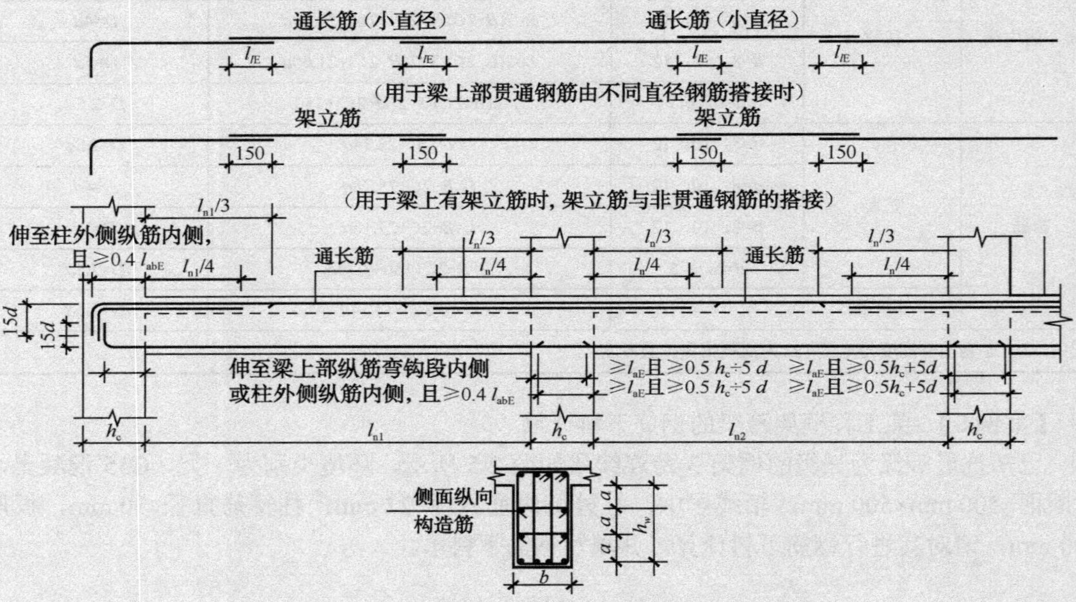

图 2.7　抗震框架梁纵向钢筋构造

梁箍筋的根数计算，则须通过计算梁加密区的箍筋数、非加密区长度的箍筋数、梁纵向钢筋采用绑扎搭接长度范围得到。

抗震框架梁箍筋加密区范围如图 2.8 所示。

解：纵向钢筋的根数分析如图 2.6 所示。

依题意查表得知，混凝土保护层厚度 $C = 20\ \text{mm}$，抗震基本锚固长度 $l_{abE} = 28d$，抗震锚固长度为

$$l_{aE} = 1.05 l_{abE} = 1.05 \times 28d = 29.4d > 0.5h_c + 5d = 250 + 5d$$

90° 量度差值为 2.93*d*（*D*=8*d*），梁纵向受力钢筋伸入端支座到柱外侧纵筋内侧下弯，弯锚段长度 15*d*，则锚固水平段长度为

柱边长度-柱混凝土保护层厚度-柱箍直径-柱外侧纵筋直径-钢筋净距

$$=500-20-10-22-25=423\text{ mm}>0.4l_{abE}=0.4\times28d=0.4\times28\times25=280\text{ mm}$$

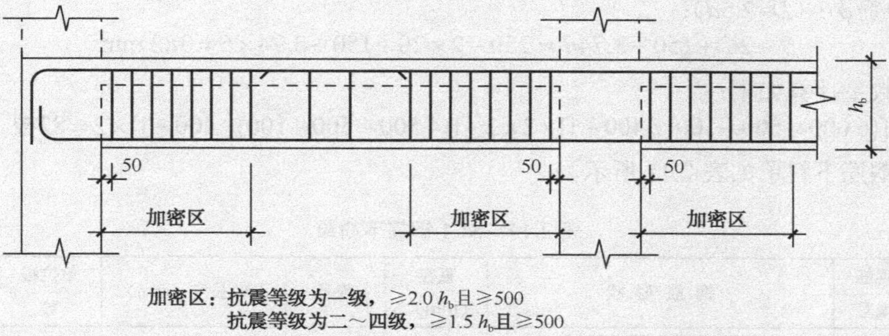

图2.8　抗震框架梁箍筋加密区范围

锚固水平段取423 mm。

1）梁内纵筋下料长度

① 2Φ25：

$$(6\,000+4\,500+6\,000-250-250)+2\times423+2\times15\times25-2\times2.93\times25=17\,450\text{ mm}$$

② 1Φ25：

$$(6\,000-500)/3+423+15\times25-2.93\times25=2\,558\text{ mm}$$

③ 2Φ25：

$$2\times(6\,000-500)/3+500=4\,167\text{ mm}$$

④ 2Φ20：

$$(6\,000-500)/4+423+15\times20-2.93\times20=2\,039\text{ mm}$$

⑤ 2Φ25：

$$2\times(6\,000-500)/4+500=3\,250\text{ mm}$$

⑥ N4Φ18：

$$(6\,000+4\,500+6\,000-250-250)+2\times423+2\times15\times18-2\times2.93\times18=17\,282\text{ mm}$$

⑦ 2Φ22：

$$2\times29.4\times22+(4\,500-500)=5\,294\text{ mm}$$

⑧ 4Φ25：

$$(6\,000-500)+423+15\times25+29.4\times25-2.93\times25=6\,960\text{ mm}$$

2）箍筋下料长度

⑨ $\phi10@100/200(2)$（$D=2.5d$）：

$$2(B+H)-8C+18.5d=2\times600+2\times250-8\times20+18.5\times10=1\,725\text{ mm}$$

箍筋数量计算如下。

加密区：$1.5\times600=900\text{ mm}>500\text{ mm}$

每个加密区箍筋数量：$(900-50)/100+1=9.5$根取10根

边跨非加密区箍筋数量：$(6\,000-500-950-950)/200-1=17$根

中跨非加密区箍筋数量：$(4\,500-500-950-950)/200-1=9.5$根取10根

那么，每根梁箍筋总数量：$10\times6+17\times2+10=104$根

3）拉筋下料长度

⑩ 拉筋$\phi 6$（D=2.5d）：

$$B-2C+150+3.74d=250-2\times 20+150+3.74\times 6=382\ \text{mm}$$

拉筋数量计算如下：

$$[(6\,000-500-100)/400+1]\times 2\times 2+[(4\,500-500-100)/400+1]\times 2=82根$$

编制钢筋下料单如表 2.11 所示。

表 2.11　KL1 钢筋下料单

构件名称	钢筋编号	钢 筋 形 状	直径（mm）	牌号	下料长度（mm）	单位根数	合计根数
KL1	①		25	Φ	17 450	2	
	②		25	Φ	2 558	2	
	③		25	Φ	4 167	4	
	④		20	Φ	2 039	4	
	⑤		25	Φ	3 250	4	
	⑥		18	Φ	17 282	4	
	⑦		22	Φ	5 294	2	
	⑧		25	Φ	6 960	8	
	⑨		10	ϕ	1 725	104	
	⑩		6	ϕ	382	82	

【案例 6】 某工程框架中柱钢筋下料计算

已知抗震等级为三级的框架柱 KZ1（中柱）如图 2.9 所示，环境类别为二 a 类，C30 混凝土，柱断面 500 mm×500 mm，轴线居中，其柱基基础混凝土 C30（下有 100 mm 厚的 C10 混凝土垫层，底板双向配筋 HRB335，直径 16），基底标高−1.800，基顶标高−1.050；C15 混凝土地面 120 mm 厚度；与其相连接的框架梁高度为 450 mm，板厚度均为 100 mm；共 5 层，底层层高 4.5 m，其他层层高 3.0 m。请对其进行钢筋下料计算。

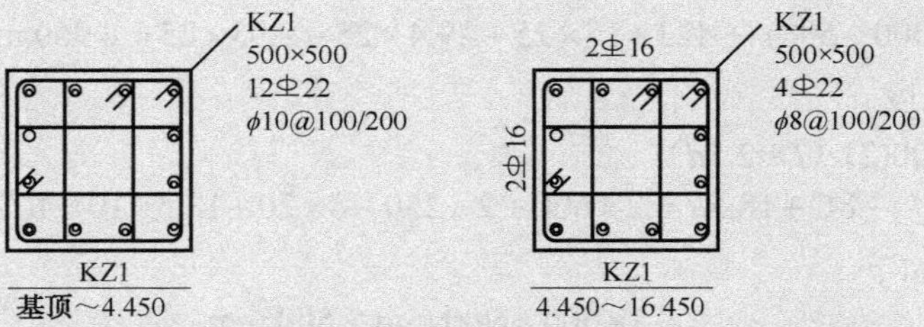

图 2.9　KZ1 配筋图

柱平法识图分析：柱筋主要有纵向钢筋（又分角筋、B 边中部筋及 H 边中部筋）与箍筋两大类。

柱纵向钢筋的外包尺寸主要由以下几部分组成：柱构件尺寸、柱插筋在基础中的锚固长度、柱顶的锚固长度等，必要时还须考虑不同直径的纵筋连接的搭接长度。

柱插筋在基础中的锚固构造如图 2.10 所示。

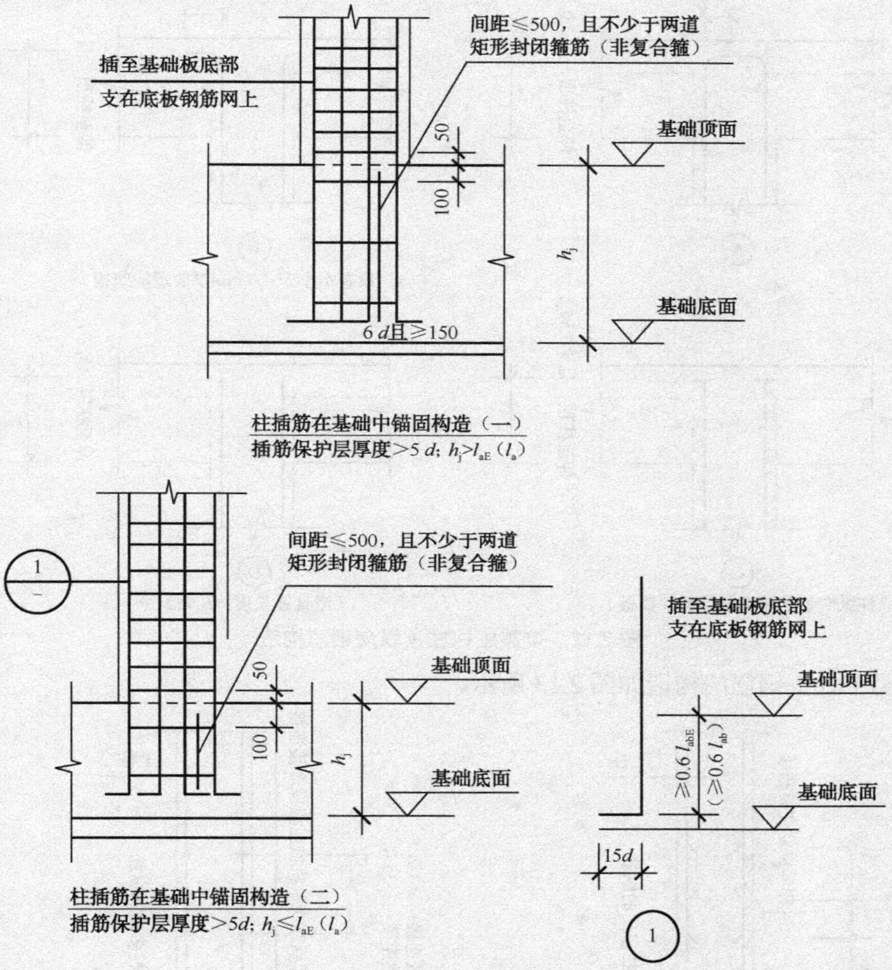

图 2.10 柱插筋在基础中的锚固构造

抗震角柱与边柱柱顶纵向钢筋构造如图 2.11 所示。

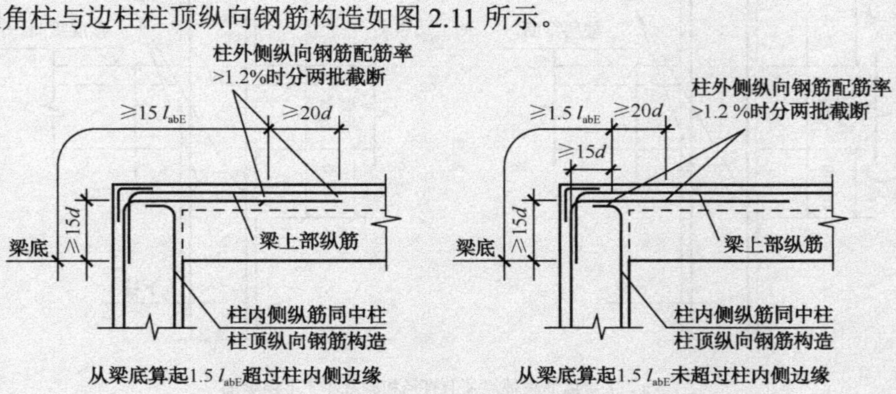

图 2.11 抗震角柱与边柱柱顶纵向钢筋构造

抗震中柱柱顶纵向钢筋构造如图 2.12 所示。

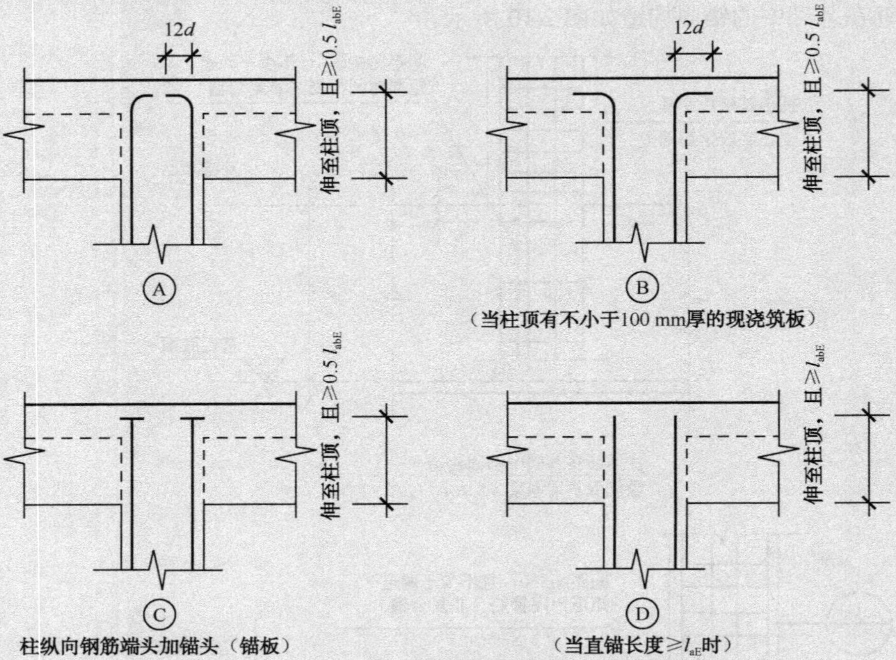

图 2.12　抗震中柱柱顶纵向钢筋构造

抗震上下柱变钢筋的构造如图 2.13 所示。

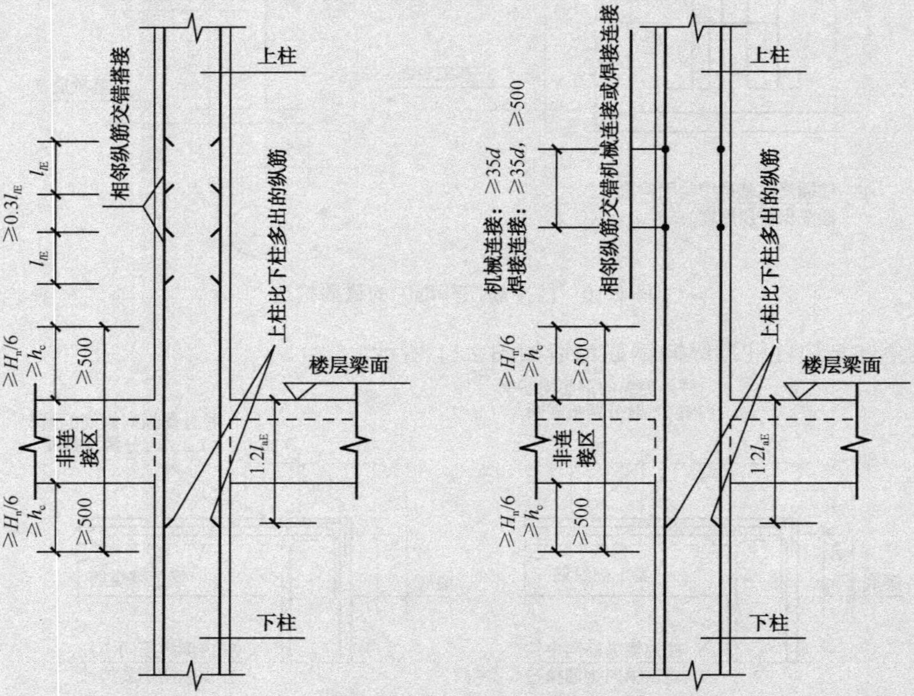

（a）上层纵筋根数增加但直径相同或小于下层纵筋

图 2.13　抗震上下柱变钢筋的构造

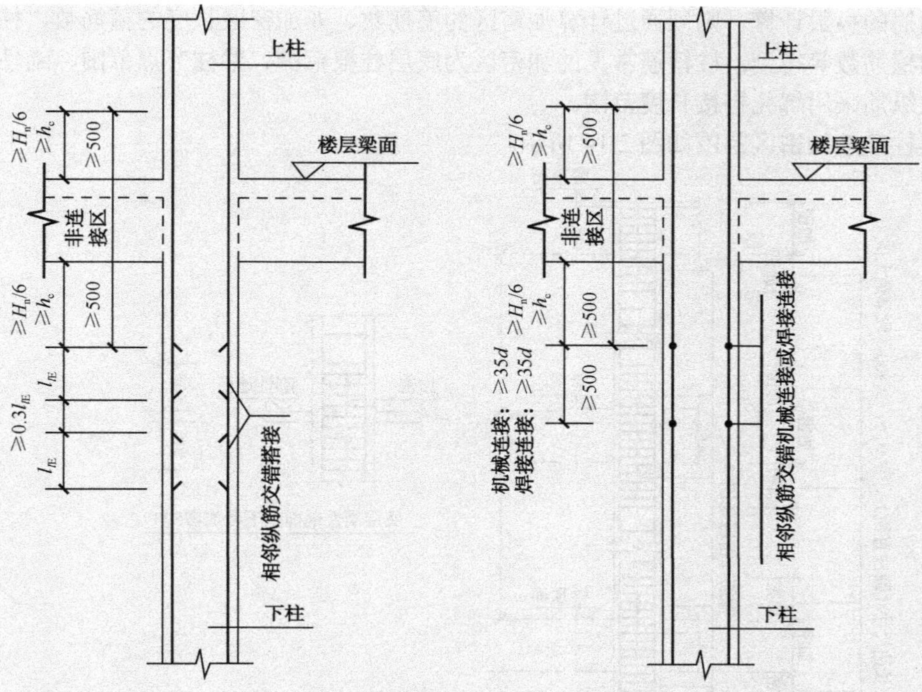

（b）上层纵筋直径大于下层纵筋但根数相同

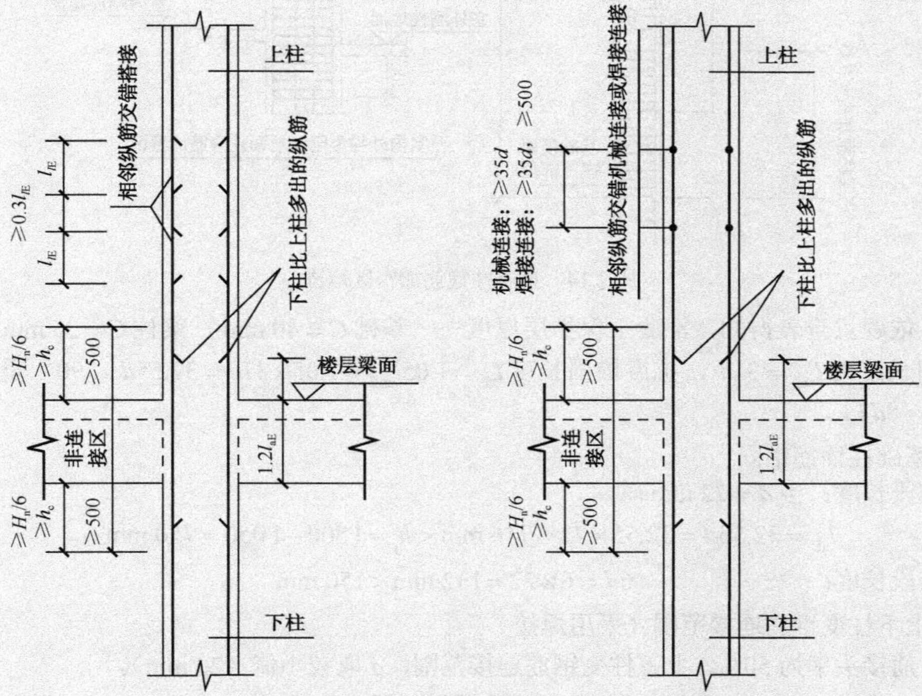

（c）上层纵筋根数减少但直径相同或小于下层纵筋

图 2.13　抗震上下柱变钢筋的构造（续）

柱箍筋的根数计算，则须通过计算加密区的箍筋数、非加密区长度的箍筋数、柱插筋在基础里的箍筋数等得到。柱箍筋常见的加密区为底层柱根范围、梁柱节点范围、刚性地面范围及当柱纵筋采用绑扎搭接长度范围。

抗震柱箍筋加密区范围如图 2.14 所示。

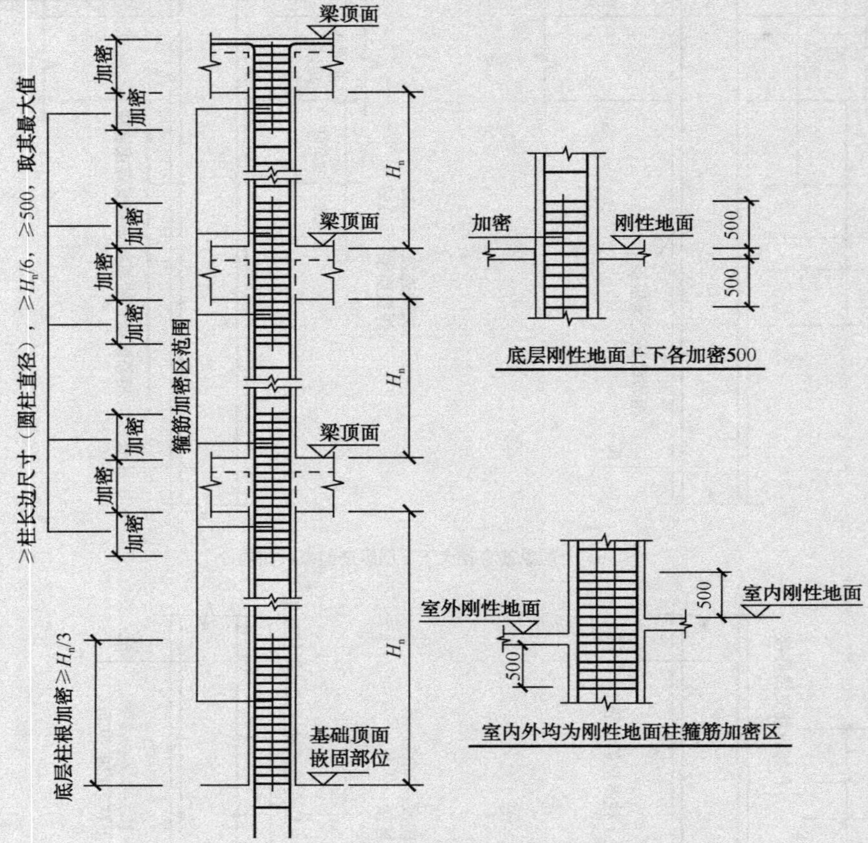

图 2.14　抗震柱箍筋加密区范围

解：依题意查表得知，混凝土保护层厚度——基础 $C = 40$ mm，梁柱 $C = 25$ mm；抗震基本锚固长度为 $l_{abE} = 31d$，抗震锚固长度 $l_{aE} = 1.05 l_{abE} = 1.05 \times 31d = 32.55d$，90° 量度差值 $2.93d (D = 8d)$。

1）基础柱插筋锚固

直锚段长度：当 $d = 22$ mm 时，

$$l_{aE} = 32.55d = 32.55 \times 22 = 716\ \text{mm} < h_j = 1\,800 - 1\,050 = 750\ \text{mm}$$

弯锚段长度：

$$6d = 6 \times 22 = 132\ \text{mm} < 150\ \text{mm}$$

2）上下柱变钢筋连接范围（采用焊接）

柱纵筋接头率为 50%，上下柱变钢筋连接范围，d 取较小值（20 mm）。

$$\max(H_n / 6, h_c, 500) = \max\left(\frac{3\,000 - 450}{6}, 500, 500\right) = 500\ \text{mm}$$

$$\max(35d, 500) = \max(700, 500) = 700\ \text{mm}\ \ (d = 20\ \text{mm})$$

$$\max(35d,500)=\max(560,500)=560\ \text{mm}\ (d=16\ \text{mm})$$

3）柱顶锚固

直锚段长度：$H_b - C = 450 - 25 = 425\ \text{mm} > 0.5l_{abE} = 0.5\times 31d = 15.5\times 20 = 310\ \text{mm}$

弯锚段长度：$12d = 12\times 20 = 240\ \text{mm}$

4）箍筋加密区长度（同纵筋非连接区）

底层柱根范围：$H_1/3 = (4\,450+1\,050-450)/3 = 5\,050/3 = 1\,683\ \text{mm}$，实取1 750 mm

底层柱上部：$\max(H_1/6, h_c, 500) = \max\left(\dfrac{4\,450+1\,050-450}{6}, 500, 500\right) = 842\ \text{mm}$，实取850 mm

上层加密范围：$\max(H_n/6, h_c, 500) = \max\left(\dfrac{3\,000-450}{6}, 500, 500\right) = 500\ \text{mm}$，实取550 mm

5）柱纵筋下料长度

（1）12Φ22：

其中 6 根为

$$(4.450+1.050)+(1.800-1.050-0.040-0.016-0.016)+0.150+0.500-2.93\times 0.022=6.763\ \text{m}$$

其中 6 根为

$$(4.450+1.050)+(1.800-1.050-0.040-0.016-0.016)+0.150+0.500+0.700-2.93\times 0.022=7.464\ \text{m}$$

（2）4Φ20：

其中 2 根为

$$(16.450-4.450)-0.500-0.025+12\times 0.020-2.93\times 0.020=11.656\ \text{m}$$

其中 2 根为

$$(16.450-4.450)-0.500-0.700-0.025+12\times 0.020-2.93\times 0.020=10.956\ \text{m}$$

（3）8Φ16：

其中 4 根为

$$(16.450-4.450)-0.500-0.025+12\times 0.016-2.93\times 0.016=11.620\ \text{m}$$

其中 4 根为

$$(16.450-4.450)-0.500-0.700-0.025+12\times 0.016-2.93\times 0.016=10.920\ \text{m}$$

6）柱箍筋下料长度

（1）底层ϕ10@100/200（D=2.5d）。

① 4×4 外箍。

长度：$L = 2(B+H)-8C+18.50d = 2\times(500+500)-8\times 25+18.50\times 10 = 1\,985\ \text{mm} = 1.985\ \text{m}$

根数：

基础层为

$$n=\max\left\{2,\left(\frac{750-40-100-2\times 16}{500}+1\right)\right\}=3\text{根}$$

底层为

$$n=(1\,750-50)/100+(850+450)/100+(4\,450+1\,050-1\,750-850-450)/200+1=44\text{根}$$

② 4×4 内箍。

$$L=2(B-2C)/3+2(H-2C)+19.83d=2\times(500-2\times 25)/3+2\times(500-2\times 25)+19.83\times 10$$

$=1398\ \text{mm}=1.398\ \text{m}$

根数：$n=2\times$外箍$=2\times44=88$根

（2）二至五层ϕ8@100/200（D=2.5d）

① 4×4 外箍。

长度：$L=2(B+H)-8C+18.50d=2\times(500+500)-8\times25+18.50\times8=1\,948\ \text{mm}=1.948\ \text{m}$

根数：$n=[(550-50)/100+(550+450)/100+(3\,000-550-550-450)/200+1]\times4=96$根

② 4×4 内箍。

长度：$L=2(B-2C)/3+2(H-2C)+19.83d=2\times(500-2\times25)/3+2\times(500-2\times25)$

$+19.83\times8$

$=1\,359\ \text{mm}=1.359\ \text{m}$

根数：$n=2\times$外箍根数$=2\times96=192$根

2.2.2 钢筋代换

钢筋代换：施工时缺乏施工图上的钢筋类别，在征得设计单位同意后，可进行钢筋类别代换。

1．等强度代换

$$A_{S2}f_{y2}\geqslant A_{S1}f_{y1} \tag{2-4}$$

或

$$n_2\geqslant(n_1d_1^2f_{y1})/(d_2^2f_{y2}) \tag{2-5}$$

2．等面积代换

构件按最小配筋率配筋时，可按钢筋面积相等的原则进行代换。

$$A_{S2}\geqslant A_{S1} \tag{2-6}$$

或

$$n_2\geqslant(n_1d_1^2)/(d_2^2) \tag{2-7}$$

必要时，代换后还要进行裂缝宽度或抗裂性计算；代换后，还需满足构造方面的要求。

3．注意问题

（1）重要构件，不宜用 HPB235 级光圆筋代替 HRB335 级带肋钢筋。

（2）代换后应满足配筋构造要求（直径、间距、根数、锚固长度……）。

（3）代换后直径不同时，各筋拉力差不应过大（同级直径差≯5 mm）。

（4）有抗裂要求的构件应做抗裂验算。

（5）梁的纵向受力钢筋和弯曲钢筋应分别代换。

（6）预制构件的吊环，必须用未冷拉的 HPB300 级筋，不得以其他钢筋代换。

任务 2.3 钢筋加工

钢筋加工包括调直、定长切断、弯折和端部弯钩等，以制成各种形状的钢筋半成品，便于现场施工安装。由于混凝土结构中单根钢筋多为直条状，形状通常并不复杂，故钢筋的加工工艺相对也比较简单。《混凝土结构工程施工质量验收规范》（GB 50204—2015）在第 5.3

节中对钢筋调直、切断和加工制作等均提出了检查、验收的要求。

钢筋加工宜在专业化加工厂进行，并宜在常温状态下进行，加工过程中不应加热钢筋。钢筋弯折应一次完成，不得反复弯折。

2.3.1 钢筋调直、除锈与切断

1. 钢筋调直

钢筋宜采用无延伸功能的机械设备进行调直，也可采用冷拉方法调直。机械调直效率高，基本不损伤钢筋，可以完全避免冷拉调直带来力学性能变化的问题，且对于锈蚀钢筋还有一定的除锈功能。

冷拉调直，是将钢筋的两端夹住，用卷扬机将其强制拉长。当采用冷拉方法调直时，HPB235、HPB300级光圆钢筋的冷拉率不宜大于4%；HRB335、HRB400、HRB500、HRBF335、HRBF400、HRBF500及RRB400级带肋钢筋的冷拉率不宜大于1%。

钢筋调直过程中不应损伤带肋钢筋的横肋。调直后的钢筋应平直，不应有局部弯折。

2. 钢筋除锈

钢筋的表面应清洁、无损伤，油渍、漆污和铁锈应在加工前清除干净，带有颗粒状或片状老锈的钢筋不得使用。钢筋除锈后如有严重的表面缺陷，应重新检验该批钢筋的力学性能及其他相关性能指标。

钢筋的除锈，宜在钢筋冷拉或调直过程进行，否则采用电动除锈机除锈。现已很少用钢丝刷等手工除锈。

3. 钢筋切断

钢筋切断的方法有多种，通常有剪切、锯割等。施工中，采用钢筋切断机进行钢筋切断是一种效率较高的方法。施工中不提倡采取电弧或乙炔熔断钢筋的方法进行钢筋切断，因为热切割容易引起钢筋局部力学性能改变，且造成钢筋断面不平整等问题。但是，对于某些要求断口必须平整的钢筋，进行切断加工时不能使用切断机。如梯子筋横棍、机械连接钢筋端头、电渣焊钢筋、顶模棍钢筋等。如使用切断机，马蹄形的断口不能满足施工要求。此时应使用切割机械如砂轮锯等切割，使钢筋的切口平整，并与钢筋轴线垂直。

2.3.2 钢筋的弯折

钢筋的弯折加工主要是指钢筋的弯曲成形和制作弯钩。由于钢筋加工的形状不同，验收规范将钢筋加工分为“主筋加工”和“箍筋加工”两类。规范对主筋和箍筋的弯钩角度、弯曲部分的内弧直径及弯后平直段长度均提出了要求，如前文所述。为保证工艺质量，钢筋加工前应制作钢筋加工大样图（或称翻样图），按翻样尺寸试加工后再进行批量生产。

钢筋弯曲加工主要使用钢筋弯曲机，并配置不同直径的弯曲机轴和工具卡盘，弯曲机的芯轴直径应同时满足验收要求和绑扎施工对弯弧半径的要求。弯折钢筋的短边尺寸和长边尺寸应同时满足允许偏差的要求，弯折角度应准确，用验收模具检查。加工箍筋的卡盘应分规格制作，并专盘专用，以使主筋与箍筋贴合严密。箍筋加工时应对每一个弯折长度进行控制。箍筋 135° 弯钩弯后平直段应两边平行，不能有劈口，平直段应等长。两钩垂直距离应满足

单排钢筋或双排钢筋的绑扎需要，平直段长度尺寸应符合验收规范要求。箍筋的形状、尺寸、平面翘曲等也应符合要求。

加工后的钢筋应进行标识，通常采用挂标识牌的方法。标识牌应注明钢筋规格、数量、图形、几何尺寸、使用部位、加工人员、加工时间和检验状态等内容。钢筋加工厂和存放场应搭设棚架，集中码放材料和成品、半成品，防止雨淋锈蚀。由加工厂加工的钢筋，对于施工现场是成品或半成品，其加工的基本要求与上述现场加工的要求相同。但是在钢筋资料管理和验收管理上，应符合相关的规定。

2.3.3 钢筋加工允许偏差

1．主控项目

（1）受力钢筋的弯钩和弯折应符合上述规定。

检查数量：按每工作班同一类型钢筋、同一加工设备抽查不应少于 3 件。

检查方法：钢尺检查。

（2）箍筋、拉筋的末端弯钩的弯弧内直径、弯折角度、平直段长度应符合上述规定。

检查数量：按每工作班同一类型钢筋、同一加工设备抽查不应少于 3 件。

检查方法：钢尺检查。

（3）盘卷钢筋调直后应进行力学性能和重量偏差的检验，其强度应符合现行国家有关标准的规定，其断后伸长率、重量负偏差应符合表 2.12 的规定。重量负偏差不符合要求时，调直钢筋不得复检。

表 2.12　盘卷钢筋调直后的断后伸长率、重量负偏差要求

钢筋牌号	断后伸长率 A（%）	重量负偏差（%）	
		直径 6～12 mm	直径 14～20 mm
HPB300	≥21	≤10	–
HRB335、HRBF335	≥16	≤7	≤6
HRB400、HRBF400	≥15		
RRB400	≥13		
HRB500、HRBF500	≥14		

注：1．断后伸长率 A 的测量标距为 5 倍钢筋直径。

2．采用无延伸功能的机械设备调直的钢筋，可不进行本条规定的检验。

检查数量：同一厂家、同一牌号、同一规格调直钢筋，重量不大于 30 t 为一批；每批见证取 3 件试件。当连续三批检验均一次合格时，检验批的容量可扩大为 60 t。

检验方法：3 个试件先进行重量偏差检验，再取其中 2 个试件经时效处理后进行力学性能检验。检验重量偏差时，试件切口应平滑并与长度方向垂直，且长度不应小于 500 mm；长度和重量的量测精度分别不应低于 1 mm 和 1 g。

2．一般项目

钢筋加工的形状与尺寸应符合设计要求，其偏差应符合表 2.13 的规定。

检查数量：按每工作班同一类型钢筋、同一加工设备抽查不应少于 3 件。

检查方法：钢尺检查。

表 2.13　钢筋加工的允许偏差

项　　目	允许偏差（mm）
受力钢筋顺长度方向全长的净尺寸	±10
弯起钢筋的弯折位置	±20
箍筋内的净尺寸	±5
箍筋 135° 弯钩平直长度	0，+5
顶模棍	±1
梯子筋、马凳	±2

任务 2.4　钢筋连接

工程中常用的钢筋连接形式有三种：绑扎搭接连接、焊接连接和机械连接。钢筋焊接接头有多种不同工艺，如电渣压力焊、气压焊、电弧焊、闪光接触对焊等。钢筋机械接头也有多种不同工艺，如锥螺纹接头、各种直螺纹接头、套筒冷挤压接头等。采用何种连接方式，应由设计确定并在设计文件中明确表达。钢筋连接方式应根据设计要求和施工条件选用，施工应严格执行设计要求，并在施工后全面观察检验加以落实。

2.4.1　接头面积百分率

钢筋的接头宜设置在受力较小处，同一纵向受力钢筋不宜设置两个或两个以上的接头，接头末端至钢筋弯起点的距离不应小于钢筋公称直径的 10 倍。

当纵向受力钢筋采用机械连接接头或焊接接头时，设置在同一构件内的接头宜相互错开。每层柱第一个钢筋接头位置距楼地面高度不宜小于 500 mm、柱高的 1/6 及柱截面长边（或直径）的较大值；连续梁、板的上部钢筋接头位置宜设置在跨中 1/3 跨度范围内，下部钢筋接头位置宜设置在梁端 1/3 跨度范围内。

纵向受力钢筋机械连接接头及焊接接头连接区段的长度应为 $35d$（d 为纵向受力钢筋的较大直径）且不应小于 500 mm，凡接头中点位于该连接区段长度内的接头均应属于同一连接区段。同一连接区段内，纵向受力钢筋接头面积百分率为该区段内有接头的纵向受力钢筋截面面积与全部纵向受力钢筋截面面积的比值。

同一机械连接接头及焊接接头连接区段内，纵向受力钢筋的接头面积百分率应符合下列规定：

（1）在受拉区不宜超过 50%，但装配式混凝土结构构件连接处可根据实际情况适当放宽；受压接头可不受限制。

（2）接头不宜设置在有抗震要求的框架梁端、柱端的箍筋加密区；当无法避开时，对等强度高质量机械连接接头，不应超过 50%。

（3）直接承受动力荷载的结构构件中，不宜采用焊接接头；当采用机械连接接头时，不应超过 50%。

同一构件中相邻纵向受力钢筋的绑扎搭接接头宜相互错开。绑扎搭接接头中钢筋的横向净距 s 不应小于钢筋直径，且不应小于 25 mm。纵向受力钢筋绑扎搭接接头连接区段的长度应为 $1.3l_l$（l_l 为搭接长度），凡搭接接头中点位于该连接区段长度内的搭接接头均应属于同一连接区段。同一连接区段内，纵向受力钢筋接头面积百分率为该区段内有接头的纵向受力钢筋截面面积与全部纵向受力钢筋截面面积的比值（见图 2.15）。

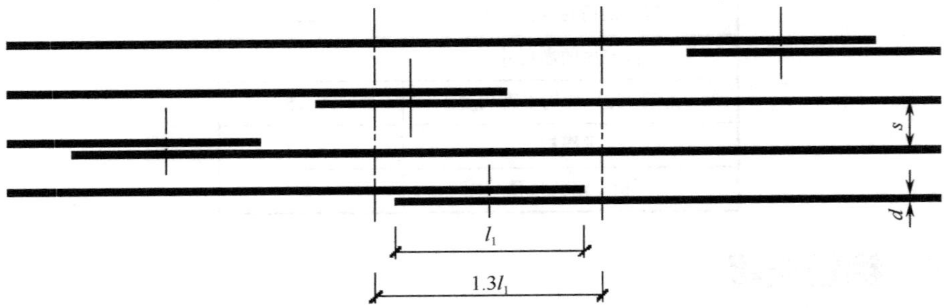

注：图中所示连接区段内有接头的钢筋为两根，各钢筋直径相同时，接头面积百分率为 50%。

图 2.15　钢筋绑扎搭接接头连接区段及接头面积百分率

同一绑扎搭接接头连接区段内，纵向受拉钢筋绑扎搭接接头面积百分率应符合下列规定：

（1）梁、板类构件不宜超过 25%，基础筏板不宜超过 50%；

（2）柱类构件，不宜超过 50%；

（3）当工程中确有必要增大接头面积百分率时，对梁类构件，不应大于 50%；对其他构件，可根据实际情况适当放宽。

2.4.2　绑扎连接

钢筋绑扎连接是利用混凝土的黏结锚固作用，实现两根锚固钢筋的应力传递。

1．最小搭接长度

当纵向受拉钢筋接头面积百分率不大于 25%时，其最小搭接长度应符合表 2.14 的规定；接头面积百分率为 25%～50%时，按表 2.14 中的数值乘以 1.2 系数；接头面积百分率大于 50%时，按表 2.14 中的数值乘以 1.35 系数。

表 2.14　纵向受拉钢筋的最小搭接长度

钢筋类型		混凝土强度等级								
		C20	C25	C30	C35	C40	C45	C50	C55	≥C60
光圆钢筋	235 级	37d	33d	29d	27d	25d	23d	23d	—	—
	300 级	49d	41d	37d	35d	31d	29d	29d	—	—
带肋钢筋	335 级	47d	41d	37d	33d	31d	29d	27d	27d	25d
	400 级	55d	49d	43d	39d	37d	35d	33d	31d	31d
	500 级	67d	59d	53d	47d	43d	41d	39d	39d	37d

注：两根直径不同钢筋的搭接长度，以较细钢筋的直径计算。

纵向受拉钢筋的最小搭接长度根据接头面积百分率确定数值后，可按以下规定进行修正：

（1）带肋钢筋直径>25 mm 时，乘 1.1 的系数。

（2）对环氧树脂涂层的带肋钢筋，乘 1.25 的系数。

（3）当在混凝土凝固过程中受力钢筋易受扰动时（如滑模施工），乘 1.1 的系数。

（4）对末端采用机械锚固措施的带肋钢筋，乘 0.6 的系数。

（5）当带肋钢筋的混凝土保护层厚度大于搭接钢筋直径的 3 倍，且配有箍筋时，乘 0.8 的系数。

（6）有抗震要求时：一、二级抗震者乘 1.15 系数，三级抗震者乘 1.05 系数。

（7）第（4）条与第（5）条不同时考虑，在任何情况下，受拉钢筋的搭接长度不应小于 300 mm。

纵向受压钢筋绑扎搭接时，其最小搭接长度应按纵向受拉钢筋根据上述规定确定相应数值后，乘以系数 0.7。在任何情况下，受压钢筋的搭接长度不应小于 200 mm。

2. 配置箍筋

在梁、柱类构件的纵向受力钢筋搭接长度范围内，应按设计要求配置箍筋。当设计无具体要求时，应符合下列规定：

（1）箍筋直径不应小于搭接钢筋较大直径的 0.25 倍。

（2）受拉搭接区段，箍筋间距不应大于搭接钢筋较小直径的 5 倍，且不应大于 100 mm。

（3）受压搭接区段，箍筋间距不应大于搭接钢筋较小直径的 10 倍，且不应大于 200 mm。

（4）当柱中纵向受力钢筋直径大于 25 mm 时，应在搭接接头两个端面外 100 mm 范围内各设置两个箍筋，其间距宜为 50 mm。

2.4.3　焊接连接

以焊接代替绑扎，可节约钢材，改善结构受力性能，提高工效，降低成本。焊接方法包括钢筋电阻点焊、闪光对焊、箍筋闪光对焊、电弧焊、电渣压力焊、气压焊、预埋件 T 形接头钢筋埋弧压力焊、埋弧螺柱焊等焊接方法。

从事钢筋焊接施工的焊工必须持有钢筋焊工考试合格证，才能按照合格证规定的范围上岗操作。在工程开工正式焊接之前，参与该项施焊的焊工应进行现场条件下的焊接工艺试验，并经试验合格后，方可正式生产。试验结果应符合质量检验与验收时的要求。

凡施焊的各种钢筋、钢板均应有质量证明书；焊条、焊丝、氧气、乙炔、液化石油气、二氧化碳、焊剂应有产品合格证。钢筋焊接施工之前，应清除钢筋、钢板焊接部位及钢筋与电极接触处表面上的锈斑、油污、杂物等。当钢筋端部有弯折、扭曲时，应予以矫直或切除。带肋钢筋进行闪光对焊、电弧焊、电渣压力焊和气压焊时，宜将纵肋对纵肋安放和焊接。焊剂应存放在干燥的库房内，若受潮，在使用前应经 250～3 500 ℃烘焙 2 h。使用中回收的焊剂应清除熔渣和杂物，并应与新焊剂混合均匀后使用。

钢筋的焊接质量与钢材的可焊性、焊接工艺有关。钢筋含碳、锰量增加，则可焊性降低；含适量的钛，则可改善焊接性能。焊接工艺（焊接参数与操作水平）适宜时，即使可焊性较差的钢材，也可获得良好的焊接质量。在焊接施工中焊工应进行自检，当出现异常现象或焊接缺陷时，应查找原因，采取措施，及时消除。焊接接头的质量检验，应分批进行外观检查和力学性能检验。

当环境温度低于-5 ℃，即钢筋低温焊接时，应调整焊接工艺参数，使焊缝和热影响区缓慢冷却。风力超过 4 级时，应有挡风措施。雨天、雪天不宜在现场进行施工。环境温度低于-20 ℃时不得进行焊接。

1．闪光对焊

闪光对焊是将两钢筋以对接形式安放在对焊机上，利用电阻热使接触点金属熔化，产生强烈闪光和飞溅，迅速施加顶锻力完成的一种压焊方法。闪光对焊焊接工艺可分为连续闪光焊、预热闪光焊、闪光-预热-闪光焊。连续闪光焊用于直径在 22 mm 以下的钢筋，预热闪光焊用于直径在 25 mm 及以上且端部较平的钢筋，闪光-预热-闪光焊用于直径在 25 mm 及以上且端部不平的钢筋。

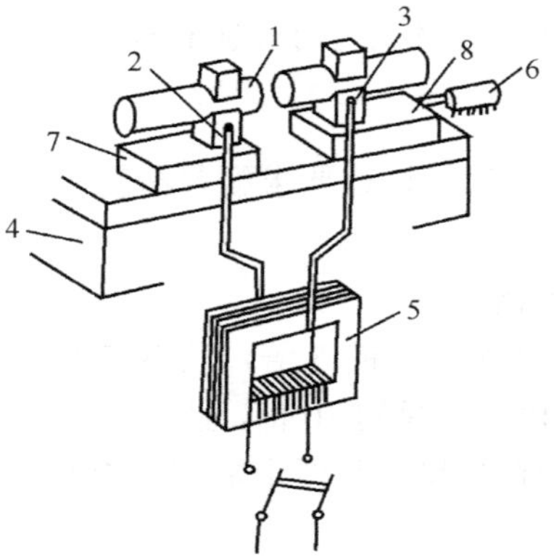

1—焊接的钢筋；2—固定电极；3—可动电极；
4—机座；5—变压器；6—平动顶压机构；
7—固定支座；8—滑动支座

图 2.16　闪光对焊原理

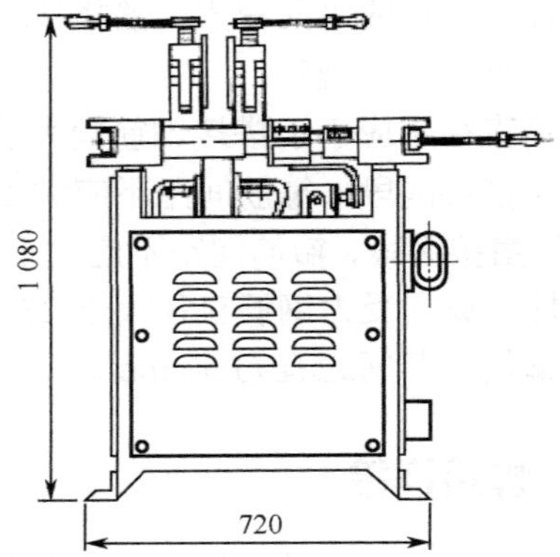

图 2.17　UNl-75 型手动对焊机

闪光对焊接头的质量检验，应分批进行外观检查和力学性能检验。

检验批划分：在同一班内，由同一个焊工完成的 300 个同牌号、同直径钢筋焊接接头应作为一批；当同一班内焊接的接头数量较少，可在一周之内累计计算；累计仍不足 300 个接头时，应按一批计算。

力学性能检验数量要求：每批接头中随机切取 6 个接头，其中 3 个做拉伸试验，3 个做弯曲试验；异径接头可只做拉伸试验。

外观检查：接头处不得有横向裂纹；与电极接触处的钢筋表面不得有明显烧伤；接头处的弯折角度不得大于 3°；接头处的轴线偏移不得大于钢筋直径的 0.1 倍，且不得大于 2 mm。

闪光对焊异常现象、焊接缺陷及消除措施如表 2.15 所示。

表 2.15　闪光对焊异常现象、焊接缺陷及消除措施

异常现象和焊接缺陷	消 除 措 施
烧化过分剧烈并产生强烈的爆炸声	（1）降低变压器级数； （2）减慢烧化速度

续表

异常现象和焊接缺陷	消 除 措 施
闪光不稳定	（1）消除电极底部和表面的氧化物； （2）提高变压器级数； （3）加快烧化速度
接头中有氧化膜、未焊透或夹渣	（1）增加预热程度； （2）加快临近顶锻时的烧化程度； （3）确保带电顶锻过程； （4）加快顶锻压力； （5）增大顶锻压力
接头中有缩孔	（1）降低变压器级数； （2）避免烧化过程过分强烈； （3）适当增大顶锻留量及顶锻压力
焊缝金属过烧	（1）减小预热程度； （2）加快烧化速度，缩短焊接时间； （3）避免过多带电顶锻
接头区域裂纹	（1）检验钢筋的碳、硫、磷含量；若不符合规定，则应更换钢筋； （2）采取低频预热方法，增加预热程度
钢筋表面微熔及烧伤	（1）消除钢筋被夹紧部位的铁锈和油污； （2）消除电极内表面的氧化物； （3）改进电极槽口形状，增大接触面积； （4）夹紧钢筋
接头弯折或轴线偏移	（1）正确调整电极位置； （2）修整电极钳口或更换已变形的电极； （3）切除或矫直钢筋的接头

2．电弧焊

钢筋电弧焊应包括焊条电弧焊（见图 2.18）和 CO_2 气体保护电弧焊两种工艺方法。钢筋焊条电弧焊是以焊条作为一极，钢筋为另一极，利用焊接电流通过产生的电弧热进行焊接的一种熔焊方法。钢筋 CO_2 气体保护电弧焊以焊丝作为一极，钢筋为另一极，并以 CO_2 气体作为电弧介质，保护金属熔滴、焊接熔池和焊接区高温金属的一种钢筋电弧焊方法。CO_2 气体保护焊简称 CO_2 焊，设备应由焊接电源、送丝系统、焊枪、供气系统、控制电路 5 部分组成。

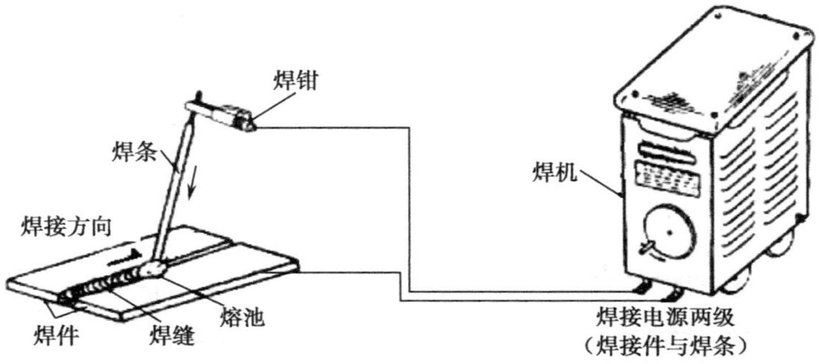

图 2.18　焊条电弧焊原理

钢筋电弧焊（见图 2.19）包括帮条焊、搭接焊、坡口焊、窄间隙焊和熔槽帮条焊 5 种接头形式。帮条焊时，宜采用双面焊；熔槽帮条焊（焊接头见图 2.20）适用于直径 20 mm 及以上钢筋的现场安装焊接，焊接时应加角钢作为垫板模；窄间隙焊（焊接头见图 2.21）适用于直径 16 mm 及以上钢筋的现场水平连接，焊接时，钢筋端部应置于铜模中并应留出一定间隙连续焊接，熔化钢筋端面和使熔敷金属填充间隙形成接头。预埋件钢筋电弧焊 T 形接头（见图 2.22）可分为角焊和穿孔塞焊两种。

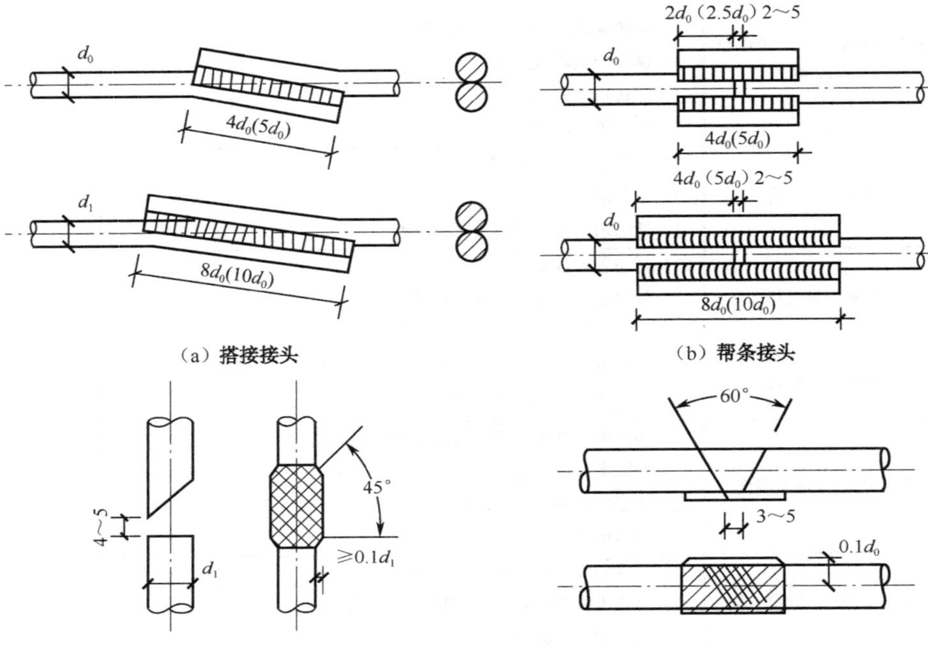

（c）立焊坡口焊接头　　（d）平焊坡口焊接头

图 2.19　钢筋电弧焊焊接接头

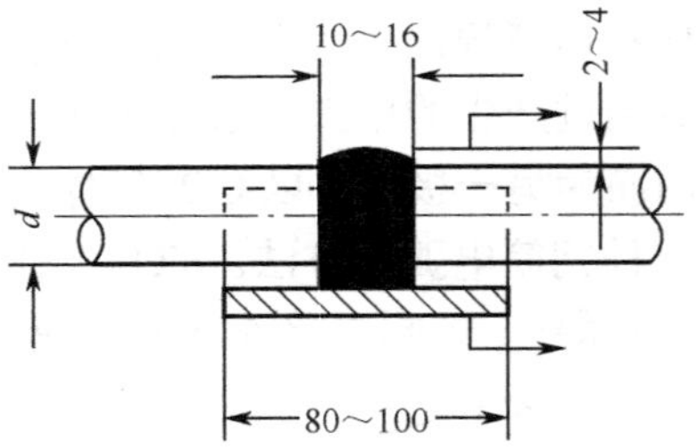

图 2.20　钢筋熔槽帮条焊接头

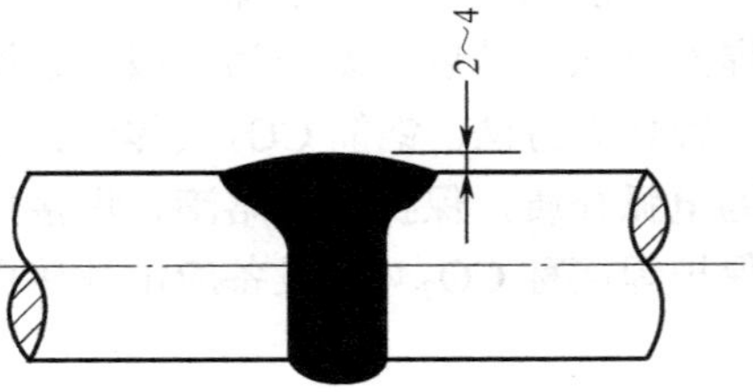

图 2.21　钢筋窄间隙焊接头

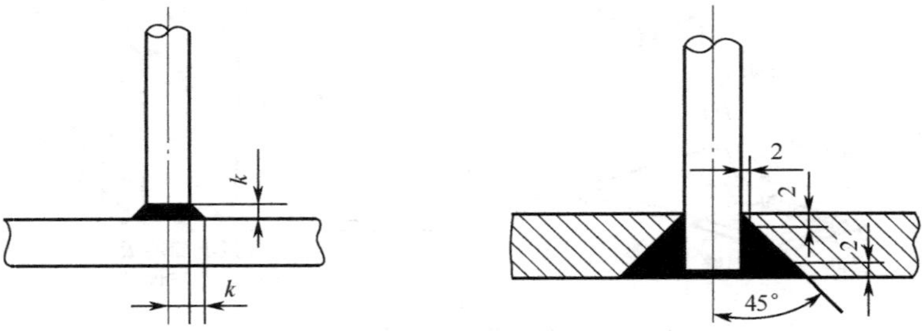

（a）角焊　　（b）穿孔塞焊

图 2.22　预埋件钢筋电弧焊 T 形接头

焊接时应符合下列要求：

（1）应根据钢筋级别、直径、接头形式和焊接位置，选择焊条、焊接工艺和焊接参数。

（2）焊接时，引弧应在垫板、帮条或形成焊缝的部位进行，不得烧伤主筋。

（3）焊接地线与钢筋应接触紧密。

（4）焊接过程中应及时清渣，焊缝表面应光滑，焊缝余高应平缓过渡，弧坑应填满。

电弧焊接头的质量检验应分批进行外观检查和力学性能检验。

检验批划分：在现浇筑混凝土结构中，应以 300 个同牌号钢筋、同形式接头作为一批；在房屋结构中，应在不超过二个楼层中 300 个同牌号钢筋、同形式接头作为一批。

力学性能检验数量要求：每批随机切取 3 个接头，做拉伸试验；在装配式结构中，可按生产条件制作模拟试件，每批 3 个，做拉伸试验；钢筋与钢板电弧搭接焊接头可只进行外观检查。在同一批中若有几种不同直径的钢筋焊接接头，则应在最大直径钢筋接头和最小直径钢筋接头中分别切取 3 个试件进行拉伸试验。当模拟试件试验结果不符合要求时，应进行复验。复验应从现场焊接接头中切取，其数量和要求与初始试验时相同。

外观检查：焊缝表面应平整，不得有凹陷或焊瘤；焊接接头区域不得有肉眼可见的裂纹；咬边深度、气孔、夹渣等缺陷允许值及接头尺寸的允许偏差，应符合表 2.16 的规定；坡口焊、熔槽帮条焊和窄间隙焊接头的焊缝余高应为 2～4 mm。

表 2.16 钢筋电弧焊接头尺寸偏差及缺陷允许值

<table>
<tr><th rowspan="2" colspan="2">名　称</th><th rowspan="2">单　位</th><th colspan="3">接头形式</th></tr>
<tr><th>帮条焊</th><th>搭接焊
钢筋与钢板
搭接焊</th><th>坡口焊
窄间隙焊
熔槽帮条焊</th></tr>
<tr><td colspan="2">帮条沿接头中心线的纵向偏移</td><td>mm</td><td>0.3d</td><td>—</td><td>—</td></tr>
<tr><td colspan="2">接头处弯折角</td><td>（°）</td><td>3</td><td>3</td><td>3</td></tr>
<tr><td colspan="2">接头处钢筋轴线的偏移</td><td>mm</td><td>0.1d</td><td>0.1d</td><td>0.1d</td></tr>
<tr><td colspan="2">焊缝宽度</td><td>mm</td><td>+0.1d</td><td>+0.1d</td><td>—</td></tr>
<tr><td colspan="2">焊缝长度</td><td>mm</td><td>−0.3d</td><td>−0.3d</td><td>—</td></tr>
<tr><td colspan="2">横向咬边深度</td><td>mm</td><td>0.5</td><td>0.5</td><td>0.5</td></tr>
<tr><td rowspan="2">在长 2d 焊缝表面上的气孔及夹渣</td><td>数量</td><td>个</td><td>2</td><td>2</td><td>—</td></tr>
<tr><td>面积</td><td>mm²</td><td>6</td><td>6</td><td>—</td></tr>
<tr><td rowspan="2">在全部焊缝表面上的气孔及夹渣</td><td>数量</td><td>个</td><td>—</td><td>—</td><td>2</td></tr>
<tr><td>面积</td><td>mm²</td><td>—</td><td>—</td><td>6</td></tr>
</table>

3. 电渣压力焊

电渣压力焊是将两钢筋安放成竖向对接形式，利用焊接电流通过两钢筋端面间隙，在焊剂层下形成电弧过程和电渣过程，产生电弧热和电阻热，熔化钢筋，加压完成的一种压焊方法（见图 2.23）。具有操作方便、效率高、成本低、工作条件好等特点，适用于现浇筑混凝土结构施工中直径为 14～40 mm，种类为 HPB300、HRB335 级竖向或斜向（倾斜度在 4∶1 范围内）钢筋的连接。但不得在竖向焊接之后再横置于梁、板等构件中作为水平钢筋使用。

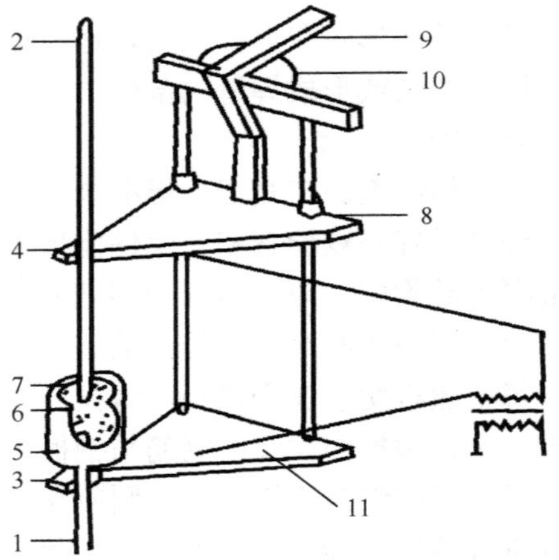

1、2—焊接的钢筋；3—固定电极；4—活动电极；5—药盒；6—导电剂；

7—焊药；8—滑动架；9—手柄；10—支架；11—固定架

图 2.23　电渣压力焊原理

电渣压力焊工艺过程应符合下列要求。

（1）焊接夹具的上下钳口应夹紧于上下钢筋上；钢筋一经夹紧，钢筋应同心，且不得晃动。

（2）引弧可采用直接引电弧法，或铁丝圈（焊条芯）引弧法。

（3）引燃电弧后，应先进行电弧过程，然后加快上钢筋的下送速度，使上钢筋端面插入液态渣池约 2 mm，转变为电渣，最后在断电的同时，迅速下压上钢筋，挤出熔化金属和熔渣。

（4）接头焊毕，应稍作停歇，方可回收焊剂和卸下焊接夹具；敲去渣壳后，四周焊包凸出钢筋表面的高度，当钢筋直径为 25 mm 及以下时不得小于 4 mm；当钢筋直径为 28 mm 及以上时不得小于 6 mm。

不同直径钢筋焊接时，钢筋直径相差宜不超过 7 mm，上下两钢筋轴线应在同一直线上，焊接接头上下钢筋轴线偏差不得超过 2 mm。

电渣压力焊接头的质量检验应分批进行外观检查和力学性能检验。

检验批划分：在现浇筑钢筋混凝土结构中，应以 300 个同牌号钢筋接头作为一批；在房屋结构中，应在不超过二个楼层中 300 个同牌号钢筋接头作为一批；当不足 300 个接头时，仍应作为一批。

力学性能检验数量要求：每批随机切取 3 个接头试件做拉伸试验。

外观检查要求：四周焊包凸出钢筋表面的高度，当钢筋直径为 25 mm 及以下时，不得小于 4 mm；当钢筋直径为 28 mm 及以上时，不得小于 6 mm；钢筋与电极接触处，应无烧伤缺陷；接头处的弯折角度不得大于 3°；接头处的轴线偏移不得大于钢筋直径的 0.1 倍，且不得大于 2 mm。

电渣压力焊接头焊接缺陷及消除措施如表 2.17 所示。

表 2.17 电渣压力焊接头焊接缺陷及消除措施

项次	焊接缺陷	消除措施
1	轴线偏移	（1）矫直钢筋端部； （2）正确安装夹具和钢筋； （3）避免过大的顶压力； （4）及时修理或更换夹具
2	弯折	（1）矫直钢筋端部； （2）注意安装和扶持上钢筋； （3）避免焊后过快卸夹具； （4）修理或更换夹具
3	咬边	（1）减小焊接电流； （2）缩短焊接时间； （3）注意上钳口的起点和终点，确保上钢筋顶压到位
4	未焊合	（1）增大焊接电流； （2）避免焊接时间过短； （3）检修夹具，确保上钢筋下送自如
5	焊包不匀	（1）钢筋端面力求平整； （2）填装焊剂尽量均匀； （3）延长焊接时间，适当增加熔化
6	气孔	（1）按规定要求烘焙焊剂； （2）滴除钢筋焊接部位的铁锈； （3）确保接缝在焊剂中合适埋入深度
7	烧伤	（1）钢筋导电部位除净铁锈； （2）尽量夹紧钢筋
8	焊包下淌	（1）彻底封堵焊剂筒的漏孔； （2）避免焊后过快回收焊剂

4．钢筋气压焊

钢筋气压焊是采用氧、乙炔火焰或氧液化石油气火焰（或其他火焰）对两钢筋对接处加热，使其达到热塑性状态（固态）或熔化状态（熔态）后，加压完成的一种压焊方法。加热达到固态的，约 1 150～1 250 ℃，称钢筋固态气压焊；加热达到熔态的，在 1 540 ℃以上，称钢筋熔态气压焊。采用固态气压焊时，增加了两钢筋之间的结合面积，接头外形整齐；采用熔态气压焊时，简化了对钢筋端面的要求，操作简便。

气压焊可用于钢筋在垂直位置、水平位置或倾斜位置的对接焊接。气压焊用的多嘴环管加热器和加压器比较轻巧，随意移动，故可在多种焊接位置进行施焊。适用范围为直径 14～40 mm 的 HPB235 级、HRB335 级和 HRB400 级钢筋（25MnSi HRB400 级钢筋除外）。

气压焊设备要求：包括氧、乙炔供气设备，加热器，加压器及钢筋卡具等（见图 2.24）。

（1）供气装置应包括氧气瓶、溶解乙炔气瓶或液化石油气瓶、干式回火防止器、减压器及胶管等。

（2）焊接夹具应能夹紧钢筋，当钢筋承受最大的轴向压力时，钢筋与夹头之间不得产生相对滑移；应便于钢筋的安装定位，并在施焊过程中保持刚度；动夹头应与定夹头同心，并且当不同直径钢筋焊接时，也应保持同心；动夹头的位移应大于或等于现场最大直径钢筋焊接时所需要的压缩长度。

（3）采用半自动钢筋固态气压焊时，应增加电动加压装置、控制开关，以及钢筋常温直角切断机；使用带有加压控制开关的多嘴环管加热器，以及辅助设备带有陶瓷切割片的钢筋常温（亦称冷间）直角切断机。

（4）当采用氧液化石油气火焰进行加热焊接时，需要配备梅花状喷嘴的多嘴环管加热器。

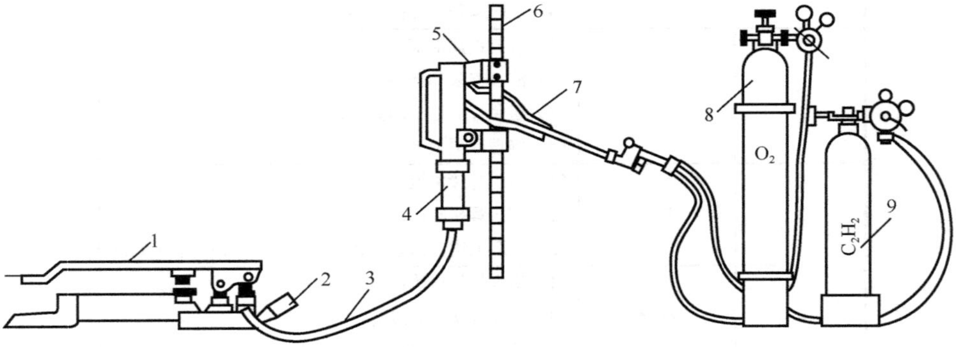

1—脚踏液压泵；2—压力表；3—液压胶管；4—活动油缸；5—钢筋卡具；

6—被焊接钢筋；7—多火口烤枪；8—氧气瓶；9—乙炔瓶

图 2.24　气压焊设备工作简图

气压焊接头的质量检验应分批进行外观检查和力学性能检验。

检验批划分：在现浇筑钢筋混凝土结构中，应以 300 个同牌号钢筋接头作为一批；在房屋结构中，应在不超过二楼层中 300 个同牌号钢筋接头作为一批；当不足 300 个接头时，仍应作为一批。

力学性能检验数量要求：在柱、墙的竖向钢筋连接中，应从每批接头中随机切取 3 个接头做拉伸试验；在梁、板的水平钢筋连接中，应另切取 3 个接头做弯曲试验。异径气压焊接头可只做拉伸试验。在同一批中，若有几种不同直径的钢筋焊接接头，应在最大直径钢筋的焊接接头和最小直径钢筋的焊接接头中分别切取 3 个接头进行拉伸、弯曲试验。

外观检查：接头处的轴线偏移 e 不得大于钢筋直径的 0.15 倍，且不得大于 4 mm（见图 2.25（a））。当不同直径钢筋焊接时，应按较小钢筋直径计算。当大于上述规定值，但在钢筋直径的 0.30 倍以下时，可加热矫正；当大于 0.30 倍时，应切除重焊。接头处的弯折角度不得大于 3°，当大于规定值时，应重新加热矫正。固态气压焊接头镦粗直径 d_c 不得小于钢筋直径的 1.4 倍，熔态气压焊接头镦粗直径 d_c 不得小于钢筋直径的 1.2 倍（见图 2.25（b）），当小于上述规定值时，应重新加热镦粗。镦粗长度 L_c 不得小于钢筋直径的 1.0 倍，且凸起部分平缓圆滑（图 2.25（c）），当小于上述规定值时，应重新加热镦长。

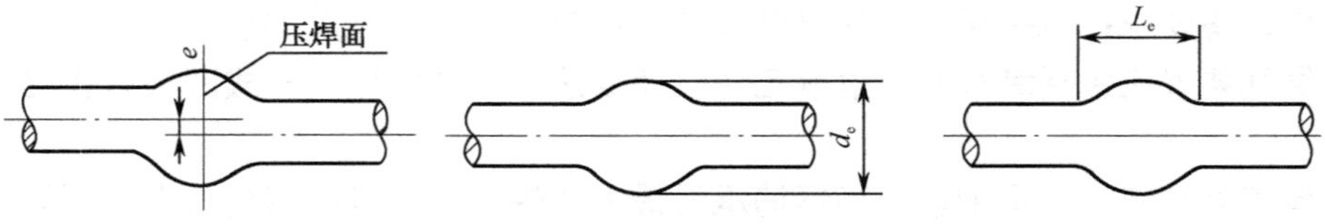

（a）轴线偏移　　（b）镦粗直径　　（c）镦粗长度

图 2.25　钢筋气压焊接外观质量图解

气压焊焊接缺陷及消除措施如表 2.18 所示。

表 2.18 气压焊焊接缺陷及消除措施

焊接缺陷	产生原因	消除措施
轴线偏移（偏心）	（1）焊接夹具变形，两夹头不同心，或夹具刚度不够； （2）两钢筋安装不正； （3）钢筋接合端面倾斜； （4）钢筋未夹紧就进行焊接	（1）检查夹具，及时修理或更换； （2）重新安装夹紧； （3）切平钢筋端面； （4）夹紧钢筋再焊
弯折	（1）焊接夹具变形，两夹头不同心； （2）平焊时，钢筋自由端过长； （3）焊接夹具拆卸过早	（1）检验夹具，及时修理或更换； （2）缩短钢筋自由端长度； （3）熄火后半分钟再拆夹具
镦粗直径不够	（1）焊接夹具动夹头有效行程不够； （2）顶压油缸有效行程不够； （3）加热温度不够； （4）压力不够	（1）检查夹具和顶压油缸，及时更换； （2）采用适宜的加热温度及压力
镦粗长度不够	（1）加热幅度不够宽； （2）顶压力过大、过急	（1）增大加热幅度； （2）加压时应平稳
钢筋表面严重烧伤	（1）火焰功率过大； （2）加热时间过长； （3）加热器摆动不匀	调整加热火焰，正确掌握操作方法
未焊合	（1）加热温度不够或热量分布不均； （2）顶压力过小； （3）接合端面不洁； （4）端面氧化； （5）中途灭火或火焰不当	合理选择焊接参数，正确掌握操作方法

5. 预埋件钢筋埋弧压力焊

预埋件钢筋埋弧压力焊是将钢筋与钢板安放成 T 形连接形式，利用焊接电流在焊剂层下产生电弧，形成熔池，加压完成的一种压焊方法（见图 2.26）。这种焊接方法工艺简单、工效高、质量好、成本低。

根据钢筋直径大小，选用 500 型或 1000 型弧焊变压器作为焊接电源；焊接机构应操作方便、灵活；宜装有高频引弧装置；焊接地线宜采取对称接地法，以减少电弧偏移；操作台面上应装有电压表和电流表；控制系统应灵敏、准确；并应配备时间显示装置或时间继电器，以控制焊接通电时间。

埋弧压力焊工艺过程应符合下列要求：

（1）钢板应放平，并与铜板电极接触紧密。

（2）将锚固钢筋夹于夹钳内，应夹牢；并应放好挡圈，注满焊剂。

（3）接通高频引弧装置和焊接电源后，应立即将钢筋上提，引燃电弧，使电弧稳定燃烧，再渐渐下送。

（4）顶压时不得用力过猛。

（5）敲去渣壳，四周焊包凸出钢筋表面的高度不得小于 2 mm。

在埋弧压力焊生产中，引弧、燃弧（钢筋维持原位或缓慢下送）和顶压等环节应紧密配合；焊接地线应与铜板电板接触紧密；并应及时消除电极钳口的铁锈和污物，修理电极钳口的形状。

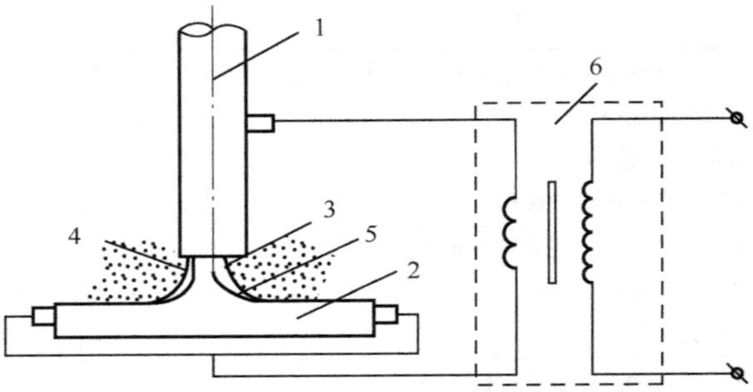

1—钢筋；2—钢板；3—焊剂；4—电弧；5—熔池；6—焊接变压器

图 2.26　预埋件钢筋埋弧压力焊示意

预埋件钢筋埋弧压力焊焊接缺陷及消除措施如表 2.19 所示。

表 2.19　预埋件钢筋埋弧压力焊焊接缺陷及消除措施

焊接缺陷	消除措施
钢筋咬边	(1) 减小焊接电流或缩短焊接时间； (2) 增大压力
气孔	(1) 烘焙焊剂； (2) 清除钢板和钢筋上的铁锈、油污
夹渣	(1) 清除焊剂中熔渣等杂物； (2) 避免过早切断焊接电流； (3) 加快顶压速度
未焊合	(1) 增大焊接电流，增加焊接通电时间； (2) 适当加大压力
焊包不均匀	(1) 保证焊接地线的接触良好； (2) 使焊接处对称导电
钢板焊穿	(1) 减小焊接电流或减少焊接通电时间； (2) 避免钢板局部悬空
钢筋淬硬脆断	(1) 减小焊接电流，延长焊接时间； (2) 检查钢筋化学成分
钢板凹陷	(1) 减小焊接电流、延长焊接时间； (2) 减小顶压力，减小压入量

6．预埋件钢筋埋弧螺柱焊

用电弧螺柱焊的焊枪夹持钢筋，使钢筋垂直对准钢板，采用螺柱焊电源设备产生强电流、短时间的焊接电弧，在熔剂层保护下使钢筋焊接端面与钢板产生熔池后，适时将钢筋插入熔池，形成 T 形接头的焊接方法。

预埋件钢筋埋弧螺柱焊设备应包括：埋弧螺柱焊机、焊枪、焊接电缆、控制电缆和钢筋夹头等。埋弧螺柱焊机由晶闸管整流器和调节-控制系统组成。焊枪有电磁提升式和电动机拖动式两种。

预埋件钢筋埋弧螺柱焊工艺应符合下列要求（见图 2.27）。

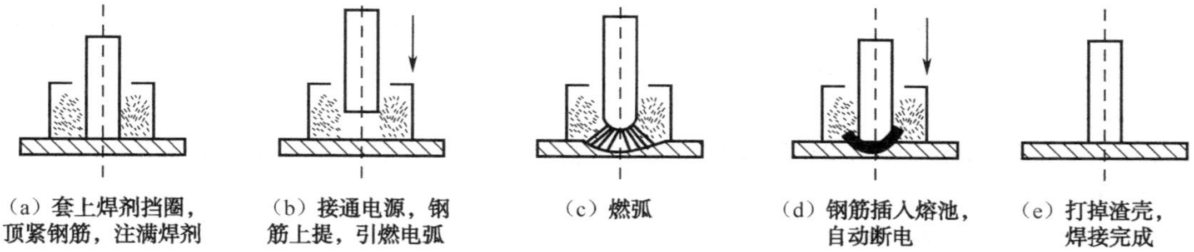

图 2.27　预埋件钢筋埋弧螺柱焊示意图

（1）将预埋件钢板放平，在钢板的最远处对称点，用两根接地电缆的一端与螺柱焊机电源的正极（+）连接，另一端连接接地钳，与钢板接触紧密、牢固。

（2）将钢筋推入焊枪的夹持钳内，顶紧于钢板，在焊剂挡圈内注满焊剂。

（3）选择合适的焊接参数，主要有焊接电流和焊接通电时间，均在焊机上设定；钢筋伸出长度、钢筋提升量，在焊枪上设定。

（4）拨动焊枪上“开”按钮，接通电源，钢筋上提，引燃电弧。

（5）经设定燃弧时间，钢筋插入熔池，自动断电。

（6）停息数秒钟，打掉渣壳，焊接完成。

预埋件钢筋 T 形接头的外观检查，应从同一班内完成的同类型预埋件中抽查 5%，且不得少于 10 件。当进行力学性能检验时，应以 300 件同类型预埋件作为一批。一周内连续焊接时，可累计计算。当不足 300 件时，也应按一批计算。

应从每批预埋件中随机切取 3 个接头做拉伸试验，试件的钢筋长度应大于或等于 200 mm，钢板的长度和宽度均应大于或等于 60 mm，并视钢筋直径而定，见图 2.28。

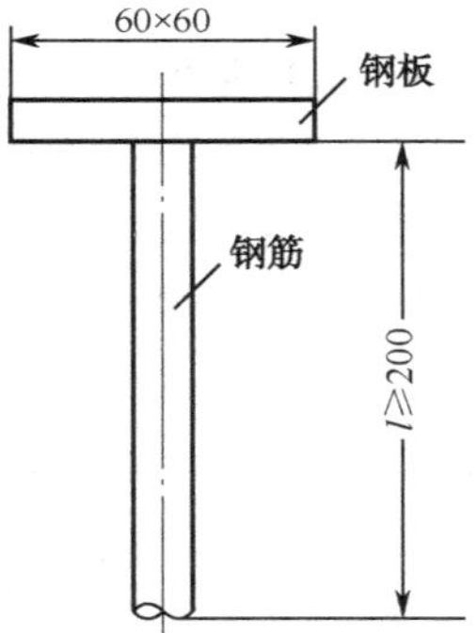

图 2.28　预埋件钢筋 T 形接头拉伸试件

外观检查要求：焊条电弧焊时，角焊缝焊脚尺寸（k）应符合规定；焊缝表面不得有气孔、夹渣和肉眼可见的裂纹；钢筋咬边深度不得超过 0.5 mm；钢筋相对钢板的直角偏差不得大于 3°。

预埋件外观检查结果，当有两个接头不符合上述要求时，应对全部接头的这一项目进行检查，并剔出不合格品，不合格接头经补焊后可提交二次验收。

预埋件钢筋 T 形接头拉伸试验结果，3 个试件的抗拉强度均应符合下列要求：

（1）HPB300 级钢筋接头不得小于 400 MPa。

（2）HRB335、HRBF335 级钢筋接头不得小于 435 MPa。

（3）HRB400、HRBF400 级钢筋接头不得小于 520 MPa。

（4）HRB500、HRBF500 级钢筋接头不得小于 610 Mpa。

当试验结果有一个试件接头强度小于规定值时，应进行复验。复验时，应再取 6 个试件。对于复验结果，其抗拉强度均达到上述要术时，应评定该批接头为合格品。

7．钢筋焊接力学性能检测评定办法

钢筋闪光对焊接头、电弧焊接头、电渣压力焊接头、气压焊接头、箍筋闪光对焊接头、预埋件钢筋 T 形接头的拉伸试验结果评定如下。

（1）符合下列条件之一，评定为合格。

① 3 个试件均断于钢筋母材，延性断裂，抗拉强度大于或等于钢筋母材抗拉强度标准值。

② 两个试件断于钢筋母材，延性断裂，抗拉强度大于或等于钢筋母材抗拉强度标准值；一个试件断于焊缝，或热影响区，呈脆性断裂，或延性断裂，抗拉强度大于或等于钢筋母材抗拉强度标准值。

（2）符合下列条件之一，评定为复验。

① 两个试件断于钢筋母材，延性断裂，抗拉强度大于或等于钢筋母材抗拉强度标准值；一个试件断于焊缝，或热影响区，呈脆性断裂，或延性断裂，抗拉强度小于钢筋母材抗拉强度标准值。

② 一个试件断于钢筋母材，延性断裂，抗拉强度大于或等于钢筋母材抗拉强度标准值；两个试件断于焊缝，或热影响区，呈脆性断裂，抗拉强度大于或等于钢筋母材抗拉强度标准值。

③ 3 个试件全部断于焊缝，或热影响区，呈脆性断裂，抗拉强度均大于或等于钢筋母材抗拉强度标准值。

（3）复验时，应再切取 6 个试件。对于复验结果，当仍有一个试件的抗拉强度小于钢筋母材的抗拉强度标准值；或有 3 个试件断于焊缝或热影响区，呈脆性断裂时，均应判定该批接头为不合格品。

（4）凡不符合上述复验条件的检验批接头，均评为不合格品。

（5）当拉伸试验中有试件断于钢筋母材，却呈脆性断裂；或者断于热影响区，呈延性断裂，其抗拉强度却小于钢筋母材抗拉强度标准值时，这两种情况均属异常现象，应视该项试验无效，并检查钢筋的材质性能。

钢筋闪光对焊接头、气压焊接头进行弯曲试验时，焊缝应处于弯曲中心点，弯心直径和弯曲角度应符合表 2.20 的规定。

表 2.20　接头弯曲试验指标

钢筋牌号	弯心直径	弯曲角（°）
HPB235、HPB300	$2d$	90
HRB335、HRBF335	$4d$	90
HRB400、HRBF400、RRB400	$5d$	90
HRB500、HRBF500	$7d$	90

注：1．d 为钢筋直径（mm）。

2．直径大于 25 mm 的钢筋焊接接头，弯心直径应增加 1 倍钢筋直径。

试验结果，弯至 90° 时，当有两个或 3 个试件外侧（含焊缝和热影响区）未发生破裂时，应评定该批接头弯曲试验合格。

当有两个试件发生破裂时，应进行复验。

当有 3 个试件发生破裂时，则一次判定该批接头为不合格品。

复验时，应再加取 6 个试件。复验结果中，当仅有 1～2 个试件发生破裂时，应评定该批接头为合格品。

注意： 当试件外侧横向裂纹宽度达到 0.5 mm 时，应认定已经破裂。

2.4.4 机械连接

钢筋机械连接是通过连接件的机械咬合作用或钢筋端面的承压作用，将一根钢筋中的力传递至另一根钢筋的连接方法。具有施工简便、工艺性能良好、接头质量可靠、不受钢筋焊接性的制约、可全天候施工、节约钢材和能源等优点。钢筋机械连接常用套筒挤压连接、锥螺纹套筒连接、直螺纹套筒连接三种方式，是近年来大直径钢筋现场连接的主要方法。

钢筋机械连接应符合现行行业标准《钢筋机械连接通用技术规程》（JGJ 107）的有关规定。机械连接接头的混凝土保护层厚度应符合现行国家标准《混凝土结构设计规范》（GB 50010）中受力钢筋最小保护层厚度的规定，且不得小于 15 mm；接头之间的横向净距不宜小于 25 mm。

加工钢筋接头的操作工人应经专业技术人员培训合格后才能上岗，人员应相对稳定；钢筋接头的加工经工艺检验合格后方可进行。

1．带肋钢筋套筒挤压连接

带肋钢筋套筒挤压连接是将需要连接的带肋钢筋，插于特制的钢套筒内，利用挤压机压缩套筒，使之产生塑性变形，靠变形后的钢套筒与带肋钢筋之间的紧密咬合来实现钢筋的连接。适用于钢筋直径为 16～40 mm 的热轧 HRB335 级、HRB400 级带肋钢筋的连接。

钢筋挤压连接有钢筋径向挤压连接和钢筋轴向挤压连接两种形式。由于轴向挤压连接现场施工不方便且接头质量不够稳定，没有得到推广。

带肋钢筋套筒径向挤压连接，是采用挤压机沿径向（即与套筒轴线垂直方向）将钢套筒挤压产生塑性变形，使之紧密地咬住带肋钢筋的横肋，实现两根钢筋的连接（见图 2.29）。当不同直径的带肋钢筋采用挤压接头连接时，若套筒两端外径和壁厚相同，被连接钢筋的直径相差不应大于 5 mm。挤压连接工艺流程：钢筋套筒检验→钢筋断料→刻画钢筋套入长度定出标记→套筒套入钢筋→安装挤压机→开动液压泵→逐渐加压套筒至接头成形→卸下挤压机→接头外形检查。

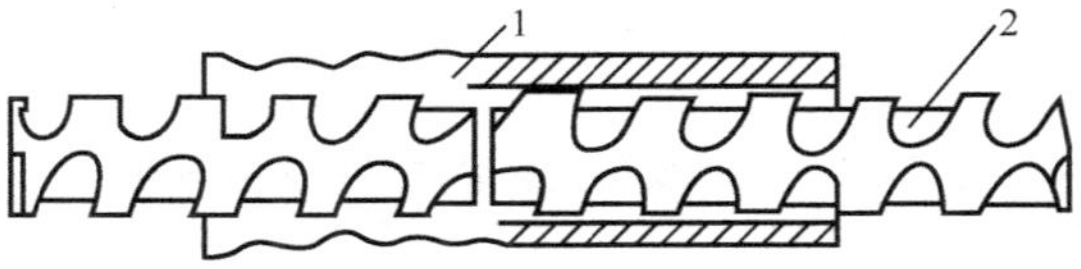

1—钢管套；2—钢筋

图 2.29 钢筋径向挤压

带肋钢筋套筒径向挤压连接应符合下列要求；

（1）钢套筒的屈服承载力和抗拉承载力应大于钢筋的屈服承载力和抗拉承载力的 1.1 倍。

（2）套筒的材料及几何尺寸应符合检验认定的技术要求，并应有相应的出厂合格证。

（3）钢筋端部不得有局部弯曲，不得有严重锈蚀和附着物。钢筋端头的锈、泥沙、油污、杂物都应清理干净，端头要直、面宜平，不同直径钢筋的套筒不得相互串用。

（4）钢筋端部应有检查插入套筒尝试深度的明显标记，钢筋端头离套筒长度中点不宜超过 10 mm。

（5）挤压应从套筒中央开始，依次向两端挤压，压痕直径的波动范围应控制在供应商认定的允许波动范围内，并提供专用量规进行检验。

（6）挤压后的套筒不得有肉眼可见的裂纹。

2. 钢筋锥螺纹套筒连接

锥螺纹钢筋接头利用锥形螺纹能承受轴向力和水平力及密封性能较好的原理，依靠机械力将钢筋连接在一起。操作时，先用专用套丝机将钢筋的待连接端加工成锥形外螺纹；然后通过带锥形内螺纹的钢连接套筒将两根待接钢筋连接；最后利用力矩扳手按规定的力矩值使钢筋和连接钢套筒拧紧在一起（见图 2.30）。

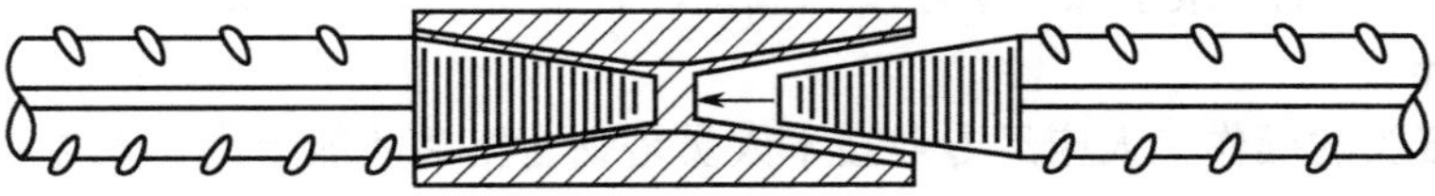

图 2.30 钢筋锥螺纹套筒连接

这种接头工艺简便，能在施工现场连接直径 16～40 mm 的热轧 HRB335 级、HRB400 级同径和异径的竖向或水平钢筋，且不受钢筋是否带肋和含碳量的限制。锥螺纹连接套筒的材料宜采用 45 号优质碳素结构钢或其他经试验确认符合要求的钢材制成，其抗拉承载力不应小于被连接钢筋受拉承载力标准值的 1.10 倍。

1）钢筋锥螺纹接头的现场加工应符合的规定

钢筋端部不得有影响螺纹加工的局部弯曲，钢筋丝头长度应满足设计要求，使拧紧后的钢筋丝头不得相互接触，丝头加工长度公差应为$-0.5p$～$-1.5p$（p 为螺距），钢筋丝头的锥度和螺距应使用锥螺纹量规检验，抽检数量 10%，检查合格率不应小于 95%。

2）钢筋锥螺纹接头的安装质量应符合的规定

接头安装时应严格保证钢筋与连接套筒的规格相一致，接头安装时应用力矩扳手拧紧，拧紧扭矩应符合表 2.21 的规定，校核用力矩扳手与安装用力矩扳手应区分使用，校核用力矩扳手应每年校核 1 次，准确度级别可选用 5 级。

表 2.21 锥螺纹接头安装时的拧紧扭矩值

钢筋直径（mm）	≤16	18～20	22～25	28～32	36～40
拧紧扭矩（N·m）	100	180	240	300	360

3. 直螺纹套筒连接

镦粗直螺纹接头工艺是先利用冷镦粗机将钢筋端部镦粗，再用套丝机在钢筋端部的镦粗段上加工直螺纹，然后用连接套筒将两根钢筋对接。由于钢筋端部冷镦后，不仅截面加大，而且强度也有提高。加之，钢筋端部加工直螺纹后，其螺纹底部的最小直径应不小于钢筋母材的直径。因此，该接头可与钢筋母材等强度。

1）直螺纹钢筋接头的现场加工应符合的规定

钢筋端部应切平或镦平后加工螺纹，镦粗头不得有与钢筋轴线相垂直的横向裂纹，钢筋丝头长度应满足企业标准中产品设计要求，公差应为 0～2.0*p*（*p* 为螺距），钢筋丝头应满足 6f 级精度要求，应用专用直螺纹量规检验，通规能顺利旋入并达到要求的拧入长度，止规旋入不得超过 3*p*。抽检数量 10%，检查合格率不应小于 95%。

2）直螺纹钢筋接头的安装质量应符合的规定

安装接头时可用管钳扳手拧紧，应使钢筋丝头在套筒中央位置相互顶紧。标准型接头后外露的螺纹不宜超过 2.0*p*。安装后应用力矩扳手校核拧紧扭矩，拧紧扭矩应符合表 2.22 的规定，校核用力矩扳手的准备度级别可选用 10 级。

表 2.22　直螺纹接头安装时的拧紧扭矩值

钢筋直径（mm）	≤16	18～20	22～25	28～32	36～40
拧紧扭矩（N·m）	100	200	260	320	360

4．接头的性能等级及应用

1）接头性能等级

接头应根据抗拉强度、残余变形及高应力和大变形条件下反复拉压性能的差异，分为下列三个等级。

Ⅰ级：接头抗拉强度等于被连接钢筋实际拉断强度或不小于 1.1 倍钢筋抗拉强度标准值，残余变形小且具有高延性及反复拉压性能。

Ⅱ级：接头抗拉强度不小于被连接钢筋抗拉强度标准值，残余变形较小并且具有高延性及反复拉压性能。

Ⅲ级：接头抗拉强度不小于被连接钢筋屈服强度标准值的 1.25 倍，残余变形较小并且具有高延性及反复拉压性能。

2）接头的应用

（1）接头宜设置在结构构件受拉钢筋应力较小部位，当需要在高应力部位设置接头时，在同一连接区段内Ⅲ级接头的接头百分率不应大于 25%；Ⅱ级接头的接头百分率不应大于 50%；Ⅰ级接头的接头百分率除下面（2）所列情况外可不受限制。

（2）接头宜避开有抗震设防要求的框架的梁端、柱端箍筋加密区；当无法避开时，应采用Ⅱ级接头或Ⅰ级接头，且接头百分率不应大于 50%。

（3）受拉钢筋应力较小部位或纵向受压钢筋，接头百分率可不受限制。

（4）对直接承受动力荷载的结构构件，接头百分率不应大于 50%。

当对具有钢筋接头的构件进行试验并取得可靠数据时，接头的应用范围可根据工程实际情况进行调整。

5．施工现场钢筋机械连接接头的检查与验收

在施工现场，应按国家现行标准《钢筋机械连接通用技术规程》（JGJ 107）的规定抽取钢筋机械连接接头试件做力学性能检验，其质量应符合有关规程的规定。

1）形式检验

工程中应用钢筋机械接头时，应由该技术提供单位来提交有效的形式检验报告。

2）工艺检验

钢筋连接工程开始前，应对不同钢筋生产厂的进场钢筋进行接头工艺检验；施工过程中，更换钢筋生产厂时，应补充进行工艺检验。工艺检验应符合下列规定。

（1）每种规格钢筋的接头试件不应少于 3 根。

（2）每根试件的抗拉强度和 3 根接头试件的残余变形的平均值应符合《钢筋机械连接技术规程》（JGJ 107）相应规定。

（3）接头试件在测量残余变形后再进行抗拉强度试验。

（4）第一次工艺检验中一根试件抗拉强度或 3 根试件的残余变形平均值不合格时，允许再抽 3 根试件进行复检，复检仍不合格时判为工艺检验不合格。

接头安装前应检查连接件产品合格证及套筒表面生产批号标识；产品合格证应包括适用钢筋直径和接头性能等级、套筒类型、生产单位、生产日期，以及可追溯产品原材料力学性能和加工质量的生产批号。

3）现场检验

现场检验应进行接头的抗拉强度试验，加工和安装质量检验；对接头有特殊要求的结构，应在设计图纸中另行注明相应的检验项目。

接头的现场检验应按验收批进行。同一施工条件下采用同一批材料的同等级、同形式、同规格接头，应以 500 根为一个验收批进行检验与验收，不足 500 根也应作为一个验收批。

螺纹接头安装后，按上述规定的验收批，抽取其中 10%的接头进行拧紧扭矩校核，拧紧扭矩值不合格数超过被校核接头数的 5%时，应重新拧紧全部接头，直到合格为止。

对接头的每一验收批，必须在工程结构中随机截取 3 根接头试件做抗拉强度试验，按设计要求的接头等级进行检验评定。当 3 根接头试件的抗拉强度均符合相应等级的强度要求时，该验收批应评为合格。如有一根试件的抗拉强度不符合要求，应再取 6 根试件进行复检。复检中如仍有一根试件的抗拉强度不符合要求，则该验收批应评为不合格。

现场检验连续 10 个验收批抽样试件抗拉强度试验一次合格率为 100%时，验收批接头数量可扩大一倍。

现场截取抽样试件后，原接头位置的钢筋可采用同等规格的钢筋进行搭接连接，或采用焊接及机械连接方法补接。

对抽检不合格的接头验收批，应由建设方会同设计等有关方面研究后提出处理方案。

任务 2.5　钢筋安装

钢筋安装前应先熟悉施工图纸，核对成品钢筋的钢号、直径、形状、尺寸和数量是否与配料单和加工料牌相符，研究钢筋安装与有关工种的配合顺序，准备绑扎用的铁丝、绑扎工具、保护层垫块等。

钢筋绑扎用的铁丝，采用 20～22 号铁丝（火烧丝）或镀锌铁丝（铅丝），其中 22 号铁丝只用于绑扎直径 12 mm 以下的钢筋。钢筋绑扎的目的是为了施工时（包括支模、运输、安装网片或骨架及浇筑混凝土时）不使钢筋跑位，而不是靠扎丝来传递钢筋的应力。

控制混凝土的保护层可用水泥砂浆垫块或塑料垫块。水泥砂浆垫块的厚度应等于保护层厚度。在垂直方向使用垫块时，应在垫块中埋入 20 号铁丝，用铁丝把垫块绑在筋上。楼板双层配筋时，应加铁马凳。

2.5.1 钢筋绑扎安装

钢筋绑扎的细部构造应符合下列规定：

（1）钢筋的绑扎搭接接头应在接头中心和两端用铁丝扎牢，如图 2.31 所示。

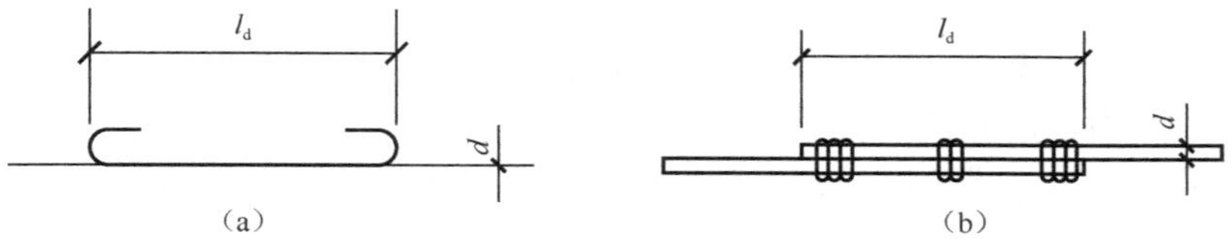

图 2.31 钢筋绑扎接头

（2）墙、柱、梁钢筋骨架中各垂直面钢筋网交叉点应全部扎牢；板上部钢筋网的交叉点应全部扎牢，底部钢筋网除边缘部分外可间隔交错扎牢。

（3）梁、柱的箍筋弯钩及焊接封闭箍筋的对焊点应沿纵向受力钢筋方向错开设置。构件同一表面，焊接封闭箍筋的对焊接头面积百分率不宜超过 50%。

（4）填充墙构造柱纵向钢筋宜与框架梁钢筋共同绑扎。

（5）梁及柱中箍筋、墙中水平分布钢筋及暗柱箍筋、板中钢筋距构件边缘的距离宜为 50 mm。

（6）钢筋绑扎用的镀锌钢丝，可采用 20～22 号镀锌钢丝，其中 22 号镀锌钢丝只用于绑扎直径 12 mm 以下的钢筋。

构件交接处的钢筋位置应符合设计要求。当设计无要求时，应优先保证主要受力构件和构件中主要受力方向的钢筋位置。框架节点处梁纵向受力钢筋宜置于柱纵向钢筋内侧；次梁钢筋宜放在主梁钢筋内侧；剪力墙中水平分布的钢筋宜放在外部，并在墙边弯折锚固。

钢筋安装应采用定位件固定钢筋的位置，并宜采用专用定位件。定位件应具有足够的承载力、刚度、稳定性和耐久性。定位件的数量、间距和固定方式应能保证钢筋的位置偏差符合国家现行有关标准的规定。混凝土框架梁、柱保护层内，不宜采用金属定位件。

控制混凝土保护层应采用水泥砂浆垫块或塑料卡。水泥砂浆垫块的厚度应等于保护层厚度。垫块的平面尺寸：当保护层厚度等于或小于 20 mm 时，为 30 mm×30 mm；当保护层厚度大于 20 mm 时，为 50 mm×50 mm。当在垂直方向使用垫块时，可在垫块中埋入 20 号镀锌钢丝。塑料卡的形状有两种：塑料垫块和塑料环圈，见图 2.32。塑料垫块用于水平构件（如梁、板），在两个方向均有凹槽，以便适应两种保护层厚度。塑料环圈用于垂直构件（如柱、墙），使用时钢筋从卡嘴进入卡腔；由于塑料环圈有弹性，因此可使卡腔的大小适应钢筋直径的变化。

钢筋安装过程中，设计未允许的部位不宜焊接。当因施工操作原因需对钢筋进行焊接时，焊接质量应符合现行行业标准《钢筋焊接及验收规程》（JGJ 18）的有关规定。

采用复合箍筋时，箍筋外围应封闭。梁类构件复合箍筋内部宜选用封闭箍筋，单数肢也

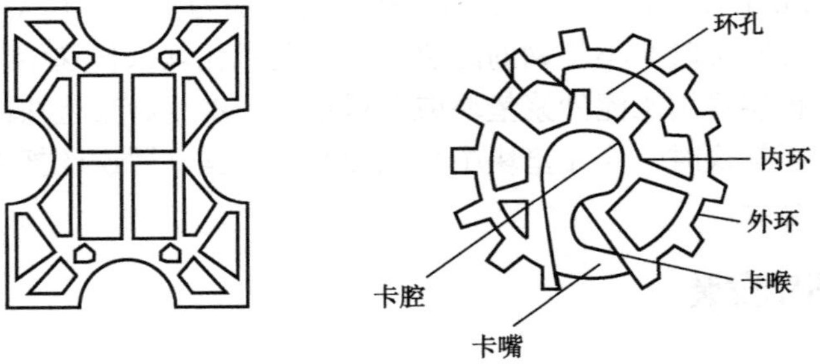

（a）塑料垫块　　（b）塑料环圈

图 2.32　控制混凝土保护层用的塑料卡

可采用拉筋；柱类构件复合箍筋内部可部分采用拉筋。当拉筋设置在复合箍筋内部不对称的一边时，沿纵向受力钢筋方向的相邻复合箍筋应交错布置。

钢筋安装应采取可靠措施防止钢筋受模板、模具内表面的脱模剂污染。

2.5.2　钢筋安装的检查与验收

1．主控项目

受力钢筋的牌号、规格、数量必须符合设计要求。纵向受力钢筋的锚固方式和锚固长度应符合设计要求。

检查数量：全数检查。

检验方法：观察，尺量检查。

2．一般项目

钢筋安装位置的偏差应符合表 2.23 的规定。

表 2.23　钢筋安装位置的允许偏差和检验方法

项　　目		允许偏差（mm）	检 验 方 法
绑扎钢筋网	长、宽	±10	尺量检查
	网眼尺寸	±20	钢尺量连续三挡，取偏差绝对值最大处
绑扎钢筋网	长	±10	尺量检查
	宽、高	±5	尺量检查
纵向受力钢筋	锚固长度	负偏差不大于 20	尺量检查
	间距	±10	钢尺量两端、中间各一点，取偏差绝对值最大处
	排距	±5	
纵向受力钢筋及箍筋保护层厚度	基础	±10	尺量检查
	其他	±5	尺量检查
绑扎箍筋、横向钢筋间距		±20	钢尺量连续三挡，取偏差绝对值最大处
钢筋弯起点位置		20	尺量检查
预埋件	中心线位置	5	尺量检查
	水平高差	+3，0	钢尺和塞尺检查

注：1．检查预埋件中心线位置时，应沿纵、横两个方向测量，并取其中偏差的较大值。

2．表中梁类、板类构件上部纵向受力钢筋保护层厚度的合格点率应达到 90%及以上，且不得有超出表中数值 1.5 倍的尺寸偏差。

检查数量：在同一检验批内，对梁、柱和独立基础，应抽查构件数量的 10%，且不少于 3 件；对墙和板，应按有代表性的自然间抽查 10%，且不少于 3 间；对大空间结构，墙可按相邻轴线间高度 5 m 左右划分检查面，板可按纵、横轴线划分检查面，抽查 10%，且均不少于 3 面。

2.5.3　钢筋隐蔽验收内容

浇筑混凝土之前，应进行钢筋隐蔽工程验收，其内容应包括：

（1）纵向受力钢筋的牌号、规格、数量、位置。

（2）钢筋的连接方式、接头位置、接头数量、接头面积百分率、搭接长度、锚固方式及锚固长度。

（3）箍筋、横向钢筋的牌号、规格、数量、间距，箍筋弯钩的弯折角度及平直段长度。

（4）预埋件的规格、数量、位置。

思考与练习题 2

一、单项选择题

1．某梁宽度为 250 mm，纵向受力钢筋为一排 4 根直径为 20 mm 的 HRB335 级钢筋，钢筋净间距为（　　）。

A．20 mm　　B．30 mm　　C．40 mm　　D．50 mm

2．直钢筋翻样中，量度差值等于（　　）。

A．下料长度-内皮长度　　B．内皮长度-外皮长度

C．外皮长度-下料长度　　D．(下皮长度+内皮长度)/2-下料长度

3．已知某钢筋混凝土梁中的 1 号钢筋外包尺寸为 5 980 mm，钢筋两端弯钩增长值共计 156 mm，钢筋中间部位弯折的量度差值为 36 mm，则 1 号钢筋下料长度为（　　）。

A．6 172 mm　　B．6 100 mm　　C．6 256 mm　　D．6 292 mm

4．构件按最小配筋率时，按代换前后（　　）相等的原则进行钢筋代换。

A．面积　　B．强度　　C．刚度　　D．变形

5．不同种类钢筋代换，应按（　　）的原则进行。

A．钢筋面积相等　　B．钢筋强度相等

C．钢筋面积不小于代换前　　D．钢筋受拉承载力设计值相等

6．6 根ϕ10 钢筋代换成ϕ6 钢筋应为（　　）。

A．10ϕ6　　B．13ϕ6　　C．17ϕ6　　D．21ϕ6

7．某梁纵向受力钢筋为 5 根直径为 20 mm 的 HRB335 级钢筋（抗拉强度为 300 N/mm^2），现在拟用直径为 25 mm 的 HPB235 级钢筋（抗拉强度为 210 N/mm^2）代换，所需钢筋根数为（　　）。

A．3 根　　B．4 根　　C．5 根　　D．6 根

8．钢筋的冷拉调直必须控制钢筋的（　　）。

A．变形　　B．强度　　C．冷拉率　　D．刚度

9．冷拉后的 HPB300 钢筋不得用作（　　）。

A．梁的箍筋　　B．预应力钢筋　　C．构件吊环　　D．柱的主筋

10．预制构件吊环必须采用（　　）钢筋制作，严禁以其他钢筋代换。

A．冷拉 HPB300 级　　B．未经冷拉的 HPB300 级

C．冷拉 HPB335 级　　D．未经冷拉的 HPB335 级

11．一直径为ϕ20 的钢筋采用闪光对焊接长，应选用（　　）。

A．连续闪光焊　　B．预热闪光焊

C．闪光→预热→闪光焊　　D．连续预热闪光焊

12．（　　）可以用于现浇筑钢筋砼结构构件内竖向或斜向钢筋焊接接长。

A．闪光对焊　　B．电弧焊　　C．电渣压力焊　　D．电阻点焊

13．进行电渣压力焊宜选用合适的变压器，夹具需灵巧，上下钳口同心，保证上下钢筋的轴线应尽量一致，其最大偏移不得超过（　　）*d*，同时也不得大于 2 mm。

A．0.1　　B．0.2　　C．0.3　　D．0.5

14．套筒挤压连接的缺点是（　　）。

A．接头强度低　　B．质量不稳定

C．脆性大　　D．连接速度较慢

二、计算题

1．矩形梁原设计采用跟 3 根 16 mm 的 HRB335 级钢筋，现拟用 HPB300 级钢筋代换，确定代换钢筋直径、根数和面积。

2．试进行如图 2.33 所示的 KL3 的钢筋下料，填制下料单。已知抗震等级为三级，环境类别为一类，柱梁均为 C30 混凝土，柱外侧纵筋直径 22 mm，柱箍筋直径 10 mm，板厚 100 mm。

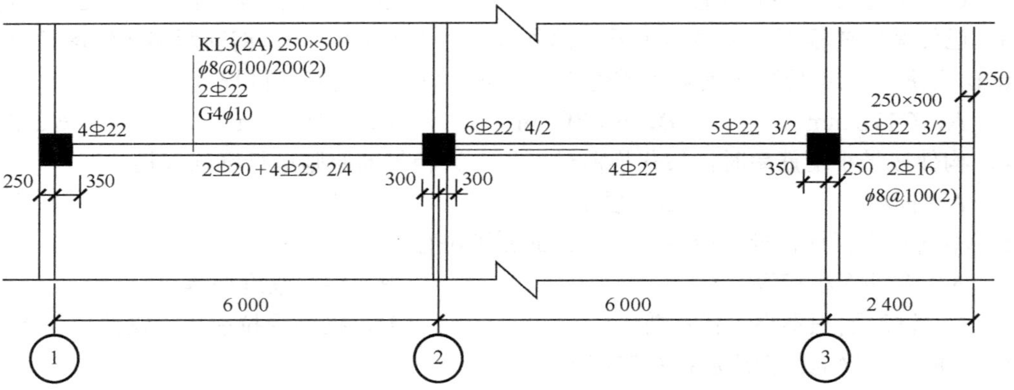

图 2.33　KL3 配筋图

三、思考题

1．怎样进行钢筋的代换？

2．怎样计算钢筋的下料长度？

3．对钢筋的绑扎接头和焊接接头有什么要求？

4．试述钢筋闪光对焊的常用工艺及其适用范围。

5. 试述钢筋电弧焊的接头形式和适用范围。
6. 试述钢筋气压焊的施工工艺。
7. 试述钢筋套筒挤压连接原理和施工要点。
8. 钢筋隐蔽工程验收应检查哪些内容？

项目3 混凝土工程施工

知识目标

1．了解混凝土搅拌机的分类、混凝土的运输要求、浇筑前的准备工作。

2．熟悉混凝土的搅拌制度、混凝土振捣设备、泵送混凝土施工。

3．掌握施工缝设置原则、部位、形式及处理，混凝土养护，混凝土的质量检查与评定。

能力目标

1．能够指导混凝土施工（包括混凝土的运输、浇筑、振捣等）。

2．能够进行混凝土的质量检查与评定。

3．在混凝土施工过程中，能够进行质量控制，分析处理常见的质量问题。

混凝土工程施工包括混凝土拌和料的制备、运输、浇筑、振捣、养护等工艺过程。传统的混凝土拌和料是在混凝土配合比确定后在施工现场进行配料和拌制。目前，混凝土拌和料的制备实现了工业化生产，大多数城市实现了混凝土集中预拌，商品化供应混凝土拌和料。随着建筑技术的发展，外加剂及掺和料的应用，混凝土的性能不断改善，混凝土的品种也由过去的普通混凝土发展到今天的高强度混凝土、高性能混凝土等。

任务 3.1　混凝土施工

3.1.1　混凝土制备

1．原材料组成及质量要求

混凝土是以胶凝材料、水、细骨料、粗骨料，（需要时）掺入外加剂和矿物掺和料，按适当比例配合，经过均匀拌制、密实成形及养护硬化而成的人工石材。

胶凝材料：也称水泥。分硅酸盐水泥、普通硅酸盐水泥、矿渣硅酸盐水泥、火山灰质硅酸盐水泥、粉煤灰硅酸盐水泥和复合硅酸盐水泥。普通混凝土一般选用普通硅酸盐水泥。水泥是混凝土的重要组成材料，水泥在进场时必须具有出厂合格证明和试验报告（3 天和 28 天强度报告），并对其品种、标号、出厂日期等内容进行检查验收。在复验时水泥必试项目有安定性、凝结时间、强度。

细骨料：也称砂。砂按其产源可分天然砂、人工砂；按细度模数来划分粗砂、中砂和细砂。其质量应符合国家现行标准《普通混凝土用砂质量标准及检验方法》（JGJ 52）的规定。在复检时砂必试项目有筛分析、含泥量、泥块含量。

粗骨料：也称石子。普通混凝土所用的石子可分为碎石和卵石。碎石是用天然岩石经破碎过筛而得的粒径大于 5 mm 的颗粒。由自然条件作用而形成的粒径大于 5 mm 的颗粒，称为卵石。混凝土中的粗骨料，其最大颗粒粒径不得超过构件截面最小尺寸的 1/4，且不得超过钢筋最小净距的 3/4。对混凝土实心板，骨料的最大粒径不宜超过板厚的 1/3，且不得超过 40 mm。其质量应符合国家现行标准《普通混凝土用碎石或卵石质量标准及检验方法》（JGJ 53）的规定。在复检时石子必试项目有筛分析含泥量、泥块含量、针片状颗粒含量、压碎指标。

混凝土骨料中含泥量（按重量计）的限值如表 3.1 所示。针、片状颗粒含量如表 3.2 所示。

水：混凝土拌和用水宜采用饮用水，当使用其他来源水时，水质必须符合《混凝土拌和用水标准》（JGJ 63）的有关规定。含有油类、酸类（pH 值小于 4 的水）、硫酸盐和氯盐的水不得用作混凝土拌和水。海水含有氯盐，严禁用作钢筋混凝土或预应力混凝土的拌和水。在复检时必试项目有 pH 值、氯离子含量。

外加剂：混凝土工程中已广泛使用外加剂，以改善混凝土的相关性能。外加剂的种类很多，根据其用途和用法不同，总体可分为早强剂、减水剂、缓凝剂、抗冻剂、加气剂、防锈剂、防水剂等。外加剂使用前，必须详细了解其性能，准确掌握其使用方法，要取样进行实际试验来检查其性能，任何外加剂不得盲目使用。

表 3.1　混凝土骨料中含泥量（按重量计）的限值

骨料种类		混凝土强度等级≥C30	混凝土强度等级<C30
砂子	含泥量	3%	5%
	泥块含量	1%	2%
石子	含泥量	1%	2%
	泥块含量	0.5%	0.7%

注：1. 含泥量——粒径小于 0.08 mm 颗粒的含量。

2. 泥块含量——砂和石子中粒径大于 1.25 mm 和 5 mm，经水洗、手捏后变成小于 0.630 mm 和 2.5 mm 的颗粒的含量。

表 3.2　针、片状颗粒含量

混凝土强度等级	混凝土强度等级≥C30	混凝土强度等级＜C30
针、片状颗粒含量，按重量计（%）	≤15	≤25

注：针、片状颗粒——凡岩石颗粒长度大于该颗粒所属粒级的平均粒径 2.4 倍者为针状颗粒；厚度小于平均粒径 0.4 倍者为片状颗粒。平均粒径指该粒级上下限粒径的平均值。

2. 混凝土的试配强度

为使保证率达到 95%，混凝土的配制强度应比设计强度标准值高 1.645σ。

$$f_{cu,0} \geqslant f_{cu,k} + 1.645\sigma \tag{3-1}$$

式中　$f_{cu,0}$——混凝土配制强度（N/mm^2）。

$f_{cu,k}$——混凝土立方体抗压强度标准值（N/mm^2）。

σ——混凝土强度标准差（N/mm^2）。

σ 的大小表示施工单位的管理水平，σ 越低，说明混凝土施工质量越稳定。当无统计资料计算混凝土标准差时，其值可按表 3.3 的规定取用。

表 3.3　标准差 σ 值（MPa）

混凝土强度标准值	≤C20	C25～C45	C50～C55
σ	4.0	5.0	6.0

3. 混凝土施工配合比换算

实验室配合比中砂石均以干燥状态计量，而施工工地的骨料一般采用露天堆放，其含水率随气候变化而变化，砂石中会含有一定的水分，因此必须扣除骨料中的水分，换算成施工配合比。

设实验室的配合比为水泥：砂：石子=1：X：Y，水灰比为 W/C，施工现场砂子含水率为 $a\%$，石子含水率为 $b\%$，则施工配合比为

$$水泥：砂：石子=1：X(1+a\%)：Y(1+b\%) \tag{3-2}$$

水灰比保持不变，则实际用水量必须扣除砂、石中的含水量：

$$实际用水量=W/C-X\cdot a\%-Y\cdot b\% \tag{3-3}$$

施工中若使用袋装水泥，则应以一袋或两袋水泥为单位计算每盘搅拌机（每搅拌一次叫

作一盘）所需各种材料用量。

【案例7】 某工程现场混凝土施工计算

在实验室配制的混凝土配合比为1 : 1.72 : 3.19，水灰比 W/C=0.5，每立方米混凝土用水泥300 kg。现场实测砂子含水率5%，石子含水率8%。采用350 L自落式混凝土搅拌机，水泥为袋装水泥。试求：（1）该混凝土的施工配合比；（2）每盘混凝土投料各多少？

解：（1）施工配合比为

$$1 : X(1+a\%) : Y(1+b\%)=1 : 1.72(1+5\%) : 3.19(1+8\%)=1 : 1.81 : 3.45$$

（2）350 L搅拌机搅拌一次的材料用量。

水泥： C=300×0.35=105 kg，取100 kg

砂： S=100×1.81=181 kg

石： G=100×3.45=345 kg

水： W=100×(0.5−1.72×5%−3.19×8%)=16 kg

3.1.2 混凝土搅拌

1. 混凝土搅拌机

混凝土搅拌机按其搅拌原理主要分为自落式搅拌机和强制式搅拌机两类。

自落式搅拌机搅拌筒内壁装有叶片，搅拌筒旋转，叶片将物料提升一定高度后自由下落，各物料颗粒分散拌和均匀，是重力拌和原理，宜用于搅拌塑性混凝土和低流动性混凝土。根据搅拌筒的形状不同，分为鼓筒式、锥形反转出料式和双锥形倾斜出料式三种类型。由于其筒体和叶片磨损较小，易于清理，效率低，对混凝土骨料磨损较大，导致混凝土强度降低，现已逐步被强制式搅拌机所取代。

强制式搅拌机是在轴上装有叶片，通过叶片强制搅拌装在搅拌筒中的物料，使物料沿环向、径向和竖向运动，拌和强烈，多用于搅拌干硬性混凝土、低流动性混凝土和轻骨料混凝土。强制式搅拌机具有搅拌质量好、搅拌速度快、生产效率高、操作简便及安全等优点，但机件磨损严重，多用于集中搅拌站。

我国规定混凝土搅拌机以其出料容量（m^3）×1 000标定规格，常用250 L、350 L、500 L、700 L 等几种。选择搅拌机型号，要根据工程量大小、混凝土的坍落度和骨料尺寸等确定。既要满足技术上的要求，也要考虑经济效果和节约能源。

混凝土搅拌机工作原理图如图3.1所示。

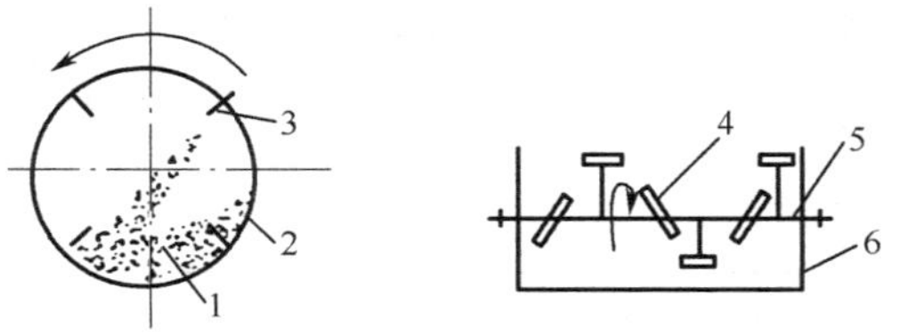

（a）自落式搅拌　（b）强制式搅拌

1—混凝土拌和料；2、6—搅拌筒；3、4—叶片；5—转轴

图3.1 混凝土搅拌机工作原理图

2. 搅拌制度

为了获得均匀优质的混凝土拌和料，除合理选择搅拌机的型号外，还必须正确地确定搅拌制度。搅拌制度包括进料容量、投料顺序及搅拌时间。搅拌制度将直接影响混凝土的搅拌质量和搅拌机的工作效率。

1）进料容量

进料容量是搅拌前各种原材料的体积之和，又称干料容量。出料容量是搅拌机每盘可搅拌出的混凝土体积。进料容量约为出料容量的1.4～1.8倍（通常取1.6倍）。进料容量超过规定容量的10%以上，就会使材料在搅拌筒内无充分的空间进行掺和，影响混凝土拌和料的均匀性；反之，如装料过少，则不能充分发挥搅拌机的效能。

2）投料的顺序

投料的顺序应从提高搅拌质量，减少叶片、衬板的磨损，减少拌和物与搅拌筒的黏结，减少水泥飞扬，改善工作环境，提高混凝土强度，节约水泥等方面综合考虑确定。常用一次投料法和二次投料法。

（1）一次投料法是在上料斗中先装石子、再加水泥和砂，然后一次投入搅拌机。对自落式搅拌机要在搅拌筒内先加部分水，投料时用砂压住水泥，使水泥不致飞扬，且水泥和砂先进入搅拌筒形成水泥砂浆，可缩短包裹石子的时间。

（2）二次投料法经过我国的研究和实践形成了“裹砂石法混凝土搅拌工艺”，它是在日本研究的造壳混凝土（简称SEC混凝土）的基础上结合我国的国情研究成功的，它分两次加水，两次搅拌。用这种工艺搅拌时，先将全部的石子、砂和70%的拌和水倒入搅拌机，拌和15 s使骨料湿润，再倒入全部水泥进行造壳搅拌30 s左右，然后加入30%的拌和水再进行糊化搅拌 60 s 左右即完成。与普通搅拌工艺相比，用裹砂石法搅拌工艺可使混凝土强度提高10%～20%，或节约水泥5%～10%。在我国推广这种新工艺有巨大的经济效益。

3）搅拌时间

混凝土的搅拌时间是从砂、石、水泥和水等全部材料投入搅拌筒起，到开始卸料为止所经历的时间。它与搅拌质量密切相关。搅拌时间过短，混凝土不均匀，强度及和易性将下降；搅拌时间过长，不但降低搅拌机的生产效率，同时还会使不坚硬的粗骨料在大容量搅拌机中因脱角、破碎等影响混凝土的质量。对于加气混凝土也会因搅拌时间过长而使所含气泡减少。混凝土搅拌的最短时间可按表3.4的规定。

表3.4　混凝土搅拌的最短时间（单位：s）

混凝土坍落度（mm）	搅拌机类型	搅拌机出料容积（L）		
		<250	250～500	>500
≤40	强制式	60	90	120
>40，且<100	强制式	60	60	90
≥100	强制式	60		

注：1. 掺有外加剂时，搅拌时间应适当延长。

2. 采用自落式搅拌机时，搅拌时间宜延长30 s。

3. 当采用其他形式的搅拌设备时，搅拌的最短时间也可按设备说明书的规定或经试验确定。

3. 搅拌站

混凝土搅拌站是用来集中搅拌混凝土的联合装置，又称混凝土预制场。搅拌站拌制混凝土，可以做到自动上料、自动称量、自动出料和集中操作控制，机械化、自动化程度大大提高，劳动强度大大降低，使混凝土质量得到改善，可以取得较好的技术经济效果。

搅拌站目前的供应半径约 15 km。用自卸汽车直接供应搅拌好的混凝土，然后直接浇筑入模。这种供应“商品混凝土”的生产方式，在改进混凝土的供应，提高混凝土的质量及节约水泥、骨料等方面，有很多优点。

3.1.3 混凝土运输

1. 混凝土运输应符合的要求

混凝土拌和料的运输方案应事先周密规划，应以最少的转载次数和最短的时间，从搅拌地点运至浇筑地点。运输要考虑交通条件，并应事先制定预案以应付意外情况。预拌混凝土运送距离一般控制在 15 km 内。混凝土运输频率应能保证混凝土施工的连续性，不因间隔时间过长，造成混凝土接茬处出现冷缝。

运送混凝土拌和料的容器或管道应不漏浆、不吸水，内壁光滑平整，能够保证卸料及输送通畅。暑期应有防晒、防雨措施。当露天气温超过 40℃时，还应有隔热措施。冬季应有防冻、防风雪的保温措施。

混凝土拌和料经运输到浇筑地点，应仍能保持均匀性，不产生分层、离析等缺陷，满足施工工艺需要的稠度要求。混凝土拌和料送至浇筑地点后，如出现分层、离析现象，则应对混凝土拌和料进行二次快速搅拌。混凝土拌和料运输至浇筑地点时，应检测其稠度，稠度应符合设计和施工工艺的要求，坍落度偏差值不大于表 3.5 中的规定。坍落度试验每 100 m^3 混凝土或每个工作班一般不少于两次。

表 3.5 坍落度允许偏差

坍落度范围（mm）	≤40	50～90	≥100
允许偏差（mm）	±10	±20	±30

预拌混凝土在卸料前需要掺加外加剂，外加剂的掺量应按配合比通知书执行。掺入外加剂后，应快速搅拌，搅拌时间应根据试验确定。严禁在运输、输送、浇筑过程中向混凝土拌和料中任意加水。

混凝土拌和料布料机出口至混凝土浇筑面自由倾落的高差不得超过规范规定，以免混凝土分层、离析。

混凝土从搅拌机卸料到浇筑完毕的延续时间不宜超过表 3.6 中的规定。当在混凝土中掺加缓凝型外加剂或采用快硬水泥时，延续时间应由试验确定。

表 3.6 混凝土从运输到输送入模的延续时间

条 件	延续时间（min）	
	≤25℃	>25℃
不掺外加剂	90	60
掺外加剂	150	120

混凝土拌和料运至浇筑地点时的温度宜控制在5～35 ℃范围内。如遇不利情况，则应采取温度控制措施。

采用泵送混凝土时，应保证混凝土泵的连续工作，受料斗内应有足够的混凝土，泵送间歇时间不宜超过15 min。

2．混凝土运输工具

混凝土运输分为地面运输、垂直运输和楼面运输三种。

混凝土地面运输：当采用预拌（商品）混凝土运输距离较远时，我国多用混凝土搅拌运输车。混凝土若来自工地搅拌站，则多用载重约 1t 的小型机动翻斗车或双轮手推车，有时还用皮带运输机和窄轨翻斗车。

混凝土垂直运输：我国多用塔式起重机、混凝土泵、快速提升斗和井架。用塔式起重机时，混凝土要配吊斗运输，这样可直接进行浇筑。混凝土浇筑量大、浇筑速度快的工程，可以采用混凝土泵输送。

混凝土楼面运输：我国以双轮手推车为主，也用机动灵活的小型机动翻斗车。如用混凝土泵，则用布料机布料。

目前，我国很多大中城市在市区施工均禁止现场拌制混凝土而推广商品混凝土，商品混凝土一般采用搅拌运输车（如图3.2所示）进行运输。

1—水箱；2—进料斗；3—卸料斗；4—活动卸料溜槽；5—搅拌筒；6—汽车底盘

图3.2　混凝土搅拌运输车

商品混凝土一般采用混凝土泵车进行运输和浇筑，它以泵为动力，沿管道输送混凝土，可以一次完成水平及垂直运输，将混凝土直接输送到浇筑地点，是发展较快的一种混凝土运输方法。根据驱动方式，混凝土泵目前主要有两类，即挤压泵和活塞泵，但在我国主要利用活塞泵，工作原理如图3.3所示。

将混凝土泵装在汽车上便成为混凝土泵车（如图3.4所示），在车上还装有可以伸缩或弯折的“布料杆”，其末端是一软管，可将混凝土直接送至浇筑地点，布料臂架达到42～56 m，使用十分方便。

混凝土泵宜与混凝土搅拌运输车配套使用，且应使混凝土搅拌站的供应能力和混凝土搅拌运输车的运输能力大于混凝土泵的泵送能力，以保证混凝土泵能连续工作，防止停机堵管。进行输送管线布置时，应尽可能直，转弯要缓，管段接头要严，少用锥形管，以减少压力损失。如输送管向下倾斜，则要防止因自重流动使管内混凝土中断、混入空气而引起混凝土离析，产生阻塞。为减小泵送阻力，使用前先用泵送适量的水泥浆或水泥砂浆以润滑输送管内

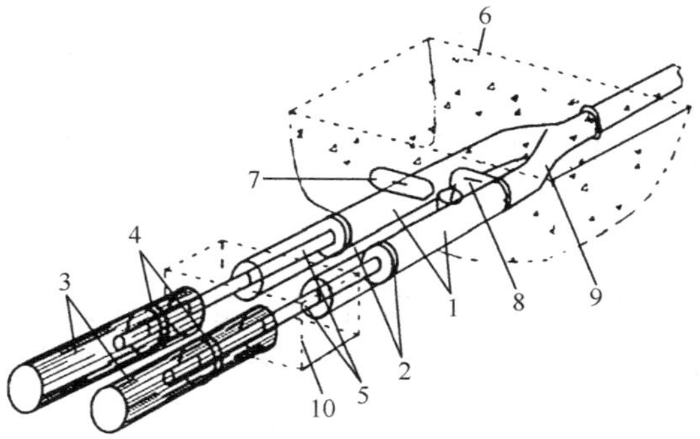

1—混凝土缸；2—推压混凝土活塞；3—液压缸；4—液压活塞；5—活塞杆；6—料斗；
7—控制吸入的水平分配阀；8—控制排出的竖向分配阀；9—Y 形输送管；10—水箱

图 3.3　液压活塞式混凝土泵工作原理图

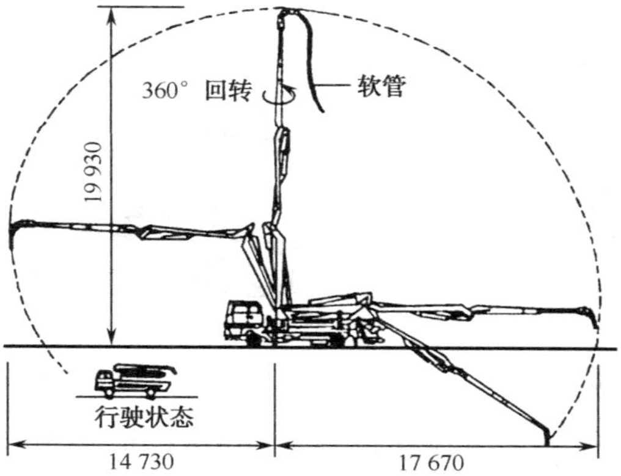

图 3.4　带布料杆的混凝土泵车

壁，然后进行正常的泵送。在泵送过程中，泵的受料斗内应充满混凝土，防止吸入空气形成阻塞。混凝土泵排量大，在浇筑大面积建筑物时，最好用布料机进行布料。

3.1.4　混凝土浇筑

浇筑混凝土前，必须对模板及其支架、钢筋和预埋件进行检查，并做好记录，符合设计要求后，清理模板内的杂物及钢筋上的油污，堵严缝隙和孔洞，方能浇筑混凝土。混凝土浇筑要点应符合以下规定。

（1）混凝土自高处倾落的自由高度不应超过表 3.7 的规定。

表 3.7　柱、墙模板内混凝土浇筑倾落高度限值（m）

条　件	浇筑倾落高度限制
粗骨料粒径大于 25 mm	≤3
粗骨料粒径小于或等于 25 mm	≤6

注：当有可靠措施保证混凝土不产生离析时，混凝土倾落高度可不受本表限制。

（2）在浇筑竖向结构混凝土前，应先在底部填以 50～100 mm 厚度且与混凝土内砂浆成分相同的水泥砂浆；浇筑中不得发生离析现象。当浇筑高度超过表 3.7 的规定时，应采用串筒、溜管、溜槽等装置使混凝土下落。

（3）钢筋混凝土框架结构中，梁、板、柱等构件是沿垂直方向重复出现的，所以一般按结构层次来分层施工。平面上，如果面积较大，还应考虑分段进行，以便混凝土、钢筋、模板等工序能相互配合、流水进行。

（4）在每一施工层中，应先浇筑柱或墙。在每一施工段中的柱或墙应该连续浇筑到顶，每一排的柱子由外向内按对称顺序进行，防止由一端向另一端推进，使柱子模板逐渐受推倾斜。柱子浇筑完毕后，应停歇 1～1.5 h，使混凝土获得初步沉实，待有了一定强度以后，再浇筑梁板混凝土。梁和板应同时浇筑混凝土，浇筑方法应先将梁根据高度分层浇捣成阶梯形，当达到板底位置时即与板的混凝土一起浇捣，随着阶梯形的不断延长，可连续向前推进（见图 3.5）。倾倒混凝土的方向应与浇筑方向相反（见图 3.6）。当梁高 1 m 以上时，为了施工方便，才可以单独先行浇筑。在混凝土浇筑过程中，应经常观察模板、支架、钢筋、预埋件和预留孔洞的情况，当发现有变形、移位时，应及时采取措施进行处理。

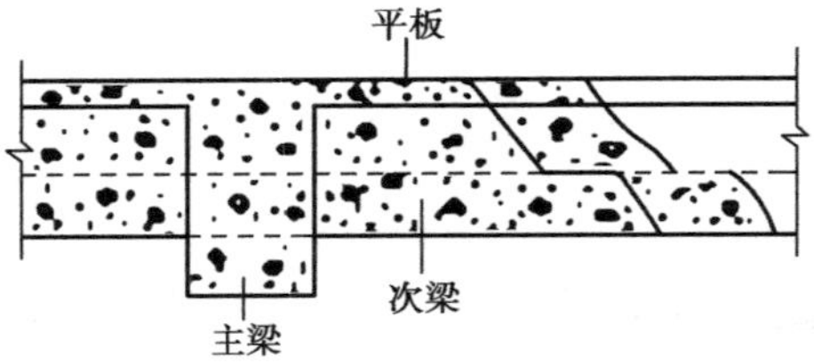

图 3.5　梁、板同时浇筑方法示意图

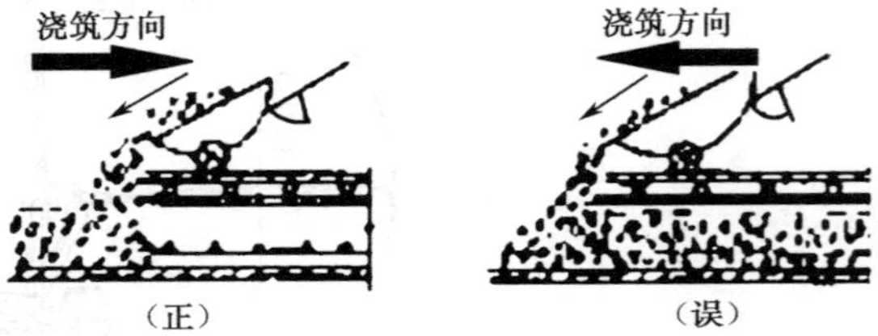

图 3.6　混凝土倾倒方向

当梁的高度大于 1 m 时，允许单独浇筑，施工缝可留在距板底面以下 2～3 cm 处。

（5）当浇筑柱梁及主次梁交叉处的混凝土时，一般钢筋较密集，特别是上部负钢筋又粗又多，因此，既要防止混凝土下料困难，又要注意砂浆挡住石子下不去。必要时，这一部分可改用细石混凝土进行浇筑，与此同时，振捣棒头可改用片式并辅以人工捣固配合。

（6）混凝土施工缝留置。

浇筑混凝土应连续进行。当必须间歇时，其间歇时间宜缩短，并应在前层混凝土凝结之前，将次层混凝土浇筑完毕。一般情况下混凝土运输、浇筑及间歇的全部时间不得超过表 3.6 中的规定，当超过时应留置施工缝。施工缝是新浇筑混凝土和已硬化混凝土的结合面，是结构薄弱位置，鉴于目前技术或施工组织的原因，混凝土结构不能一次连续浇筑完毕，需在特定位置留置施工缝。

施工缝的位置应设置在结构受剪力较小且便于施工的部位。在预定留施工缝的地方，在板上按板厚放一木条，在梁上闸以木板，其中间要留切口通过钢筋。留缝应符合下列规定：

① 柱、墙施工缝可留设在基础、楼层结构顶面，柱施工缝与结构上表面的距离宜为 0～100 mm，墙施工缝与结构上表面的距离宜为 0～300 mm。

② 柱、墙施工缝也可留设在楼层结构底面，施工缝与结构下表面的距离宜为 0～50 mm；当板下有梁托时，可留设在梁托下 0～20 mm（见图 3.7）。

③ 单向板施工缝应留设在与跨度方向平行的任何位置。

④ 有主、次梁的楼板，宜顺着次梁方向浇筑，施工缝应留设在次梁跨度中间 1/3 范围内

（见图 3.8）。

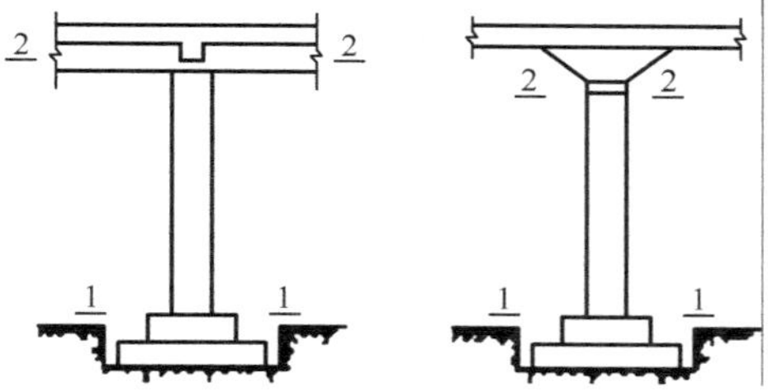

1-1、2-2 表示施工缝位置

图 3.7　浇筑柱的施工缝位置图

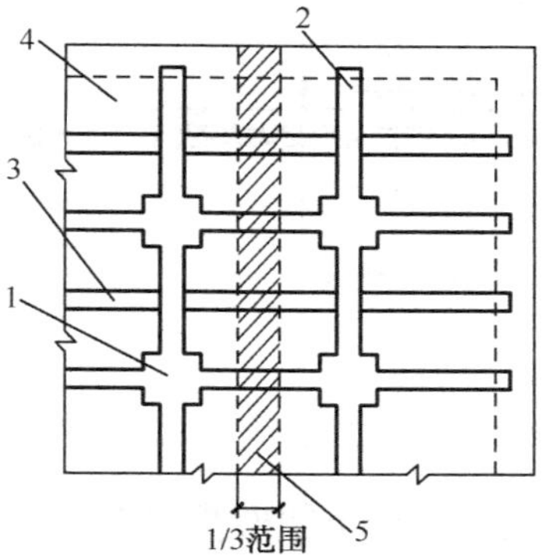

1—柱；2—主梁；3—次梁；4—楼板；5—可留施工缝范围

图 3.8　浇筑有主次梁楼板的施工缝位置图

⑤ 墙的施工缝宜设置在门洞口过梁跨中 1/3 范围内，也可留设在纵、横墙的交接处。

⑥ 楼梯梯段施工缝宜设置在梯段板跨度端部 1/3 范围内。

（7）施工缝的处理。

在施工缝处继续浇筑混凝土时，已浇筑的混凝土抗压强度不应小于 1.2 N/mm^2。混凝土达到 1.2 N/mm^2 的时间可通过试验决定，同时必须对施工缝进行必要的处理。

① 在已硬化的混凝土表面上继续浇筑混凝土前应清除垃圾、水泥薄膜、表面上松动砂石和软弱混凝土层，同时还应加以凿毛，用水冲洗干净并充分湿润，一般不宜少于 24 h，残留在混凝土表面的积水应予以清除。

② 注意，在施工缝位置附近回弯钢筋时，要做到钢筋周围的混凝土不松动和损坏。钢筋上的油污、水泥砂浆及浮锈等杂物也应清除。

③ 在浇筑前，水平施工缝宜先铺上一层 10～15 mm 厚的水泥砂浆，其配合比与混凝土内的砂浆成分相同。

④ 从施工缝处开始继续浇筑时，要注意避免直接靠近缝边下料。机械振捣前，宜向施工缝处逐渐推进，并距 80～100 cm 处停止振捣，但应加强对施工缝接缝的捣实工作，使其紧密结合。

（8）后浇带的设置。

后浇带是为在现浇筑钢筋混凝土结构施工过程中，克服由于温度、收缩而可能产生有害裂缝而设置的临时施工缝。该缝需根据设计要求保留一段时间后再浇筑，将整个结构连成整体。后浇带的设置距离，应考虑在有效降低温差和收缩应力的条件下，通过计算来获得。在正常的施工条件下，有关规范对此的规定是，如混凝土置于室内和土中，则为 30 m；如在露天，则为 20 m。

后浇带的保留时间应根据设计确定，若设计无要求时，一般至少保留 28*d* 以上。

后浇带的宽度应考虑施工简便，避免应力集中。一般其宽度为 70～100 cm。后浇带内的钢筋应完好保存。后浇带的构造见图 3.9。

后浇带在浇筑混凝土前，必须将整个混凝土表面按照施工缝的要求进行处理。填充后浇带混凝土可采用微膨胀或无收缩水泥，也可采用普通水泥加入相应的外加剂拌制，但必须要

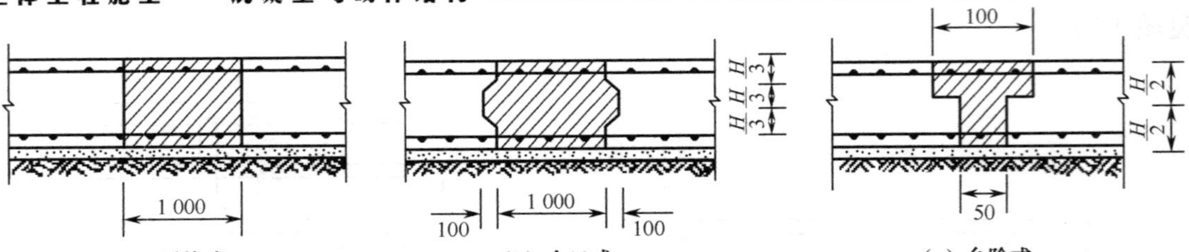

图 3.9　后浇带构造图

求填筑混凝土的强度等级比原结构的强度提高一级，并保持至少 15d 的湿润养护。

3.1.5　大体积混凝土施工

混凝土结构物实体最小尺寸等于或大于 1 m，或预计会因水泥水化热引起混凝土内外温差过大（不低于 25 ℃）而导致裂缝的混凝土称为大体积混凝土。

大体积钢筋混凝土具有结构厚、体形大、施工条件复杂和技术要求高等特点。除了要满足强度、刚度和耐久性的要求外，最突出的问题就是如何控制由于温度的变化而引起的混凝土开裂。

1．大体积混凝土裂缝产生的原因和防治措施

厚大钢筋混凝土结构由于体积大、水泥水化热聚积在内部不易散发，内部温度显著升高，而外表散热快，形成较大内外温差，内部产生压应力，外表产生拉应力，如内外温差过大（25 ℃以上），则混凝土表面将产生裂缝。

当混凝土内部逐渐散热冷却，产生收缩时，由于受到基底中已硬混凝土的约束，不能自由收缩，从而产生拉应力。温差越大，约束程度越高，结构长度越大，则拉应力越大。当拉应力超过混凝土的抗拉强度时即产生裂缝，裂缝从基底向上发展，甚至贯穿整个基础。这种裂缝比表面裂缝危害更大。

要防止混凝土早期产生温度裂缝，就要控制混凝土的内外温差，以防止表面开裂；控制混凝土冷却过程中的总温差和降温速度，以防止基底开裂。

早期温度裂缝的预防方法：优先采用水化热低的水泥（如矿渣硅酸盐水泥）；减少水泥用量；掺入适量的粉煤灰或在浇筑时投入适量毛石；放慢浇筑速度和减少浇筑厚度，采用人工降温措施；浇筑后应及时覆盖；必要时，取得设计单位同意后，可分块浇筑，块和块间留 1 m 宽的后浇带，待各分块混凝土干缩后，再浇筑后浇带。

2．大体积混凝土浇筑方案

（1）全面分层（见图 3.10（a））：当结构面积小而厚度大时，可将整个结构分为若干层逐层进行浇筑。在整个模板内，将结构分成若干个厚度相等的浇筑层，浇筑区的面积即为构件平面面积。浇筑混凝土时从短边开始，沿长边方向浇筑，要求在逐层浇筑过程中，第二层混凝土要在第一层混凝土初凝前浇筑完毕。

（2）分段分层（见图 3.10（b））：当结构厚度不大而面积或长度较大时，可采用分段分层浇筑方案。浇筑混凝土时，结构沿长边方向分成若干段，浇筑工作从底层开始，当第一层混凝土浇筑 2～3 m 后，便回头浇筑第二层，依次浇筑各层，如此向前呈阶梯形推进，直

至浇筑完毕。

（3）斜面分层（见图3.10（c））：当结构长度远远超过3倍厚度时，可采用斜面分层浇筑方案，混凝土一次浇筑到顶，由于混凝土自然流淌而形成斜面，混凝土振捣工作从浇筑层下端开始逐渐上移。

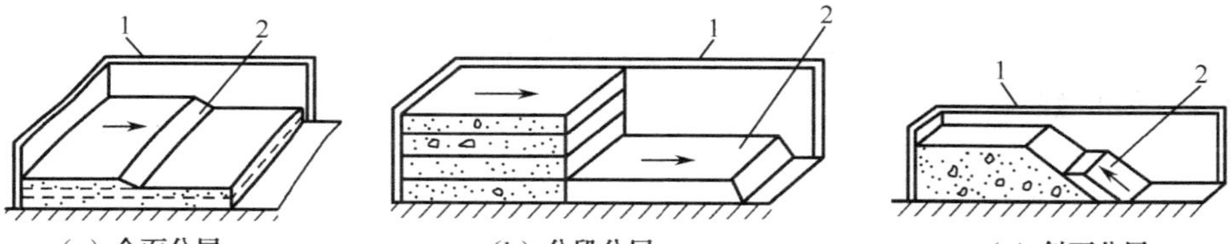

（a）全面分层　（b）分段分层　（c）斜面分层

1—模板；2—新浇筑的混凝土

图3.10　大体积混凝土浇筑方案图

3.1.6　混凝土振捣

混凝土振动密实原理：在振动力作用下混凝土内部的黏着力和内摩擦力显著减少，骨料在其自重作用下紧密排列，水泥砂浆均匀分布填充空隙，气泡逸出，混凝土填满了模板并形成密实体积。

振动机械按工作方式可分为内部振动器（也称插入式振动器）、表面振动器（也称平板振动器）、外部振动器（也称附着式振动器）和振动台四种（见图3.11）。这些振动机械的构造原理主要是利用偏心轴或偏心块的高速旋转，使振动器因离心力的作用而振动。由于振动器的高频振动，水泥浆的凝胶结构受到破坏，从而降低了水泥浆的黏结力和骨料之间的摩擦力，提高了混凝土拌和料的流动性，使之能很好地填满模板内部，并获得较高的密实度。在现场可观察其表面气泡不再排出、拌和料不再下沉、表面出现水泥砂浆时，则表示混凝土拌和料已被振实。

1．内部振动器（见图3.11（a））

又称插入式振动器，多用于振实基础、梁、柱、墙、厚板和厚大体积设备基础等。

振捣要点如下。

（1）插入方向：垂直或45°斜向插入。

（2）振捣原则：振捣时应做到快插慢拔，上下抽动，插入下层 50～100 mm，以促使上下层混凝土结合成整体。

（3）振捣时间：每点振捣时间20～30 s（观察——初始振捣时，混凝土呈明显下沉和冒气泡；振实后表面呈现浮浆，无气泡冒出）。

（4）移动距离：振动棒移动间距不宜大于作用半径的1.4倍，每点间呈行列式或交错式排列，距离模板不大于作用半径的0.5倍，应避免漏振和碰触模板、钢筋、预埋件等。

2．表面振动器（见图3.11（b））

适用于捣实楼板、地面、板形构件和薄壳等薄壁结构。在无筋或单层钢筋结构中，每次振实的厚度不大于250 mm；在双层钢筋的结构中，每次振实厚度不大于120 mm。

3．外部振动器（见图 3.11（c））

通过螺栓或夹钳等固定在模板外侧的横挡或竖挡上，但模板应有足够的刚度。外部振动器适合振捣断面小而配筋密的构件。

4．振动台（见图 3.11（d））

又称台式振动器，是混凝土预制场的主要成形设备。振动台的台面应经常保持清洁平整，使其与模板接触良好。

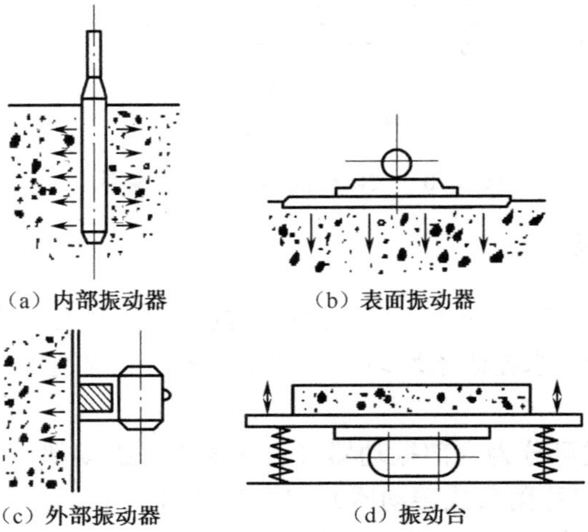

（a）内部振动器　（b）表面振动器　（c）外部振动器　（d）振动台

图 3.11　振捣器示意图

3.1.7　混凝土养护

混凝土浇筑捣实后，逐渐凝固硬化，这个过程主要由水泥的水化作用来实现，而水化作用必须在适当的温度和湿度条件下才能完成。因此，为了保证混凝土有适宜的硬化条件，使其强度不断增长，必须对混凝土进行养护。混凝土的养护就是创造一个具有一定湿度和温度的环境，使混凝土凝结硬化，达到设计要求的强度。因而养护对于保证混凝土的质量是至关重要的。

1．混凝土的养护方法

混凝土养护方法分为标准养护、自然养护和人工养护。

1）标准养护

标准养护是指混凝土在温度为 20±2 ℃、相对湿度为 95%以上的潮湿环境或水中的条件下进行的养护。标准养护主要用于混凝土试块的养护。

2）自然养护

自然养护是指利用平均气温高于 5℃的自然条件下，对混凝土采取相应的保湿、保温等措施所进行的养护。自然养护简单、费用低，是混凝土施工的首选方法。自然养护又分洒水养护、蓄水养护、薄膜布养护和喷涂薄膜养生液养护几种。

3）人工养护

人工养护就是用人工来控制混凝土的养护温度和湿度，使混凝土强度增长，如蒸汽养护、热水养护、太阳能养护等。主要用来养护预制构件，现浇筑构件大多采用自然养护。

2．混凝土养护的初期处理

混凝土在浇筑及浇筑后静置过程中，由于混凝土的离析泌水、骨料下沉，易产生塑性收缩裂缝，应在混凝土终凝前予以修整。如板类混凝土面层浇筑完毕后，应在初凝前后进行第二次抹压，可用木抹子磨平、搓毛两次以上，必要时可用铁滚筒碾压两遍。

在浇筑完毕后的 12 h 内，对混凝土加以覆盖并保湿养护。如遇高温、太阳暴晒、大风天气，浇筑后应立即用塑料膜覆盖，以避免混凝土表面结硬干裂。

3．养护时间

在自然气温条件下（高于+5 ℃），对于一般塑性混凝土应在浇筑后 10～12 h 内（炎夏时可缩短至 2～3 h），对高强混凝土应在浇筑后 1～2 h 内，即用麻袋、草帘、锯末或砂进行覆盖，并及时浇水养护，以保持混凝土具有足够润湿状态。混凝土浇水养护时间可参照表 3.8。

表 3.8　混凝土浇水养护时间

分　类		浇水养护时间
拌制混凝土的水泥品种	硅酸盐水泥、普通硅酸盐水泥、矿渣硅酸盐水泥	不小于 7 d
	火山灰质硅酸盐水泥、粉煤灰硅酸盐水泥	不小于 14 d
	矾土水泥	不小于 3 d
抗渗混凝土、混凝土中掺缓凝型外加剂		不小于 14 d

注：1．当平均气温低于 5 ℃时，不得浇水。

2．采用其他品种水泥时，混凝土的养护应根据水泥技术性能确定。

混凝土在养护过程中，如发现遮盖不好，浇水不足，以致表面泛白或出现干缩细小裂缝时，要立即仔细加以遮盖，加强养护工作，充分浇水，并延长浇水日期，加以补救。

混凝土初凝后要避免早期扰动。混凝土强度未达到 1.2 N/mm^2 时，不得在其上踩踏或安装模板及支架。混凝土强度达到 1.2 N/mm^2 的时间，与环境温度、混凝土用外加剂品种、用水量、水泥品种和用量、矿物掺和料的品种和用量等诸多因素有关，可通过试验确定。在正常情况下，大致有如表 3.9 所列的规律。

表 3.9　普通混凝土强度达到 1.2 N/mm^2 所需龄期

环境温度	1～5 ℃	5～15 ℃	≥15 ℃
所需龄期（d）	2	1.5	—

任务 3.2　混凝土强度检验评定

为确保混凝土的生产质量，混凝土强度应分批进行验收。同一验收批的混凝土应由强度等级相同、龄期相同，以及生产工艺和配合比基本相同且不超过三个月的混凝土组成，并按单位工程的验收项目划分验收批，每个验收项目应按《建筑工程质量检验评定标准》（GBJ 301）确定。同一验收批的混凝土强度，应以同批内全部标准试件的强度代表值来评定。

3.2.1 取样与试件留置

评定结构或构件混凝土强度质量的试块，应在浇筑处随机抽样留设。取样与试件留置应符合下列规定：

（1）每拌制 100 盘且不超过 100 m^3 的同一配合比的混凝土，取样不得少于一次。

（2）每工作班拌制的同一配合比的混凝土不足 100 盘时，取样不得少于一次。

（3）当一次连续浇筑超过 1 000 m^3 时，同一配合比的混凝土每 200 m^3 取样不得少于一次。

（4）每一楼层、同一配合比的混凝土，取样不得少于一次。

每次取样应至少留置一组标准养护试件，同条件养护试件的留置组数应根据实际需要确定，并按时检查施工记录及试件强度试验报告。

对有抗渗要求的混凝土结构，其混凝土试件应在浇筑地点随机取样。同一工程、同一配合比的混凝土，取样不应少于一次，留置组数可根据实际需要确定，并检查试件抗渗试验报告。

3.2.2 试件强度代表值

检查混凝土质量应做抗压强度试验。当有特殊要求时，还需做混凝土的抗冻性、抗渗性等试验。试件应用钢模制作。试件强度试验的方法应符合现行国家标准《普通混凝土力学性能试验方法标准》（GB/T 50081）的规定。

每组 3 个试件应在同盘混凝土中取样制作，并按下列规定确定该组试件的混凝土强度的代表值：

（1）取 3 个试件试验结果的平均值，作为该组试件的强度代表值。

（2）当一组试件中强度的最大值或最小值与中间值之差超过中间值的 15%时，取中间值作为该组试件的强度代表值。

（3）当一组试件中强度的最大值和最小值与中间值之差均超过中间值的 15%时，该组试件不应作为强度评定的依据。

检验评定混凝土强度用的混凝土试件的尺寸及强度的尺寸换算系数应按表 3.10 取用；其标准成形方法、标准养护条件及强度试验方法应符合现行国家标准《普通混凝土力学性能试验方法标准》（GB/T 50081）的规定。

表 3.10 混凝土试件的尺寸及强度的尺寸换算系数

骨料最大粒径（mm）	试件尺寸（mm×mm×mm）	强度的尺寸换算系数
≤31.5	100×100×100	0.95
≤40	150×150×150	1.00
≤63	200×200×200	1.05

注：对强度等级为 C60 及以上的混凝土试件，宜采用标准尺寸试件；使用非标准尺寸试件时，尺寸折算系数应由试验确定，其试件数量不应少于 30 组。

3.2.3　混凝土强度评定

1. 统计方法评定

（1）当混凝土的生产条件在较长时间内能保持一致，且同一品种混凝土的强度变异性能保持稳定时，应由连续的 3 组试件组成一个验收批，其强度应同时满足下列要求：

$$m_{f_{cu}} \geqslant f_{f_{cu}} + 0.7\sigma_0 \tag{3-4}$$

$$f_{cu,min} \geqslant f_{cu,k} - 0.7\sigma_0 \tag{3-5}$$

当混凝土强度等级不高于 C20 时，其强度的最小值应满足下式要求：

$$f_{cu,min} \geqslant 0.85 f_{cu,k} \tag{3-6}$$

当混凝土强度等级高于 C20 时，其强度的最小值应满足下式要求：

$$f_{cu,min} \geqslant 0.90 f_{cu,k} \tag{3-7}$$

式中，$m_{f_{cu}}$ 为同一验收批混凝土立方体抗压强度的平均值（N/mm^2），精确到 0.1 N/mm^2；$f_{cu,k}$ 为混凝土立方体抗压强度标准值（N/mm^2），精确到 0.1 N/mm^2；σ_0 为验收批混凝土立方体抗压强度的标准差（N/mm^2），精确到 0.01 N/mm^2，当计算值小于 2.5 N/mm^2 时，应取 2.5 N/mm^2；$f_{cu,min}$ 为同一验收批混凝土立方体抗压强度的最小值（N/mm^2），精确到 0.1 N/mm^2。

验收批混凝土立方体抗压强度的标准差，应根据前一个检验期间同一品种混凝土试件的强度数据按下式确定：

$$\sigma_0 = \sqrt{\frac{\sum_{i=1}^{m} f_{cu,i}^2 - n m_{f_{cu}}^2}{n-1}} \tag{3-8}$$

式中，$f_{cu,i}$ 为前一个检验期内同一品种、同一强度等级的第 i 组混凝土试件的立方体抗压强度代表值（N/mm^2），精确到 0.1 N/mm^2，该检验期不应少于 60 d，也不得大于 90 d；n 为前一检验期内的样本容量，在该期间内样本容量不应少于 45。

（2）当混凝土的生产条件不能满足（1）中的规定，或在前一个检验期内的同一品种混凝土没有足够的数据用以确定验收批混凝土立方体抗压强度标准差时，应由不少于 10 组的试件代表一个验收批，其强度应同时满足下列要求：

$$m_{f_{cu}} \geqslant f_{cu,k} + \lambda_1 \cdot S_{f_{cu}} \tag{3-9}$$

$$f_{cu,min} \geqslant \lambda_2 \cdot f_{cu,k} \tag{3-10}$$

式中，$S_{f_{cu}}$ 为同一验收批混凝土立方体抗压强度的标准差（N/mm^2），精确到 0.01 N/mm^2，当检验批混凝土强度标准差 $S_{f_{cu}}$ 计算值小于 2.5 N/mm^2 时，应取 2.5 N/mm^2；λ_1、λ_2 为合格评定系数，按表 3.11 取用。

表 3.11　混凝土强度的合格评定系数

试 件 组 数	10～14	15～19	≥20
λ_1	1.15	1.05	0.95
λ_2	0.90	0.85	

混凝土立方体抗压强度的标准差 $S_{f_{cu}}$ 可按下列公式计算：

$$S_{f_{cu}} = \sqrt{\frac{\sum_{i=1}^{m} f_{cu,i}^2 - nm_{f_{cu}}^2}{n-1}} \quad (3\text{-}11)$$

式中，$f_{cu,i}$ 为第 i 组混凝土试件的立方体抗压强度代表值（N/mm^2），精确到 0.1 N/mm^2；n 为本检验期内的样本容量。

2．非统计方法评定

对零星生产的构件的混凝土或现场搅拌的批量不大的混凝土，可采用非统计方法评定。此时，验收批混凝土的强度必须同时满足下列要求：

$$m_{f_{cu}} \geqslant \lambda_3 \cdot f_{cu,k} \quad (3\text{-}12)$$

$$f_{cu,min} \geqslant \lambda_4 \cdot f_{cu,k} \quad (3\text{-}13)$$

式中，λ_3、λ_4 为合格评定系数，按表 3.12 取用。

表 3.12　混凝土强度的非统计方法合格评定系数

混凝土强度等级	<C60	≥C60
λ_3	1.15	1.10
λ_4	0.95	

【案例 8】 某施工现场混凝土立方试块质量评定

某施工现场 C25 混凝土施工中制作了 12 组 150 mm 立方试块，实测强度数据（N/mm^2）如表 3.13 所示，对其进行质量合格性评定。

表 3.13　实测强度数据（N/mm^2）

组　号	1#试块	2#试块	3#试块
(1)	36	33	25
(2)	33.3	30.5	26
(3)	37.5	34	30
(4)	30.5	28.5	27
(5)	40	33.5	29
(6)	37.8	37.5	32.5
(7)	29.5	28	25
(8)	37	35.5	34
(9)	37	36.5	32
(10)	36.5	32.5	31.5
(11)	39	38	34.5
(12)	32.5	32	28

解：实测强度数据分析如表 3.14 所示。

表 3.14　实测强度数据分析

组　号	1#试块 (N/mm²)	2#试块 (N/mm²)	3#试块 (N/mm²)	抗压强度平均值 (N/mm²)	最大值与中间值之差占中间值的百分率	最小值与中间值之差占中间值的百分率
(1)	36	33	25	31.33	9.1%	24.2%
(2)	33.3	30.5	26	29.93	9.2%	14.8%
(3)	37.5	34	30	33.83	10.3%	11.8%
(4)	30.5	28.5	27	28.67	7.0%	5.3%
(5)	40	33.5	29	34.17	19.4%	13.4%
(6)	37.8	37.5	32.5	35.93	0.8%	13.3%
(7)	29.5	28	25	27.50	5.4%	10.7%
(8)	37	35.5	34	35.50	4.2%	4.2%
(9)	37	36.5	32	35.17	1.4%	12.3%
(10)	36.5	32.5	31.5	33.50	12.3%	3.1%
(11)	39	38	34.5	37.17	2.6%	9.2%
(12)	32.5	32	28	30.83	1.6%	12.5%

由上表可知，各组的混凝土强度代表值分别为 33 N/mm²，29.93 N/mm²，33.83 N/mm²，28.67 N/mm²，33.5 N/mm²，35.93 N/mm²，27.5 N/mm²，35.5 N/mm²，35.17 N/mm²，33.5 N/mm²，37.17 N/mm²，30.83 N/mm²，则

$$m_{f_{cu}}=(f_{cu1}+f_{cu2}+f_{cu3}+\cdots+f_{cu12})/12$$
$$=(33+29.93+33.83+\cdots+30.83)/12=32.9$$

$$f_{cu,i}^2=13\,072.23 \qquad nm_{f_{cu}}^2=12\times32.9^2=12\,988.92$$

$$S_{f_{cu}}=\sqrt{\frac{\sum_{i=1}^{n}f_{cu,i}^2-nm_{f_{cu}}^2}{n-1}}=\sqrt{\frac{13\,072.23-12\,988.92}{12-1}}=2.75$$

$$m_{f_{cu}}-\lambda_1 S_{f_{cu}}=32.9-1.15\times2.75=29.7>f_{cu,k}=25$$

$$f_{cu,min}=27.5>0.9\times25=22.5$$

所以该批是合格的。

3.2.4　混凝土生产控制水平

预拌混凝土搅拌站、预制混凝土构件厂和采用现场集中搅拌混凝土的施工单位，应定期对混凝土强度进行统计分析，控制混凝土质量，确定混凝土生产质量水平。

混凝土生产控制水平可按强度标准差（σ）和实测强度达到强度标准值组数的百分率（P）表征。

（1）在统计周期内，混凝土强度标准差及实测强度达到强度标准值组数的百分率应按下式计算，并宜符合表 3.15 的规定。

$$\sigma=\sqrt{\frac{\sum_{i=1}^{N} f_{\mathrm{cu},i}^{2}-n m_{f_{\mathrm{cu}}}^{2}}{n-1}} \tag{3-14}$$

式中，σ 为混凝土强度标准差，精确到 0.1 MPa；$f_{\mathrm{cu},i}$ 为统计周期内第 i 组混凝土立方体试件的抗压强度值，精确到 0.1 MPa；$m_{f_{\mathrm{cu}}}$ 为统计周期内 n 组混凝土立方体试件的抗压强度的平均值，精确到 0.1 MPa；n 为统计周期内相同强度等级混凝土的试件组数，$n \geqslant 30$。

表 3.15 混凝土强度标准差（MPa）

生 产 场 所	强度标准差 σ		
	<C20	C20～C40	≥C45
预拌混凝土搅拌站 预制混凝土构件厂	≤3.0	≤3.5	≤4.0
施工现场搅拌站	≤3.5	≤4.0	≤4.5

（2）在统计周期内，混凝土实测强度达到强度标准值组数的百分率应按下式计算，且 P 不应小于 95%。

$$P=\frac{n_0}{n}\times 100\% \tag{3-15}$$

式中，P 为统计周期内实测强度达到强度标准值组数的百分率，精确到 0.1%；n_0 为统计周期内相同强度等级混凝土达到强度标准值的试件组数。

预拌混凝土搅拌站和预制混凝土构件厂的统计周期可取一个月；施工现场搅拌站的统计周期可根据实际情况确定，但不宜超过三个月。

任务 3.3 混凝土结构实体检验

对涉及混凝土结构安全的重要部位应进行结构实体检验。结构实体检验应在监理工程师（建设单位项目专业技术负责人）见证下，由施工项目技术负责人组织实施。除结构位置与尺寸偏差外的结构实体检验项目，应由具有相应资质的检测机构完成。

结构实体检验的内容应包括混凝土强度、钢筋保护层厚度、结构位置与尺寸偏差及工程合同约定的项目，必要时可检验其他项目。

3.3.1 混凝土强度检验

1．同条件养护试件强度检验

对混凝土强度的检验，应以在混凝土浇筑地点制备并与结构实体同条件养护的试件强度为依据。混凝土强度检验用同条件养护试件的留置、养护和强度代表值应符合《混凝土结构工程施工质量验收规范》（GB 50204）附录 C 的规定。

1）同条件养护试件的取样和留置应符合的规定

（1）同条件养护试件所对应的结构构件或结构部位应由施工、监理等各方共同选定，且同条件养护试件的取样宜均匀分布于工程施工周期内。

（2）同条件养护试件应在混凝土浇筑入模处见证取样。

（3）同条件养护试件应留置在靠近相应结构构件的适当位置，并应采取相同的养护方法。

（4）同一强度等级的同条件养护试件不宜少于 10 组，且应大于或等于 3 组。每连续两层楼取样不应少于一组；每 2 000 m^3 取样不得少于一组。

2）同条件养护试件应在达到等效养护龄期时进行强度试验

等效养护龄期应根据同条件养护试件强度与在标准养护条件下 28 d 龄期试件强度相等的原则确定。每组同条件养护试件的强度值应根据强度试验结果按现行国家标准《普通混凝土力学性能试验方法标准》（GB/T 50081）的规定确定。

3）同条件自然养护试件的等效养护龄期及相应的试件强度代表值

同条件自然养护试件的等效养护龄期及相应的试件强度代表值宜根据当地的气温和养护条件，按下列规定确定：

（1）等效养护龄期可取按日平均温度逐日累计达到 600 ℃时所对应的龄期，且不应小于 14 d。日平均温度为 0 ℃及以下的龄期不计入。

（2）同条件养护试件的强度代表值应根据强度试验结果，按现行国家标准《混凝土强度检验评定标准》（GB/T 50107）的规定确定，并除以系数 0.88 后取用。系数 0.88 主要是考虑到实际混凝土结构及同条件养护试件可能失水等不利于强度增长的因素，经试验研究及工程调查而确定的。

当同条件养护试件强度的检验结果符合现行国家标准《混凝土强度检验评定标准》（GB/T 50107）的有关规定时，混凝土强度应判为合格。

2. 回弹—取芯法检测实体混凝土强度

当未取得同条件养护试件强度或同条件养护试件强度检验不符合要求时，可采用回弹—取芯法进行检验，检验应符合《混凝土结构工程施工质量验收规范》（GB 50204）附录 D 的规定。

（1）回弹构件的抽取应符合下列规定：

① 同一混凝土强度等级的柱、梁、墙、板，抽取构件最小数量应符合表 3.16 的规定，并应均匀分布。

② 不宜抽取截面高度小于 300 mm 的梁和边长小于 300 mm 的柱。

表 3.16　回弹构件抽取最小数量

构件总数量	最小抽样数量
20 以下	全数
20～150	20
151～280	26
281～500	40
501～1 200	64
1 201～3 200	100

（2）每个构件应选取不少于 5 个测区进行回弹检测及回弹值计算，并应符合现行行业标准《回弹法检测混凝土抗压强度技术规程》（JGJ/T 23）对单个构件检测的有关规定。楼板构件的回弹宜在板底进行。

（3）对同一强度等级的混凝土，应按每个构件 5 个测区中的最小测区平均回弹值进行排序，并在其最小的 3 个测区各钻取一个芯样。芯样应采用带水冷却装置的薄壁空心钻钻取，其直径宜为 100 mm，且不宜小于混凝土骨料最大粒径的 3 倍。

（4）芯样试件应按现行国家标准《普通混凝土力学性能试验方法标准》（GB/T 50081）中圆柱体试件的规定进行抗压强度试验。

（5）对同一强度等级的混凝土，当符合下列规定时，结构实体混凝土强度可判为合格：

① 3 个芯样的抗压强度算术平均值不小于设计要求的混凝土强度等级值的 88%。

② 3 个芯样抗压强度的最小值不小于设计要求的混凝土强度等级值的 80%。

3.3.2 钢筋保护层厚度检验

对钢筋保护层厚度的检验，抽样数量、检验方法、允许偏差和合格条件应符合规范《混凝土结构工程施工质量验收规范》（GB 50204）附录 E 的规定。

（1）钢筋保护层厚度检验构件的选取应均匀分布，并应符合下列规定：

① 对非悬挑梁板类构件，应各抽取构件数量的 2%且不少于 5 个构件进行检验。

② 对悬挑梁，应抽取构件数量的 5%且不少于 10 个构件进行检验；当悬挑梁数量少于 10 个时，应全数检验。

③ 对悬挑板，应抽取构件数量的 10%且不少于 20 个构件进行检验；当悬挑板数量少于 20 个时，应全数检验。

（2）对选定的梁类构件，应对全部纵向受力钢筋的保护层厚度进行检验；对选定的板类构件，应抽取不少于 6 根纵向受力钢筋的保护层厚度进行检验。对每根钢筋，应选择有代表性的不同部位量测 3 点取平均值。

（3）钢筋保护层厚度的检验，可采用非破损或局部破损的方法，也可采用非破损方法并用局部破损方法进行校准。当采用非破损方法检验时，所使用的检测仪器应经过计量检验，检测操作应符合相应规程的规定。

钢筋保护层厚度检验的检测误差不应大于 1 mm。

（4）钢筋保护层厚度检验时，纵向受力钢筋保护层厚度的允许偏差应符合表 3.17 的规定。

（5）应分别对梁类、板类构件纵向受力钢筋的保护层厚度进行验收，并应符合下列规定：

① 当全部钢筋保护层厚度检验的合格率为 90%及以上时，钢筋保护层厚度的检验结果应判为合格。

② 当全部钢筋保护层厚度检验的合格率小于 90%但不小于 80%时，可再抽取相同数量的构件进行检验；当按两次抽样总和计算的合格率为 90%及以上时，钢筋保护层厚度的检验结果仍应判为合格。

③ 每次抽样检验结果中不合格点的最大偏差均不应大于表 3.17 中规定允许偏差的 1.5 倍。

表 3.17 结构实体纵向受力钢筋保护层厚度的允许偏差

构件类型	允许偏差（mm）
梁	+10，−7
板	+8，−5

3.3.3 结构位置与尺寸偏差检验

结构位置与尺寸偏差检验应符合《混凝土结构工程施工质量验收规范》（GB 50204）附录 F 的规定。

（1）结构实体位置与尺寸偏差检验构件的选取应均匀分布，并应符合下列规定：

① 梁、柱应抽取构件数量的 1%，且不应少于 3 个构件。

② 墙、板应按有代表性的自然间抽取 1%，且不应少于 3 间。

③ 层高应按有代表性的自然间抽查 1%，且不应少于 3 间。

（2）对选定的构件，检验项目及检验方法应符合表 3.18 的规定，允许偏差应符合表 3.19 的规定，精确到 1 mm。

表 3.18 结构实体位置与尺寸偏差检验项目及检验方法

项目	检验方法
柱截面尺寸	选取柱的一边测量柱中部、下部及其他部位，取 3 点平均值
柱垂直度	沿两个方向分别测量，取较大值
墙厚	墙身中部测量 3 点，取平均值；测点间距不应小于 1 m
梁高	测量一侧边跨中及两个距离支座 0.1 m 处，取 3 点平均值；测量值可取腹板高度加上此处楼板的实测厚度
板厚	悬挑板取距离支座 0.1 m 处，沿宽度方向取包括中心位置在内的随机 3 点平均值；其他楼板，在同一对角线上测量中间及距离两端各 0.1 m 处，取 3 点平均值
层高	与板厚测点相同，测量板顶至上层楼板板底的净高，层高测量值为净高与板厚之和，取 3 点平均值

（3）墙厚、板厚、层高的检验可采用非破损或局部破损的方法，也可采用非破损方法并用局部破损方法进行校准。当采用非破损方法检验时，所使用的检测仪器应经过计量检验，检测操作应符合国家现行有关标准的规定。

（4）应分别对结构实体位置与尺寸偏差项目进行验收，并应符合下列规定：

① 当检验项目的合格率为 80%及以上时，可判为合格。

② 当检验项目的合格率小于 80%但不小于 70%时，可再抽取相同数量的构件进行检验；当按两次抽样总和计算的合格率为 80%及以上时，仍可判为合格。

现浇筑结构拆模后的位置和尺寸偏差应符合表 3.19 的规定。

表 3.19 现浇筑结构位置和尺寸允许偏差及检验方法

项目		允许偏差（mm）	检验方法
轴线位置	整体基础	15	经纬仪及尺量
	独立基础	10	经纬仪及尺量
	柱、墙、梁	8	尺量

续表

项目			允许偏差（mm）	检验方法
垂直度	层高	≤6m	10	经纬仪或吊线、尺量
		>6m	12	经纬仪或吊线、尺量
	全高（H）≤300 m		H/30 000+20	经纬仪及尺量
	全高（H）>300 m		H/10 000 且≤80	经纬仪及尺量
标高	层高		±10	水准仪或拉线、尺量
	全高		±30	
截面尺寸	基础		+15，−10	尺量
	柱、梁、板、墙		+10，−5	
	楼梯相邻踏步高差		6	
电梯井	中心位置		10	尺量
	长、宽尺寸		+25,0	
表面平整度			8	2 m 靠尺和塞尺量测
预埋件中心位置	预埋板		10	尺量
	预埋螺栓		5	
	预埋管		5	
	其他		10	
预留洞、孔中心线位置			15	尺量

注：1. 检查柱轴线、中心线位置时，应沿纵、横两个方向测量，并取其中偏差的较大值。

2. H 为全高，单位为 mm。

任务 3.4　混凝土外观质量检查

3.4.1　外观缺陷的一般规定

现浇筑结构的外观质量缺陷应由监理（建设）单位、施工单位等各方根据其对结构性能和使用功能影响的严重程度，按表 3.20 确定。

表 3.20　现浇筑结构外观质量缺陷

名称	现象	严重缺陷	一般缺陷
露筋	构件内钢筋未被混凝土包裹而外露	纵向受力钢筋有露筋	其他钢筋有少量露筋
蜂窝	混凝土表面缺少水泥砂浆，露出石子的深度大于 5 mm，而小于保护层厚度	构件主要受力部位有蜂窝	其他部位有少量蜂窝
孔洞	混凝土中孔穴深度和长度均超过保护层厚度	构件主要受力部位有孔洞	其他部位有少量孔洞
夹渣	混凝土中夹有杂物且深度超过保护层厚度	构件主要受力部位有夹渣	其他部位有少量夹渣
疏松	混凝土中局部不密实	构件主要受力部位有疏松	其他部位有少量疏松

续表

名称	现象	严重缺陷	一般缺陷
裂缝	缝隙从混凝土表面延伸至混凝土内部	构件主要受力部位有影响结构性能或使用功能的裂缝	其他部位有少量不影响结构性能或使用功能的裂缝
连接部位缺陷	构件连接处混凝土缺陷，连接钢筋、连接件松动	连接部位有影响结构传力性能的缺陷	连接部位有基本不影响结构传力性能的缺陷
外形缺陷	缺棱掉角、棱角不直、翘曲不平、飞边凸肋等	清水混凝土构件有影响使用功能或装饰效果的外形缺陷	其他混凝土构件有不影响使用功能的外形缺陷
外表缺陷	构件表面麻面、掉皮、起砂、沾污等	具有重要装饰效果的清水混凝土表面有外表缺陷	其他混凝土构件有不影响使用功能的外表缺陷

现浇筑结构拆模后，应由监理（建设）单位、施工单位对外观质量和尺寸偏差进行检查，做出记录，并应及时按施工技术方案对缺陷进行处理。

3.4.2 外观质量要求

主控项目：现浇筑结构的外观质量不应有严重缺陷。

对已经出现的严重缺陷，应由施工单位提出技术处理方案，并经监理（建设）单位认可后进行处理。对经处理的部位，应重新检查验收。

一般项目：现浇筑结构的外观质量不应有一般缺陷。

对已经出现的一般缺陷，应由施工单位按技术处理方案进行处理，并重新检查验收。

3.4.3 外观缺陷原因分析与修整措施

1. 露筋

1）原因分析

（1）钢筋保护层垫块放置过少或漏放，钢筋紧贴模板。

（2）模板缝隙过大，混凝土漏浆。

（3）混凝土离析，石子集中，和易性差，混凝土与钢筋接触部分缺浆。

（4）混凝土振捣棒撞击钢筋，钢筋偏位。

（5）混凝土振捣不密实，漏振。

（6）拆模过早，混凝土受损，钢筋外露。

2）修整措施

（1）对表面露筋处刷洗干净，然后用 1∶2 或 1∶2.5 水泥砂浆将露筋部位抹压平整，并认真养护。

（2）如露筋较深，应将薄弱混凝土和突出的颗粒凿去，洗刷干净后，用比原来高一强度等级的细石混凝土填塞压实，并认真养护。

2. 蜂窝

1）原因分析

（1）混凝土配合比的原材料称量偏差大，粗骨料多，和易性差。

（2）浇筑混凝土时，石子集中，混凝土离析，振不出水泥浆。

（3）混凝土搅拌时间短，拌和不均匀，和易性差。

（4）混凝土振捣不密实，漏振。

（5）模板缝隙大，混凝土漏浆。

2）修整措施

（1）对小蜂窝，用水洗刷干净后，用 1∶2 或 1∶2.5 水泥砂浆压实抹平。

（2）对较大蜂窝，先凿去蜂窝处薄弱松散的混凝土和突出的颗粒，刷洗干净后支模，用高一强度等级的细石混凝土仔细强力填塞捣实，并认真养护。

（3）较深蜂窝若清除困难，可埋压浆管和排气管，表面抹砂浆或支模灌混凝土封闭后，进行水泥压浆处理。

3. 孔洞

1）原因分析

（1）在钢筋密集处，预留孔或预埋件周围的混凝土振捣不密实或漏振。

（2）模板缝隙过大或胀模，混凝土漏浆。

（3）浇筑混凝土时，有杂物混入混凝土内。

2）修整措施

（1）对混凝土孔洞的处理，应由有关单位共同研究，制定修补或补强方案，经批准后方可处理。

（2）一般孔洞处理方法：将孔洞周围的松散混凝土和软弱浆膜凿除，用压力水冲洗，支设带托盒的模板，洒水充分湿润，用比结构高一强度等级的半干硬性细石混凝土仔细分层浇筑，强力捣实并养护。突出结构面的混凝土，应在达到 50%强度后再凿去，表面用 1∶2 水泥砂浆抹光。

（3）对面积大而深进的孔洞，按（2）项清理后，在内部埋压浆管、排气管，填入清洁的碎石（粒径 10～20 mm），表面抹砂浆或浇筑薄层混凝土，然后用水泥压力灌浆方法进行处理，使之密实。

4. 夹渣

1）原因分析

（1）在浇筑混凝土前，施工缝处理不干净。

（2）混凝土振捣不密实或漏振。

（3）分段、分层浇筑混凝土时，有杂物混入混凝土内。

（4）模板嵌入混凝土，拆模后留在混凝土内。

2）修整措施

将夹渣周围的混凝土和软弱浆膜凿去，用压力水冲洗，用高一级的细石混凝土拌和物仔细浇筑捣实，注意养护。

5. 疏松

1）原因分析

（1）混凝土配合比设计不当，砂率偏低，和易性差，坍落度偏小。

（2）混凝土振捣时间短，振捣不到位，有漏振的部位。

（3）混凝土平仓、压实工作不够，表面没压实，泛浆不足。

2）修整措施

（1）对于表面较浅的疏松脱落，可将疏松部分凿去，洗刷干净充分湿润后，用1∶2或1∶2.5水泥砂浆抹平压实。

（2）对于较深的疏松脱落，可将疏松和突出颗粒凿去，洗刷干净充分湿润后支模，用比结构高一强度等级的细石混凝土浇筑，强力捣实，并加强养护。

6. 裂缝

1）原因分析

（1）混凝土浇筑时，平仓、滚压及收浆工序操作马虎，没有压实，混凝土收缩，产生裂缝。

（2）混凝土养护湿度不够，早期失水过多，混凝土产生收缩裂缝。

（3）已浇筑完毕的混凝土施工缝没有清理干净，新浇筑的混凝土没加接浆或没按技术方案施工，新浇筑的混凝土收缩后与已浇筑的混凝土没有结合牢固。

2）修整措施

当裂缝较细，数量不多时，可将裂缝加以冲洗，用水泥浆抹补。如裂缝开裂较大较深时，应沿裂缝处凿去薄弱部分，并用水冲洗干净，用1∶2或1∶2.5水泥砂浆抹补。除了用水泥砂浆抹补外，目前也使用环氧树脂补缝，效果较好。

7. 连接部位缺陷

1）原因分析

（1）预埋件或预埋螺栓的混凝土振捣不密实或漏振，在其周围混凝土有孔洞或蜂窝等。

（2）预埋件固牢不牢，混凝土振捣时将其碰松或偏位。

2）修整措施

（1）将预埋件或预埋螺栓的不密实混凝土剔除，用高一级混凝土重新浇筑捣实，并注意养护良好。

（2）重新留置预埋件，特别注意新浇筑混凝土的养护应良好。

8. 外形缺陷

1）原因分析

（1）木模板在浇筑混凝土前未充分浇水湿润或湿润不够；混凝土浇筑后养护不好，棱角处混凝土的水分被模板大量吸收，造成混凝土脱水，强度降低，或模板吸水膨胀将边角拉裂，拆摸时棱角被粘掉。

（2）拆模时，边角受外力或重物撞击，或保护不好，棱角被碰掉。

（3）混凝土浇筑未按操作规程分层进行，一次下料过多或用吊斗直接往模板内倾倒混凝土，或振捣混凝土时长时间振动钢筋、模板，造成跑模或较大变形。

（4）组合柱浇筑混凝土时利用半砖外墙作为模板，由于该处砖墙较薄，侧向刚度差，使组合柱容易发生鼓胀，同时影响外墙平整。

2）修整措施

（1）较小缺棱掉角，可将该处松散颗粒凿除，用钢丝刷刷干净，清水冲洗并充分湿润后，用 1∶2 或 1∶2.5 的水泥砂浆抹补齐整。

（2）对较大的缺棱掉角，可将不实的混凝土和突出的颗粒凿除，用水冲刷干净湿透，然后支模，用比原混凝土高一强度等级的细石混凝土填灌捣实，并认真养护。

（3）凡凹凸鼓胀不影响结构质量时，可不进行处理；如只需进行局部剔凿和修补处理时，应适当修整。然后再用 1∶2 或 1∶2.5 水泥砂浆或比原混凝土高一强度等级的细石混凝土进行修补。

（4）凡凹凸鼓胀影响结构受力性能时，应会同有关部门研究处理方案后再进行处理。

9．外表缺陷

1）原因分析

（1）混凝土浇筑后，表面仅用铁锹拍平，未用抹子找平压光，造成表面粗糙不平。

（2）模板未支撑在坚硬土层上，或支撑面不足，或支撑松动，土层没水，致使新浇筑混凝土早期养护时发生不均匀下沉。

（3）混凝土未达到一定强度时，上人操作或运料，使表面出现凹陷不平或印痕。

2）修整措施

出现外表缺陷后可进行修补，修补前先将外表缺陷部位用钢丝刷加清水刷洗，并使外表缺陷部位充分湿润，然后用水泥素浆、1∶2 或 1∶2.5 的水泥砂浆抹平，以达到外观平整顺畅。

思考与练习题 3

一、单项选择题

1．混凝土搅拌时间是指（　　）。

A．原材料全部投入到全部卸出　　B．开始投料到开始卸料

C．原材料全部投入到开始卸出　　D．开始投料到全部卸料

2．已浇筑的混凝土强度达到（　　）时，方准上人施工。

A．1.5 N/mm^2　　B．2.5 N/mm^2　　C．1.2 N/mm^2　　D．2.0 N/mm^2

3．混凝土试配强度应比设计的混凝土强度标准值提高（　　）。

A．1 个数值　　B．2 个数值　　C．10 N/mm^2　　D．5 N/mm^2

4．浇筑柱子混凝土时，其根部应先浇（　　）。

A．5～10 mm 厚水泥浆　　B．5～10 mm 厚水泥砂浆

C．50～100 mm 厚水泥砂浆　　D. 500 mm 厚石子增加一倍的混凝土

5．硅酸盐水泥拌制的混凝土养护时间不得少于（　　）。

A．14 d　　B．21 d　　C．7 d　　D．28 d

6．当混凝土厚度不大而面积很大时，宜采用（　　）方法进行浇筑。

A．全面分层　　B．分段分层　　C．斜面分层　　D．局部分层

7．混凝土在运输过程中不应产生分层、离析现象。如有离析现象，必须在浇筑前进行

（　　）。

A．加水　　B．振捣　　C．二次搅拌　　D. 二次配合比设计

8．（　　）是为在浇筑钢筋混凝土结构施工过程中，克服由于温度、收缩而可能产生有害裂缝而设置的。

A．温度缝　　B．沉降缝　　C．施工缝　　D．后浇带

9．搅拌混凝土时采用一次投料法，下列各种顺序中较为合理的是（　　）。

A．水泥→砂→石　　B．石→水泥→砂

C．砂→石→水泥　　D．石→砂→水泥

10．某组混凝土试块，三块抗压试验结果为 21 N/mm^2、23/mm^2 和 28 N/mm^2，则该组混凝土强度代表值为（　　）。

A．21 N/mm^2　　B．23 N/mm^2　　C．24 N/mm^2　　D．都不对

二、计算题

某结构采用 C20 混凝土，实验室配合比为水泥 : 砂 : 石子 : 水=1 : 2.15 : 4.35 : 0.60，实测砂、石子含水率分别为 3%、1%，若每搅拌一盘水泥投料 100 kg，试计算每盘砂、石子、水的投料量。

三、思考题

1．搅拌时间对混凝土质量有什么影响？

2．泵送混凝土对原材料有哪些要求？

3．混凝土浇筑中怎样避免分层离析？

4．试述振捣器的种类和适用范围。

5．试述施工缝留设的位置和处理方法。

项目4 预应力工程施工

知识目标

1. 了解预应力的原理和构造要求。
2. 熟悉预应力钢筋、先张法和后张法的锚具、张拉设备。
3. 掌握先张法、后张法施工工艺。

能力目标

1. 熟悉并辨识预应力钢筋、先张法和后张法的夹具与锚具、张拉设备。
2. 掌握先张法和后张法施工工艺，指导现场施工。

预应力混凝土结构是在结构承受外荷载前，采用人为的方法在结构受拉区预先施加一种压应力，这种压应力能够部分或全部抵消结构使用荷载下产生的拉应力，从而推迟裂缝的出现和限制裂缝的展开，提高了结构的抗裂度和刚度。

预应力混凝土与普通钢筋混凝土相比，具有以下特点：截面小、自重轻、刚度大、抗裂度高、耐久性好、节省材料；可以有效地利用高强度钢筋和高强度等级的混凝土，能充分发挥钢筋和混凝土各自的特性。

在预应力混凝土中，根据构件制作的先后顺序分为先张法、后张法两大类。先张法是在混凝土浇筑前张拉钢筋，预应力靠钢筋与混凝土之间的黏结力传递给混凝土。后张法是在混凝土达到一定强度后张拉钢筋，预应力靠锚具传递给混凝土。在后张法中，按预应力筋黏结状态又分为：有黏结和无黏结两种。前者在张拉后通过孔道灌浆使预应力筋与混凝土相互黏结，后者由于预应力筋涂有油脂，预应力只能永久地靠锚具传递给混凝土。

任务 4.1　预应力材料与设备

4.1.1　预应力钢筋

为了获得较大的预应力，预应力筋常用高强度钢材，目前较常见的有以下 6 种：冷拔低碳钢丝、冷拉钢筋、消除应力钢丝、钢绞线、热处理钢筋、精轧螺纹钢筋。

1．钢绞线

一般由三股、七股$\phi 3$、$\phi 4$ 或$\phi 5$ 的高强钢丝用铰盘拧成螺旋状，再经低温回火制成，是目前预应力混凝土结构中采用较多的预应力筋。

2．消除应力钢丝

消除应力钢丝是按下述一次性连续处理方法之一生产的钢丝：

（1）钢丝在塑性变形下（轴应变）进行短时热处理，得到的是低松弛钢丝。

（2）钢丝通过矫直工序后在适当温度下进行的短时热处理，得到的应是普通松弛钢丝。

所谓松弛是指在恒定长度下应力随时间而减小的现象，预应力筋一般采用低松弛钢丝。按外形分为光面、螺旋肋和刻痕三种。

3．热处理钢筋

对某些热轧Ⅳ级钢筋（如 40Si2Mn、48Si2Mn、45Si2Cr 等）经调质处理而形成的高强度无明显流幅的硬钢，利用热轧钢筋的余热进行淬火，然后再中温回火等热处理后形成。具有强度高（抗拉强度设计值可达 1 000 N/mm^2）、松弛小等特点。它以盘圆形式供应，可省掉冷拉、对焊和整直等工序，大大方便了施工。与相同强度的高强冷拔钢丝相比，这种钢材的生产效率高，价格低。

预应力筋是预应力分项工程中最重要的原材料，进场时应根据进场批次和产品的抽样检验方案确定检验批，进行抽样复验。由于各厂家提供的预应力筋产品合格证内容与格式不尽相同，为统一及明确有关内容，要求厂家除了提供产品合格证外，还应提供反映预应力筋主要性能的出厂检验报告，两者也可合并提供。抽样复验可仅做主要的力学性能试验。

4.1.2 预应力混凝土

在预应力混凝土结构中，一般要求混凝土的强度等级不低于 C30，当采用碳素钢丝、钢绞线做预应力钢筋时，混凝土的强度等级不低于 C40。目前，在一些重要的预应力混凝土结构中，已开始采用 C50～C60 的高强混凝土，并逐步向更高强度等级的混凝土发展。在预应力混凝土构件的施工中，不能掺用对钢筋有侵蚀作用的氯盐等，否则会发生严重的质量事故。

4.1.3 夹具与锚具

在张拉钢筋和混凝土成形过程中夹持和临时固定预应力筋，待混凝土达到一定强度后取下并再重复使用的称为夹具，用代号“J”表示，夹具多用在先张法生产的构件中。通常锚固在构件端部，与构件联成一体共同受力，不再取下的称为锚具，锚具多用在后张法生产的构件中，用代号“M”表示。锚具、夹具是保证预应力混凝土结构安全可靠的关键因素之一。

预应力筋用锚具、夹具和连接器按锚固方式不同，可分为夹片式（多孔夹片锚具、JM 锚具等）、支撑式（镦头锚具、螺丝端杆锚具等）、锥塞式（钢质锥形锚具、槽销锚具等）和握裹式（压花锚具、挤压锚具等）四种。夹片式和锥塞式锚具的主要优点是预应力束下料方便、长度尺寸要求不严；缺点是在锚固过程中，预应力钢材滑动回缩量较大，为 3～6 mm，产生应力损失值较大。支撑式锚具的主要优点是在锚固过程中钢材拉伸变形的回缩量小，约 1 mm；主要缺点是预应力束要有准确的下料长度，对下料尺寸要严格控制。因此，前者用于 10～50 m 的长束，后者用于 6～12 m 的短束。握裹式只用于张拉的固定埋入端。锚具的选用可根据预应力筋的品种和锚固部位的不同，参考表 4.1 选定。

表 4.1　锚具选用

预应力筋品种	选用锚具形式和锚固部位		
	张　拉　端	固　定　端	埋　入　端
钢绞线及钢绞线束	夹片锚具	夹片锚具	压花锚具 挤压锚具
高强钢丝	夹片锚具	夹片锚具	镦头锚具
	镦头锚具	镦头锚具	
高强钢丝束	夹片锚具	夹片锚具	挤压锚具 镦头锚具
	镦头锚具	镦头锚具	
	锥塞锚具	锥塞锚具	
直径 12 mm 的热轧冷拉钢筋束	夹片锚具	夹片锚具	镦头锚具
直径≥18 mm 的热轧冷拉钢筋	螺丝端杆锚具	螺丝端杆锚具 帮条锚具	—
精轧螺纹钢筋	螺母	螺母	—

1. 锚具

1）单根粗钢筋锚具

（1）LM 型螺丝端杆锚具（见图 4.1）：由螺丝端杆、螺母和垫片三部分组成，可用于张拉端，也可用于固定端。型号有 LM18～LM36，适用于直径为 18～36 mm 的预应力筋。注意，对焊连接应在冷拉前完成。

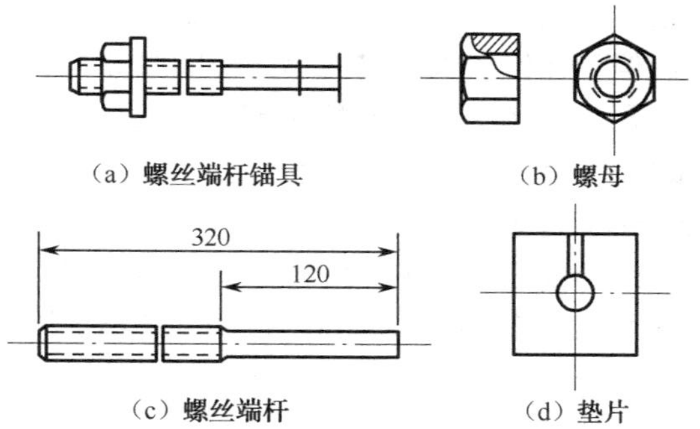

图 4.1　螺丝端杆锚具

(2) 帮条锚具：帮条锚具由三根帮条和衬板组成，用于固定端。帮条采用与预应力筋同级别的钢筋，衬板选用普通低合金钢的钢板。帮条锚具的三根帮条应成 120° 均匀布置，并垂直于衬板与预应力筋焊接牢固，如图 4.2 所示。帮条焊接应在冷拉前完成。

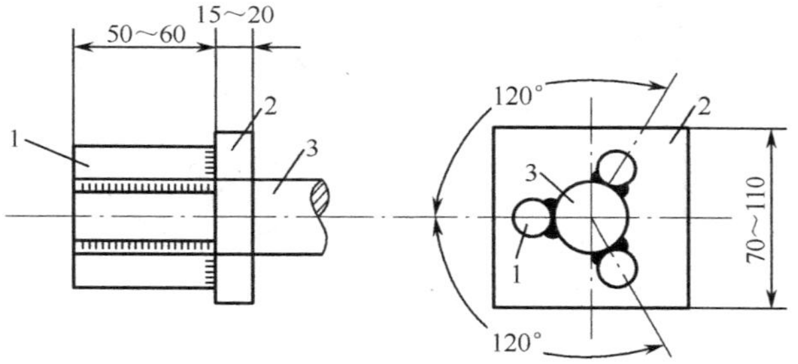

1—帮条；2—衬板；3—预应力筋

图 4.2　帮条锚具

2）钢筋束、钢绞线锚具

(1) 夹片式锚具：夹片式锚具分为单孔夹片和多孔夹片锚固体系两类。其中，多孔夹片锚固体系在后张法有黏结预应力混凝土结构中用途最广。

① JM 型锚具。JM 型锚具由锚环和夹片组成（见图 4.3）。JM 型锚具的夹片属于分体组

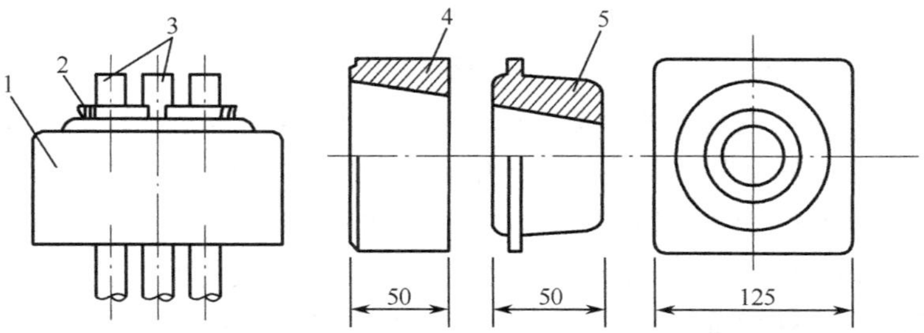

1—锚环；2—夹片；3—钢筋束和钢绞线束；4—圆钳环；5—方锚环

图 4.3　JM 型锚具

合型，组合起来的夹片形成一个整体截锥形模块，锚环是单孔的，可以锚固多根预应力筋。锚固时，用穿心式千斤顶张拉钢筋后随即顶进夹片。JM 型锚具的特点是尺寸小、结构简单，锚固时钢筋束或钢绞线束被单根夹紧，不受直径误差的影响，且预应力筋是在直线状态下被张拉和锚固，受力性能好，但对吨位较大的锚固单元不能胜任。故 JM 型锚具主要用于锚固凹级直径为 12 mm 的 3～6 根光圆或螺纹钢筋束与直径为 12～15 mm 的 4～6 根钢绞线束。

JM 型锚具既可作为张拉端的锚具，又可作为固定端的锚具，或作为重复使用的工具锚。

② XM 型锚具。这是一种新型锚具，由锚板与一组三片夹片组成，如图 4.4 所示。它既适用于锚固钢绞线束，又适用于锚固钢丝束；既可锚固单根预应力筋，又可锚固多根预应力筋，适用于锚固 3～37 根 ϕ^j 15 mm 钢绞线束或 3～12 根 ϕ^s 5 mm 钢丝束。当用于锚固多根预应力筋时，既可单根张拉、逐根锚固，又可成组张拉、成组锚固。另外，它既可用作工作锚具，又可用作工具锚具。近年来，随着预应力混凝土结构和无黏结预应力结构的发展，XM 型锚具已得到广泛应用。实践证明，XM 型锚具具有通用性强、性能可靠、施工方便、便于高空作业的特点。

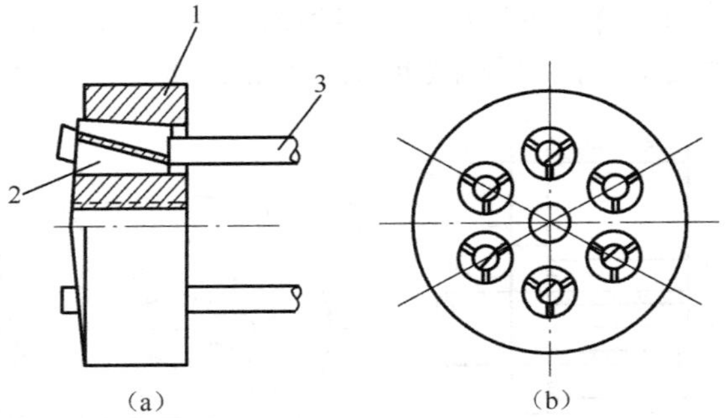

1—锚板；2—夹片；3—钢绞线

图 4.4　XM 型锚具

XM 型锚具锚板上的锚孔沿圆周排列，间距不小于 36 mm，锚孔中心线的倾斜度为 1∶20。锚板顶面应垂直于锚孔中心线，以利于夹片均匀塞入。夹片采用三片式，按 120° 均分开缝，沿轴向有倾斜偏转角，倾斜偏转角的方向与钢绞线的扭角相反，以确保夹片能夹紧钢绞线或钢丝束的每一根外围钢丝，形成可靠的锚固。XM 型锚具在充分满足自锚条件下，夹片的锥面选用了较大的锥角，使 XM 锚具可当工作锚具与工具锚具使用。当用作工具锚具时，可在夹片和锚板之间涂抹一层能在极大压强下保持润滑性能的固体润滑剂（如石墨、石蜡等），当千斤顶回程时，用锤轻轻一击，即可松开脱落。当用作工作锚具时，具有连续反复张拉的功能，可用行程不大的千斤顶张拉任意长度的钢绞线。

③ QM 型锚具。由锚板与夹片组成，如图 4.5 所示。与 XM 型锚具不同之处：锚孔是直的，锚板顶面是平的，夹片为三片式，垂直开缝，夹片内侧有倒锯形细齿。QM 型锚具适用于锚固 4～31 根 ϕ^j 12 mm 和 3～9 根 ϕ^j 15 mm 钢绞线束。QM 型锚固体系配有专门的工具锚具，以保证每次张拉后退锲方便，并减少安装工具锚具所花费的时间。

④ 扁锚（BM）。BM 扁锚由扁形夹片锚具、扁形锚垫板等组成，如图 4.6 所示。其优点为：张拉槽口偏小，可减少混凝土板厚，其他类型锚具（QM、XM、OVM 等）的使用中，底板厚度最小均在 150 mm 以上，而采用扁锚锚具只需 100 mm。既可以 4～5 根钢绞线一组

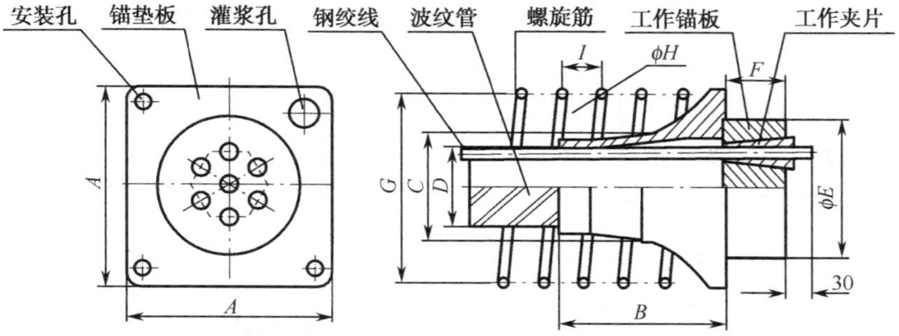

图 4.5 QM 型锚具

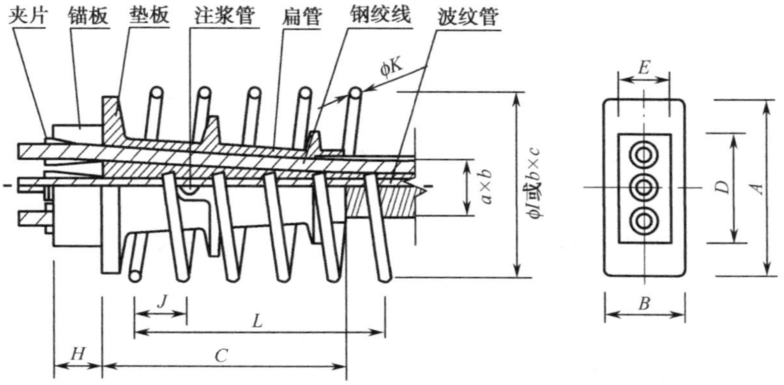

图 4.6 扁锚

同时张拉，也可以单根逐一张拉，给施工单位选择张拉机带来了方便。主要适用于楼板、低高度箱梁及桥面横向预应力等。

（2）固定端锚具：固定端锚具有以下几种类型——挤压锚具、压花锚具、环形锚具等。其中挤压锚具既可埋在混凝土内，也可安装在结构之外，对有黏结、无黏结钢绞线都适用，应用范围最广。压花锚具仅用于固定端空间较大且具有足够的黏结长度的情况，但成本最低。环形锚具仅用于薄板结构、大型建筑物墙等。固定端锚具也可用张拉端夹片锚具，但必须安装在构件外，不得埋在混凝土内，以免浇筑混凝土时夹片松动。

① 挤压锚具。挤压锚具是在钢绞线端部安装异形钢丝衬圈和挤压套，采用专用挤压机将挤压套挤过模孔后使其产生塑性变形而紧握钢绞线，形成可靠锚固，见图 4.7。

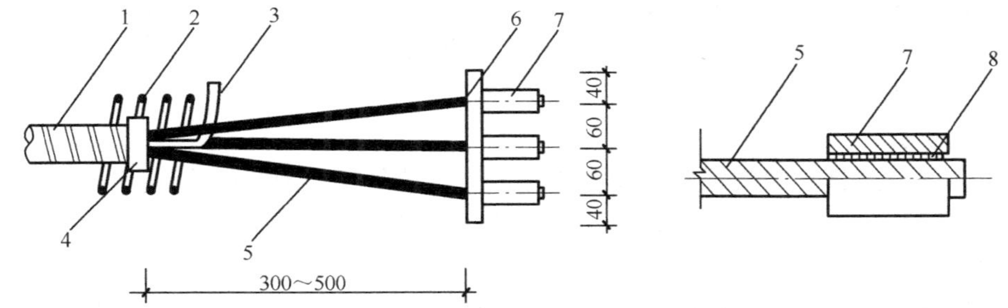

1—金属波纹管；2—螺旋筋；3—排气管；4—约束环；5—钢绞线；6—锚板；7—挤压头；8—异形钢丝衬圈

图 4.7 挤压锚具

② 压花锚具。压花锚具是利用专用压花机将钢绞线端头压成梨形散花头的一种握裹式锚具，见图 4.8。多根钢绞线的梨形头应分排埋置在混凝土内。为提高压花锚四周混凝土及散花头根部混凝土抗裂强度，在散花头头部配置构造钢筋，在散花头根部配置螺旋筋。混凝土强度不低于 C30，压花锚具距构件截面边缘不小于 30 mm。第一排压花锚的锚固长度，对 ϕ^j 15.0 钢绞线不小于 900 mm，每排相隔至少 300 mm。

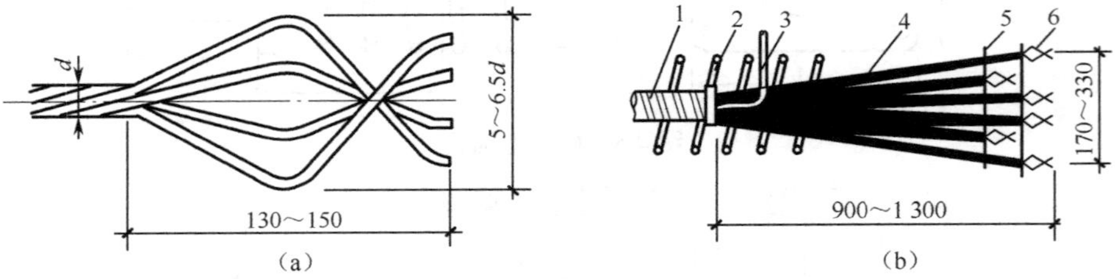

1—波纹管；2—螺旋筋；3—排气管；4—钢绞线；5—构造筋；6—压花锚具

图 4.8　压花锚具

3）钢丝束锚具

（1）钢质锥形锚具（见图 4.9）：可锚固标准强度为 1570 MPa 的 ϕ^S 5 高强钢丝束，配用 YZ85 型千斤顶张拉顶压锚固，每套包含锚圈和锚塞。

（2）镦头锚具（见图 4.10）：镦头锚具适用于锚固任意根数 ϕ^S 5 与 ϕ^S 7 钢丝束。镦头锚具的形式与规格可按照需要进行设计，常用的镦头锚具分 A 型和 B 型。A 型由锚环和螺母组成，用于张拉端；B 型为锚板，用于非张拉端。

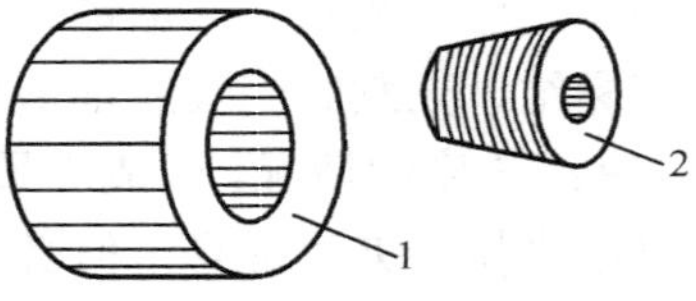

1—锚环；2—锚塞

图 4.9　钢质锥形锚具

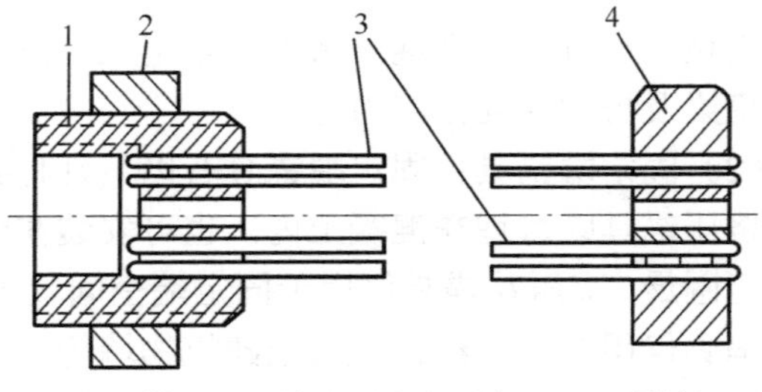

1—A 型锚环；2—螺母；3—钢丝束；4—B 型锚板

图 4.10　钢丝束镦头锚具

锚环的内外壁均有丝扣，内丝扣用于连接张拉螺丝杆，外丝扣用于拧紧螺母锚固钢丝束。锚环和锚板上均钻孔，以固定镦头的钢丝，孔数和间距因钢丝根数而定。钢丝用 LD-10 型液压冷镦器进行镦头。钢丝束一端在制束时镦头好，另一端待穿束后镦头，所以构件孔到端部要进行适当的扩孔。

张拉时，张拉螺杆一端与锚环内丝扣连接，另一端与千斤顶的拉头连接，当张拉到控制应力时，锚环被拉出，则拧紧锚环外丝扣上的螺母加以固定。镦头锚具用穿心式千斤顶或拉杆式千斤顶张拉。

（3）锥形螺杆锚具：锥形螺杆锚具由锥形螺杆、套筒、螺母等组成，如图 4.11 所示，适用于锚固 14～28 根直径 5 mm 的钢丝束。与之配套的张拉设备为 YL-60、YL-90 拉杆式千斤顶，YC-60、YC-90 穿心式千斤顶也可应用。

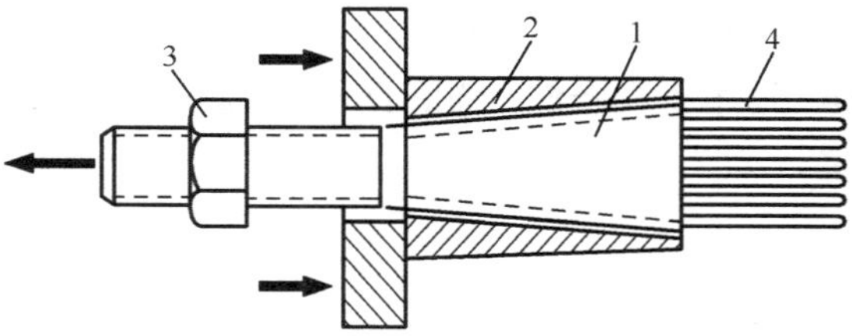

1—锥形螺杆；2—套筒；3—螺母；4—钢丝

图 4.11　锥形螺杆锚具

2. 夹具

夹具是预应力筋张拉和临时固定的锚固装置，用在先张法施工中。按其用途不同，可分为张拉夹具和锚固夹具。预应力筋可有钢丝和钢筋，钢丝张拉与钢筋张拉所用夹具不同，这里分别介绍。

1）张拉夹具

张拉夹具是夹持住预应力筋后，与张拉机械连接起来进行预应力筋张拉的机具。常用的张拉夹具有月牙形夹具、偏心式夹具、楔形夹具等，如图 4.12 所示，适用于张拉钢丝和直径 16 mm 以下的钢筋。

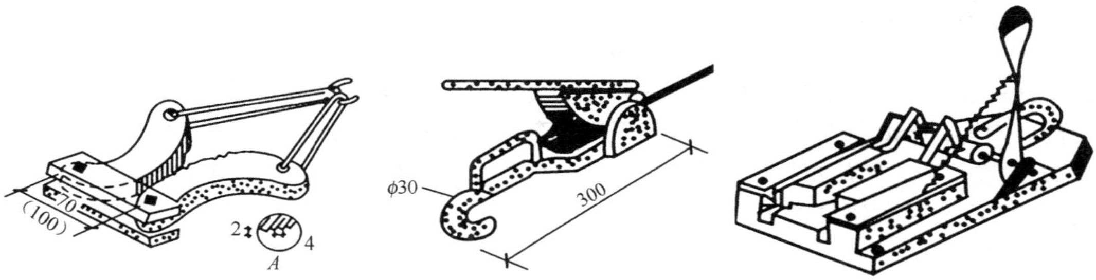

（a）月牙形　（b）偏心式　（c）楔形

图 4.12　张拉夹具

2）锚固夹具

（1）钢丝锚固夹具，分钢质锥形夹具和镦头夹具等。

钢质锥形夹具（锥销夹具），可分为圆锥齿板式夹具和圆锥槽式夹具，如图 4.13 所示。

镦头夹具，将预应力筋端部热镦或冷镦，通过承力分孔板锚固，如图 4.14 所示。

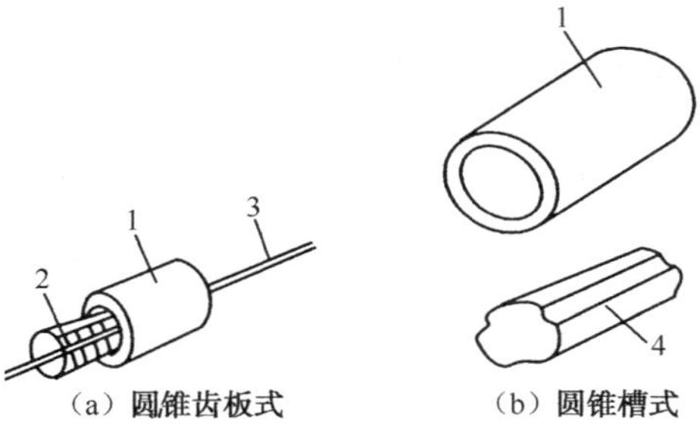

（a）圆锥齿板式　（b）圆锥槽式

1—套筒；2—齿板；3—钢丝；4—锥塞

图 4.13　钢质锥形夹具

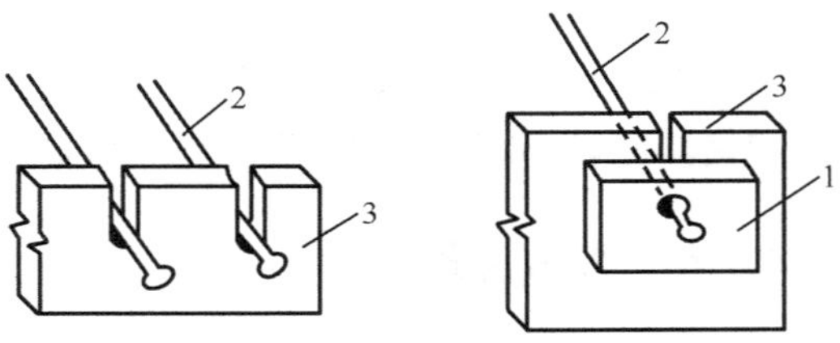

1—垫片；2—镦头钢丝；3—承力板

图 4.14　镦头夹具

（2）钢筋锚固夹具。钢筋锚固常用圆套筒三片式夹具，由套筒和夹片组成，如图 4.15 所示。其型号有 YJ12、YJ14，适用于先张法。锚固直径为 12 mm、14 mm 的单根冷拉 HRB335、HRB400、RRB400 级钢筋。

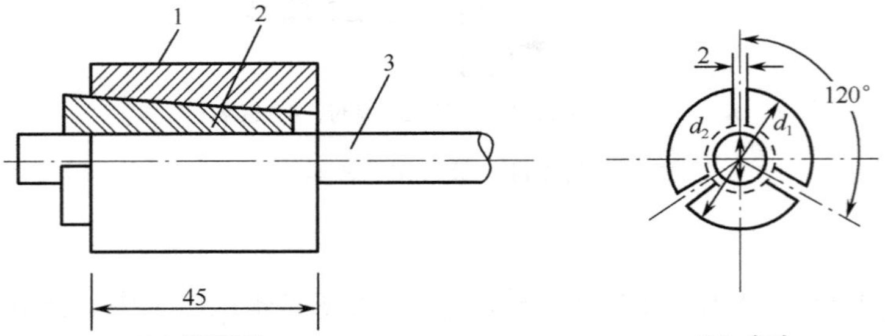

（a）装配图　　（b）夹片

1—套筒；2—夹片；3—预应力钢筋

图 4.15　圆套筒三片式夹具

3．夹具、锚具的质量检验

（1）锚具进场时，除应按出厂证明文件核对其锚固性能类别、型号、规格及数量外，还应按下列规定进行验收。

① 外观检查。应从每批中抽取 10%的锚具且不少于 10 套，检查其外观和尺寸。如有一套表面有裂纹或超过产品标准及设计图纸规定尺寸的允许偏差，则应另取双倍数量的锚具重做检查；如仍有一套不符合要求，则应逐套检查，合格者方可使用。

② 硬度检验。应从每批中抽取 5%的锚具且不少于 5 套，对其中有硬度要求的零件做硬度试验（多孔夹片式锚具的夹片，每套至少抽取 5 片）。每个零件测试 3 点，其硬度应在设计要求的范围内。如有一个零件不合格，则应另取双倍数量的零件重做试验；如仍有一个零件不合格，则应逐个检查，合格者方可使用。

③ 静载锚固性能试验。经上述两项检验后，应从同批中抽取 6 套锚具，组装成 3 个预应力筋锚具组装件，进行静载锚固性能试验，如有一个试件不符合要求，则应另取双倍数量的锚具重做试验；如仍有一个试件不符合要求，则该批锚具为不合格品。

对于一般工程的锚具进场验收，其静载锚固性能也可由锚具生产厂提供试验报告。

（2）夹具的进场验收，只做静载锚固性能试验，其试验方法与锚具相同。

（3）后张法连接器的进场验收应与锚具相同，先张法连接器的进场验收规定应与夹具相同。对连接器的静载锚固性能，可从同批中抽取 3 套组成 3 个预应力筋连接器组装件进行试验。

（4）预应力筋用锚具、夹具和连接器验收批的划分：在同种材料和同一生产工艺条件下，锚具和夹具应以不超过 1 000 套为一个验收批；连接器应以不超过 500 套为一个验收批。

4.1.4　张拉设备

预应力筋用张拉设备是由液压张拉千斤顶、电动油泵和外接油管等组成的。张拉设备应装有测力仪表，以准确建立预应力值。目前张拉设备向大吨位、小型化和轻量化发展。

1．液压千斤顶

液压张拉千斤顶，按其构造特点可分为穿心式千斤顶、拉杆式千斤顶、锥锚式千斤顶等。一般配合锚、夹具组成相应的张拉体系，各种锚具都有各自适用的张拉千斤顶，应用时可根据锚具型号，选择与锚具配套的千斤顶设备。其工作原理这里不做介绍，使用时可查阅有关资料。

2．电动油泵

预应力用电动油泵是用电动机带动与阀式配流的一种轴向柱塞泵。油泵的额定压力应等于或大于千斤顶的额定压力。ZB4-500 型电动油泵是目前通用的预应力油泵，主要与额定压力不大于 50 MPa 的中等吨位的预应力千斤顶配套使用，也可供对流量无特殊要求的大吨位千斤顶和对油泵自重无特殊要求的小吨位千斤顶使用。

3．简易张拉机具

简易张拉机具一般包括电动螺杆张拉机和电动卷扬张拉机，主要用于预制厂长线台座上张拉冷拔钢丝。

任务 4.2　先张法施工

先张法是在浇筑构件混凝土之前先张拉预应力筋，并将其临时夹固在支座或钢模上，然后浇筑构件混凝土，待混凝土达到一定（约 75%标准）强度，混凝土与预应力筋之间已具有足够的黏结力后，即可放松预应力筋，预应力筋弹性回缩，借助于混凝土与预应力筋的黏结，对混凝土构件产生预压应力。

4.2.1　先张法施工流程

先张法多用于预制构件厂生产定型的预应力中小型构件，先张法生产有台座法和机组流水法（钢模法）两种。台座法是构件在台座上生产，即预应力筋的张拉锚固、混凝土的浇筑和养护、预应力筋的放松等工序都在台座上进行，预应力筋的张拉力由台座承受（见图 4.16）。

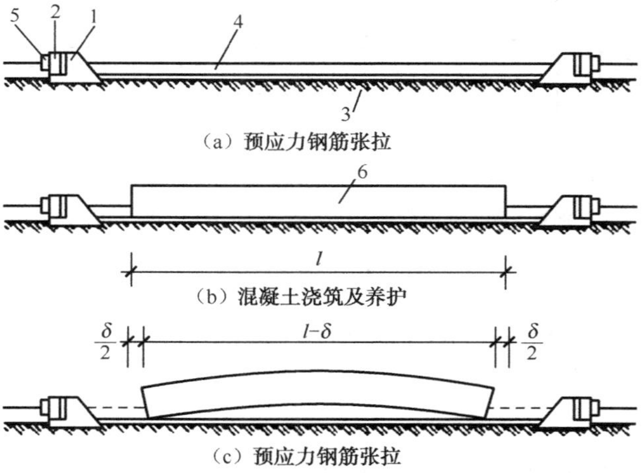

1—台座；2—横梁；3—台面：4—预应力钢筋；5—夹具；6—钢筋混凝土构件

图 4.16　先张法（台座法）施工示意图

机组流水法是利用钢模板作为固定预应力筋的承力架，构件连同模板通过固定的机组，按流水方式完成其生产过程。

先张法预应力混凝土构件在台座上生产时，其工艺流程一般如图 4.17 所示。

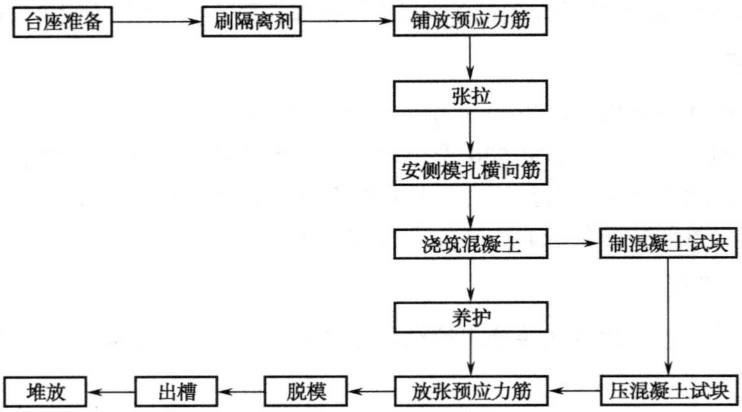

图 4.17　台座先张法施工工艺

4.2.2　先张法施工设备

台座是先张法施工张拉和临时固定预应力筋的支撑结构，它承受预应力筋的全部张拉力，因此要求台座具有足够的强度、刚度和稳定性。台座按构造形式分为：墩式台座和槽式台座，选用时根据构件种类、张拉吨位和施工条件确定。

1．墩式台座

墩式台座由台墩、台面与横梁组成（见图 4.18），是目前常用的台座。

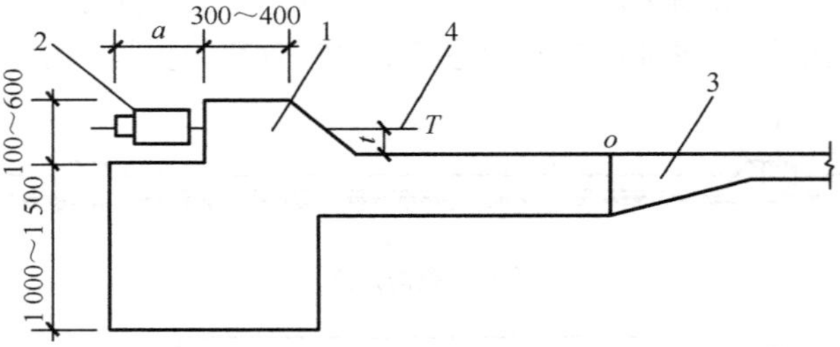

1—混凝土墩；2—钢横梁；3—局部加厚的台面；4—预应力筋

图 4.18　墩式台座

台墩一般由现浇筑钢筋混凝土制作，应有合适的外伸部分，以增大力臂、减小台墩自重。台墩应具有足够的强度、刚度和稳定性。稳定性验算一般包括抗倾覆验算与抗滑移验算。

2．槽式台座

槽式台座由端柱、传力柱、柱垫、横梁和台面等组成（见图 4.19），既可承受张拉力，又可做蒸汽养护槽，适用于张拉吨位较大的构件，如吊车梁、屋架、薄腹梁等。

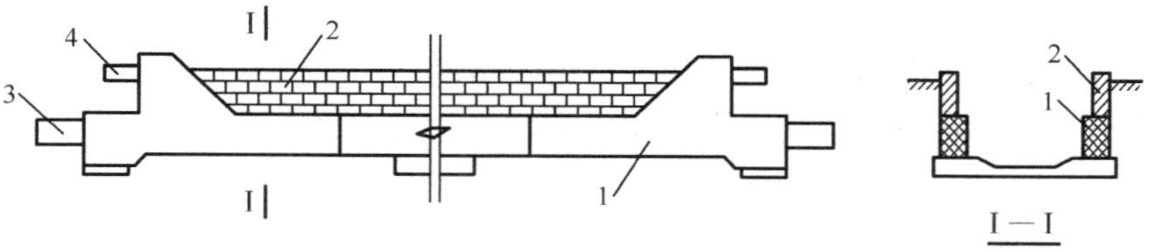

1—混凝土压杆；2—砖墙；3—下横梁；4—上横梁

图 4.19　槽式台座

4.2.3　先张法施工工艺

1. 预应力筋的铺设

为了便于脱模，在预应力筋铺设前，应先对台面及模板刷隔离剂；为避免铺设预应力筋时破坏隔离剂，沾污预应力筋，影响筋与混凝土的结合，应在预应力筋设计位置下面先放置好垫块或定位钢筋后铺设。

预应力钢丝宜用牵引车铺设，如遇钢丝需要接长可使用钢丝拼接器，用 20～22 号铁丝将钢丝连接段密排绑扎；预应力钢筋铺设时，钢筋接长或钢筋与螺杆的连接，可采用套筒连接器。钢筋需要焊接时，应合理布置接头位置，尽可能避免将焊接接头拉入构件内。

2. 预应力筋的张拉

预应力筋的张拉应按设计要求进行。

1）张拉控制应力

预应力筋的张拉工作是预应力施工中的关键工序，应严格按设计要求进行。预应力筋张拉控制应力的大小直接影响预应力效果，影响构件的抗裂度和刚度，因而控制应力不能过低。为了获得必要的预应力效果，避免将 σ_{con} 定得过低，造成有效预应力过低，规范规定对预应力钢丝、钢绞线、热处理钢筋的张拉控制应力 σ_{con} 不应小于 0.4 f_{ptk}；对冷拉钢筋的张拉控制应力值 σ_{con} 不应小于 0.5 f_{ptk}。但是，控制应力也不能过高，不允许超过其屈服强度，以使预应力筋处于弹性工作状态，否则会使构件出现裂缝的荷载与破坏荷载很接近，这是很危险的；此外，过大的超张拉会造成反拱过大，预拉区出现裂缝，这也是不利的。因此，预应力筋的张拉控制应力应符合设计要求。当施工中预应力筋需要超张拉时，可比设计要求提高 5%，但其最大张拉控制应力不得超过表 4.2 的规定。

表 4.2　最大张拉控制应力允许值

钢　种	张拉方法	
	先　张　法	后　张　法
碳素钢丝、刻痕钢丝、钢绞线	0.8 f_{ptk}	0.75 f_{ptk}
热处理钢筋、冷拔低碳钢丝	0.75 f_{ptk}	0.70 f_{ptk}
冷拉钢筋	0.95 f_{ptk}	0.90 f_{ptk}

2）张拉程序

预应力筋的张拉程序：0→105% σ_{con}（持荷 2 min）→ σ_{con} 或 0→103% σ_{con}。

预应力筋进行超张拉（103%～105%控制应力）主要是为了减少松弛引起的应力损失。所谓应力松弛是指钢材在常温高应力作用下，由于塑性变形而使应力随时间延续而降低的现象。这种现象在张拉后的前几分钟内发展得特别快，往后则趋于缓慢。

3）预应力筋的张拉力

预应力筋的张拉力根据设计的张拉控制应力与钢筋截面积及超张拉系数之积而定：

$$N = m \times \sigma_{con} \times A_p \tag{4-1}$$

式中，N 为预应力筋张拉力（N）；m 为超张拉系数，1.03～1.05；σ_{con} 为预应力筋张拉控制应力（N/mm^2）；A_p 为预应力筋的截面积。

张拉预应力筋可单根进行也可多根成组同时进行。多根成组同时进行时，应先调整预应力筋的初应力，以保证张拉完毕应力一致。初应力值一般取 10%的控制应力。

预应力钢丝的应力可利用 2CN-1 型钢丝测力计或半导体频率记数测力计进行测定。张拉时为避免台座承受过大的偏心压力，应先张拉靠近台座面重心处的预应力筋，再对称张拉两侧的预应力筋。

3．预应力筋伸长值与应力的测定

预应力筋张拉后，一般应校核预应力筋的伸长值。当实际伸长与计算伸长值的偏差超过±6%时，应暂停张拉，查明原因并采取措施予以调整后方可继续张拉。预应力筋的伸长值ΔL按下式计算：

$$\Delta L = \frac{PL}{A_p E_S} \tag{4-2}$$

式中，P 为预应力筋张拉力；L 为预应力筋长度；A_p 为预应力筋截面积；E_S 为预应力筋的弹性模量。

预应力筋的实际伸长值，宜在初应力约为 10%控制应力时开始测量（初应力取值应不低于 10%的 σ_{con}，以保证预应力筋拉紧），但必须加上初应力以下的推算伸长值。预应力筋初应力以下的推算伸长值可根据弹性范围内张拉力与伸长值成正比的关系，用计算法或图解法确定。

预应力筋的位置不允许有过大偏差，对设计位置的偏差不得大于 5 mm，也不得大于构件截面最短边长的 4%。多根钢丝同时张拉时，必须事先调整初应力，使其相互间的应力一致。断丝和滑脱钢丝的数量不得大于钢丝总数的 3%，一束钢丝中只允许断丝一根。构件在浇筑混凝土前发生断丝或滑脱的预应力钢丝必须予以更换。

采用钢丝作为预应力筋时，不做伸长值校核，但应在钢丝锚固后，用钢丝内力测定仪检查钢丝的预应力值。其偏差不得大于或小于设计规定相应阶段预应力值的 5%。

4．混凝土的浇筑与养护

确定预应力混凝土的配合比时，应尽量减少混凝土的收缩和徐变，以减少预应力损失。收缩和徐变都与水泥品种、用量、水灰比、骨料孔隙率、振动成形等有关。预应力筋张拉完成后，钢筋绑扎、模板拼装和混凝土浇筑等工作应尽快跟上。混凝土应振捣密实。混凝土浇筑时，振动器不得碰撞预应力筋，做好钢筋的保护工作。混凝土未达到强度前，也不允许碰撞或踩动预应力筋。

混凝土可采用自然养护或湿热养护。但必须注意，当预应力混凝土构件在台座上进行湿热养护时，应采取正确的养护制度以减少由于温差引起的预应力损失。预应力筋张拉后锚固在台座上，温度升高，预应力筋膨胀伸长，使预应力筋的应力减小。在这种情况下，混凝土逐渐硬结，而预应力筋由于温度升高而引起的预应力损失不能恢复。因此，先张法在台座上生产预应力混凝土构件，其最高允许的养护温度应根据设计规定的允许温差（张拉钢筋时的温度与台座养护温度之差）计算确定。当混凝土强度达到7.5 MPa（粗钢筋配筋）或10 MPa（钢丝、钢绞线配筋）以上时，则可不受设计规定的温差限制。以机组流水法或传送带法用钢模制作预应力构件时，湿热养护时钢模与预应力筋同步伸缩，故不引起温差预应力损失。

5．预应力筋的放张

在进行预应力筋的放张时，混凝土强度必须符合设计要求，当设计无具体规定时，混凝土强度不得低于设计标准值的75%。该强度可由同条件养护的试块确定。

1）放张顺序

预应力筋的放张顺序应符合设计要求。当设计无具体要求时，应符合下列规定：

（1）对承受轴心预压力的构件（如压杆、桩等），所有预应力筋应同时放张。

（2）对承受偏心预压力的构件，应先同时放张预应力较小区域的预应力筋，再同时放张预压力较大区域的预应力筋。

（3）当不能按上述规定放张时，应分阶段、对称、相互交错放张，以防止在放张过程中构件产生弯曲、裂纹及预应力筋断裂现象。

2）放张方法

（1）对预应力筋钢丝或细钢丝的板类构件，放张时可直接用钢丝钳或氧炔焰切割，并宜从生产线中间处切断，以减小回弹量，且有利于脱模；对每一块板，应从外向内对称放张，以免构件扭转，两端开裂。

（2）对预应力筋数量较少的粗钢筋构件，可采用氧炔焰在烘烤区轮换加热每根粗钢筋，使其同步升温，钢筋内应力均匀下降，外形慢慢伸长，待钢筋出现颈缩现象时，即可切断。

（3）对预应力筋配置较多的构件，不允许采用剪断或割断等方式突然放张，以避免最后放张的几根预应力筋产生过大的冲击而断裂，致使混凝土构件开裂。为此，应采用千斤顶或在台座与模梁间设置砂箱和模块或在准备切割的一端预先浇筑混凝土块等方法，进行缓慢放张。

任务4.3　后张法施工

后张法是先制作构件或结构，待混凝土达到一定强度后，在构件或结构上张拉预应力筋的方法。后张法预应力施工不需要台座设备，灵活性大，广泛用于施工现场生产大型预制预应力混凝土构件和就地浇筑预应力混凝土结构。后张法预应力施工，又可分为有黏结预应力施工和无黏结预应力施工两类。

4.3.1　有黏结后张法施工流程

有黏结后张法的施工方法是在构件或块体制作时，在放置预应力筋的部位预先留有孔道，待混凝土达到规定强度后在孔道内穿入预应力筋，并用张拉机具夹持预应力筋将其张拉至设计规定的控制应力，然后借助锚具将预应力筋锚固在构件端部，最后进行孔道灌浆，如图 4.20 所示。

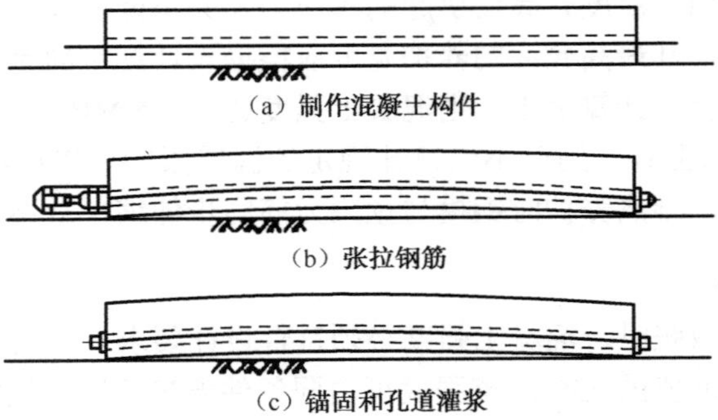

图 4.20　有黏结后张法生产示意图

有黏结后张法施工流程如图 4.21 所示。

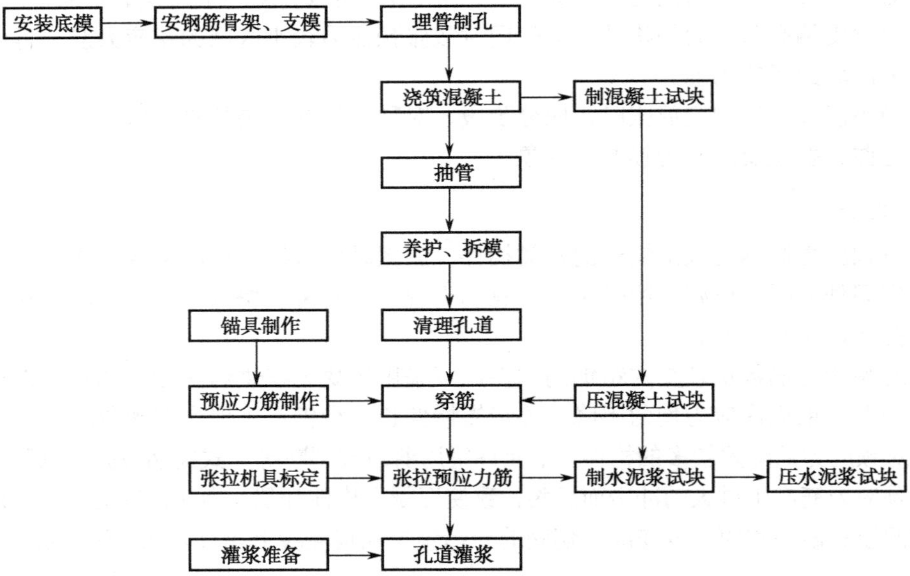

图 4.21　有黏结后张法施工流程

4.3.2　有黏结后张法施工工艺

1. 孔道留设

孔道留设方法有钢管抽芯法、胶管抽芯法和预埋管法等。

1）钢管抽芯法

钢管抽芯法用于直线孔道。在构件的模板和钢筋安装完成后，在留设孔道的部位预埋钢管，在混凝土浇筑和养护过程中，间隔一定时间慢慢转动钢管一次，一般为 15 min，避免混凝土黏结钢管，待混凝土初凝后、终凝前将钢管抽出，形成孔道。

钢管要平直，表面要光滑，安放位置要准确。一般用间距不大于 1 m 的钢筋井字架固定钢管位置（见图 4.22）。每根钢管的长度最好不超过 15 m，以便于旋转和抽管，较长构件则用两根钢管，中间用套管连接（见图 4.23）。

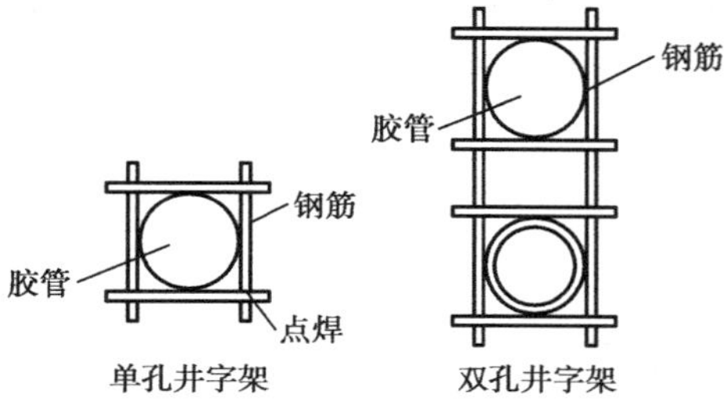

图 4.22　固定钢管或胶管位置的井架

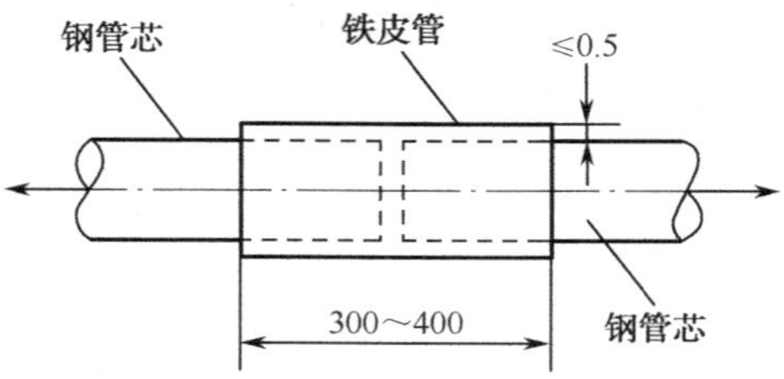

图 4.23　铁皮套管

要恰当掌握抽管时间，过早会塌孔；过迟，混凝土与钢管黏结力过大，造成抽管困难。一般在混凝土初凝后、终凝前，以手指按压混凝土不粘浆又无明显印痕时即可抽管，常温时在混凝土浇筑后 3～5 h。

抽管顺序宜先上后下、先曲后直，抽管可用人工或卷扬机，应注意速度均匀，边抽边转，与孔道成一直线。

2）胶管抽芯法

胶管有五层或七层夹布胶管和钢丝网胶管两种。夹布胶管质软、弹性好，适用于留设直线或曲线孔道。胶管的位置固定用钢筋井字架，如图 4.22 所示，井字架的间距不大于 0.5 m。浇筑混凝土前，胶管内应先充入压力为 0.5～0.8 MPa 的压缩空气或压力水，此时胶管直径可增大约 3 mm，待浇筑的混凝土初凝后，放出压缩空气或压力水，管径缩小而与混凝土脱离，便于抽出。钢丝网胶管质硬，且有一定弹性，预留孔道时与钢管一样使用，所不同的是浇筑混凝土后不需转动，抽管时利用其有一定弹性的特点，在拉力作用下断面缩小即可抽出。

3）预埋管法

预埋管法是采用与孔道直径相同的金属管埋入混凝土构件中留设孔道，金属管无须抽出，施工比较简单、方便，且孔道的形状、留设的位置也比较容易保证，故目前应用较多。

金属管一般采用薄钢管、镀锌钢管或金属螺旋管（波纹管）制作。镀锌钢管仅用于施工周期长的超高竖向孔道或有特殊要求的部位；金属螺旋管由于具有刚度好、弯折方便、连接容易、与混凝土黏结良好等特点，不但用于直线孔道，更适用于各种曲线孔道，是现代后张预应力筋孔道成形用的理想材料。

金属螺旋管的长度，由于运输关系，每根取 4～6 m，也可根据实际工程需要确定螺旋管的长度，减少螺旋管接头数量。螺旋管的接头采用大一号同型螺旋管连接，连接长度为 200～300 mm，其两端用密封胶带或塑料热缩管封裹。螺旋管安装时，应事先按设计图中预应力筋的曲线坐标在侧模或箍筋上定出曲线位置，其固定采用钢筋支架，间距为 600 mm。钢筋支架应焊在箍筋上，箍筋底部应垫实。螺旋管固定后，必须用铁丝扎牢，以防浇筑混凝土时上浮而引起质量事故。

在预应力筋孔道两端，应设置灌浆孔和排气孔。灌浆孔可设置在锚垫板上或利用灌浆管引至构件外，孔径应能保证浆液畅通，一般不宜小于 20 mm。曲线预应力筋孔道的每个波峰处应设置排气管。排气管伸出梁面的高度不宜小于 0.5 m，排气管也可兼作灌浆孔用。对现浇预应力结构金属螺旋管留孔，其做法是在螺旋管上开口，用带嘴的塑料弧形压板与海绵垫片覆盖并用铁丝扎牢，再接增强塑料管（外径 20 mm，内径 16 mm），如图 4.24 所示。为保证留孔质量，金属螺旋管上可先不开孔，在外接塑料管内插一根钢筋；待孔道灌浆前，再用钢筋打穿螺旋管。

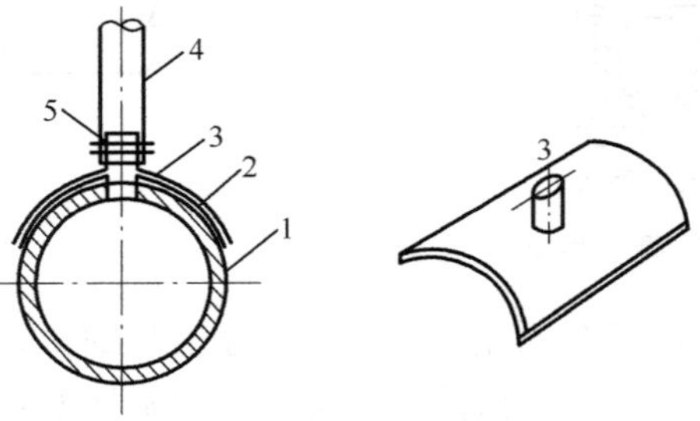

1—螺旋管；2—海绵垫；3—塑料弧形压板；4—塑料管；5—铁丝扎紧

图 4.24　螺旋管留孔

2．预应力筋张拉

混凝土强度达到设计强度的 75%以上。

1）张拉方式

根据预应力筋的形状与长度，以及施工方法的不同，预应力筋的张拉方式有以下两种。

（1）一端张拉方式。张拉设备放置在预应力筋一端的张拉方式。适用于长度≤30 m 的直线预应力筋与锚固损失影响长度 $L_f \geqslant L/2$（L 为预应力筋长度）的曲线预应力筋。如果设计人员根据计算资料或实际条件认为可以放宽以上限制的话，也可采用一端张拉，但张拉端宜分别设置在构件的两端。

（2）两端张拉方式。张拉设备放置在预应力筋两端的张拉方式。适用于长度>30 m 的直线预应力筋与锚固损失影响长度 $L_f \geqslant L/2$ 的曲线预应力筋。当张拉设备不足或由于张拉顺序安排关系，也可先在一端张拉完成后再移至另一端张拉，补足张拉力后锚固。

2）张拉顺序

预应力筋的张拉顺序，应使混凝土不产生超应力、构件不扭转与侧弯、结构不变位等。因此，对称张拉是一项重要原则。同时，还应考虑到尽量减少张拉设备的移动次数。

3）张拉程序

预应力筋的张拉操作程序，主要根据构件类型、张拉锚固体系、松弛损失等因素确定。

（1）采用低松弛钢丝和钢绞线时，张拉操作程序为 $0 \rightarrow \sigma_{con}$ 锚固。

（2）采用普通松弛预应力筋时，按下列超张拉程序进行操作：

对镦头锚具等可卸载锚具，$0 \rightarrow 1.05\sigma_{con}$（持荷2 min）$\rightarrow \sigma_{con}$ 锚固。

对夹片锚具等不可卸载锚具，$0 \rightarrow 1.03\sigma_{con}$ 锚固。

以上各种张拉操作程序，均可分级加载。

4）伸长值校核

后张法张拉质量同样采用张拉应力与伸长值进行双控制，实际伸长值与计算伸长值误差不超过±6%。后张法预应力钢绞线在张拉过程中，主要受到以下两方面因素的影响：一是管道弯曲影响引起的摩擦力，二是管道偏差影响引起的摩擦力，导致钢绞线张拉时，锚下控制应力沿着管壁向梁跨中逐渐减小，因而每一段钢绞线的伸长值也是不相同的。

5）张拉注意事项

（1）在预应力作业中，必须特别注意安全。因为预应力持有很大的能量，万一预应力筋被拉断或锚具与张拉千斤顶失效，巨大能量急剧释放，有可能造成很大的危害。因此，在任何情况下，作业人员不得站在预应力筋的两端，同时在张拉千斤顶的后面应设立防护装置。

（2）操作千斤顶和测量伸长值的人员应站在千斤顶侧面操作，严格遵守操作规程。油泵开动过程中，不得擅自离开岗位。如需离开，必须把油阀门全部松开或切断电路。

（3）张拉时应认真做到孔道、锚环与千斤顶三对中，以便张拉工作顺利进行，而不增加孔道摩擦损失。

（4）当多根钢绞线束夹片锚固体系遇到个别钢绞线滑移时，可更换夹片，用小型千斤顶单根张拉。

3. 孔道灌浆

预应力筋张拉后，应随即进行孔道灌浆，尤其是钢丝束，张拉后应尽快进行灌浆。灌浆宜用不低于 32.5 级的普通硅酸盐水泥调制的水泥浆。对空隙大的孔道，水泥浆中可掺适量的细砂，但水泥浆和水泥砂浆的强度不宜低于 20 MPa，且应有较大的流动性和较小的干缩性、泌水性（搅拌后 3 h 的泌水率宜控制在 2%）。水灰比一般为 0.40～0.50。为使孔道灌浆密实，可在灰浆中掺入 0.05‰～0.1‰的铝粉或 0.25%的木质素磺酸钙。

灌浆前，用压力水冲洗和润湿孔道。灌浆过程中，可用电动或手动灰浆泵进行灌浆，水泥浆应均匀缓慢地注入，不得中断。灌满孔道并封闭气孔后，宜再继续加注至 0.5～0.6 MPa，并稳定一段时间，以确保孔道灌浆的密实性。对不掺外加剂的水泥浆，可采用两次灌浆，以提高灌浆的密实性。

灌浆顺序应先下后上。曲线孔道灌浆宜由最低点注入水泥浆，至最高点排气孔排尽空气并溢出浓浆。

4.3.3 无黏结后张法施工流程

无黏结预应力的施工方法是在预应力筋的表面刷涂料并包塑料布（管）后，如同普通钢筋一样先铺设在安装好的模板内，然后浇筑混凝土，待混凝土达到设计要求强度后，进行预应力筋的张拉和锚固。这种预应力工艺的优点是不需要预留孔道和灌浆，施工简单、方便，张拉时摩擦力较小，预应力筋易弯成曲线形状等。

无黏结预应力混凝土的施工流程如下：安装结构模板→绑扎非预应力筋、铺设无黏结预应力筋及定位固定→浇捣混凝土→养护、拆模→张拉无黏结预应力筋及锚固→锚头端部处理。

4.3.4 无黏结后张法施工工艺

1. 无黏结预应力筋制作

一般选用 7 根 ϕ^s5 高强钢丝组成的钢丝束，也可选用 7 根 ϕ^s4 或 7 根 ϕ^s5 的钢绞线。为保护预应力筋束长期不受腐蚀，无黏结预应力筋束表面应涂刷涂料，一般选用 1 号或 2 号建筑油脂作为无黏结预应力筋束的表面涂料。无黏结预应力筋束的外包层，一般常用的有塑料布、塑料薄膜或牛皮纸，其中塑料布或塑料薄膜防水性能、抗拉强度和延伸率较好。此外，还可选用聚氯乙烯、高压聚乙烯、低压聚乙烯和聚丙烯等挤压成形作为预应力筋束的涂层包裹层。

2. 无黏结预应力筋束的铺设

在铺设前，应对无黏结筋逐根进行外包层检查，对有轻微破损者，可包塑料带补好；对破损严重者，应予以报废。无黏结预应力筋束在平板结构中一般为双向曲线配置，因此其铺设顺序很重要。一般可先根据双向钢丝束交点的标高差，绘制钢丝束的铺设顺序图，钢丝束波峰低的底层钢丝束先行铺设，然后依次铺设波峰高的上层钢丝束，这样可以避免两个方向钢丝束的互相穿插。钢丝束铺设波峰的形式是用钢筋制成的“铁马凳”来架设，铁马凳高度应根据设计要求的钢丝束曲率确定，铁马凳间距不宜大于 2 m。检查钢丝束曲率与水平位置无误后，用铅丝将其与非预应力钢筋绑扎牢固，防止钢丝束在浇筑混凝土施工过程中发生位移。

3. 无黏结预应力筋束的张拉

无黏结预应力筋束的张拉与普通后张法带有螺丝端杆锚具的有黏结预应力钢丝束张拉方法相似。张拉程序一般采用 $0 \rightarrow 103\% \sigma_{con}$。由于无黏结预应力筋束多为曲线配筋，故应采用两端同时张拉。无黏结预应力筋束的张拉顺序应根据其铺设顺序确定，先铺设的先张拉，后铺设的后张拉。

无黏结预应力筋束一般长度大，有时又呈曲线布置，减少其摩阻损失值是一个重要的问题。影响摩阻损失值的主要因素是润滑介质、包裹物和预应力筋束截面形式。摩阻损失值可用标准测力计或传感器等测力装置进行测定。施工时，为降低摩阻损失值，宜采用多次重复张拉工艺。

4. 锚头端部的处理

无黏结预应力筋束通常采用镦头锚具，外径较大，钢丝束两端留有一定长度的孔道，其直径略大于锚具的外径。钢丝束张拉锚固以后，其端部便留下孔道，且该部分钢丝没有涂层，必须采取保护措施，防止钢丝锈蚀。

目前常用的无黏结预应力筋束端部处理的办法有两种：一是在孔道中注入油脂并加以封闭；二是在两端留设的孔道内注入环氧树脂水泥砂浆，将端部孔道全部灌注密实，以防预应力钢筋发生局部锈蚀。灌注用环氧树脂水泥砂浆的强度不得低于 35 MPa，灌浆的同时将锚环内也用环氧树脂水泥砂浆封闭，既可防止钢丝锈蚀，又可起一定的锚固作用。最后浇筑混凝土或外包钢筋混凝土，或用环氧砂浆将锚具封闭。用混凝土做堵头封闭时，要防止产生收缩裂缝。当不能采用混凝土或环氧砂浆作为封闭保护时，预应力钢筋锚具要全部涂刷抗锈漆或油脂，并加其他保护措施。

思考与练习题 4

一、单项选择题

1. 预应力先张法施工适用于（　　）。
   A. 现场大跨度结构施工　　B. 构件厂生产大跨度构件
   C. 构件厂生产中、小型构件　　D. 现在构件的组并
2. 先张法施工时，当混凝土强度至少达到设计强度标准值的（　　）时，方可放张。
   A. 50%　　B. 75%　　C. 85%　　D. 100%
3. 后张法施工较先张法的优点是（　　）。
   A. 不需要台座，不受地点限制　　B. 工序少
   C. 工艺简单　　D. 锚具可重复利用
4. 无黏结预应力的特点是（　　）。
   A. 需留孔道和灌浆　　B. 张拉时摩擦阻力大
   C. 易用于多跨连续梁板　　D. 预应力筋沿长度方向受力不均
5. 无黏结预应力筋应（　　）铺设。
   A. 在非预应力筋安装前　　B. 与非预应力筋安装同时
   C. 在非预应力筋安装完成后　　D. 按照标高位置从上向下
6. 曲线铺设的预应力筋应（　　）。
   A. 一端张拉　　B. 两端分别张拉
   C. 一端张拉后另一端补强　　D. 两端同时张拉

二、思考题

1. 什么叫预应力混凝土？试述其特点。
2. 后张法中常用的锚具有哪些类型？怎样选用？
3. 后张法如何预留孔道？
4. 后张法施工时，预应力筋的张拉控制应力怎样确定？简述其张拉程序。
5. 为什么要进行孔道灌浆？对灌浆材料有哪些要求？怎样进行灌浆？

项目5

砌体工程施工

知识目标

1. 了解脚手架的分类、作用、组成杆件，空心砖、加气混凝土砌块规格等级。
2. 熟悉钢管脚手架的搭设要求，砂浆材料要求。
3. 掌握脚手架的设计计算，普通砖、空心砖、加气混凝土砌块砌筑要求及规定。

能力目标

1. 能够进行脚手架设计计算。
2. 能够指导砌块砌筑施工。
3. 在砌筑过程中，能够进行质量控制，分析处理常见的质量问题。

砌体结构是指用砖、石或砌块为块材，用砂浆砌筑的结构。砌体结构具有材料易得、耐火性、耐久性、保温隔热性能好等优点，但也有结构自重大、手工作业多、劳动强度大等缺点。传统的砌体材料黏土砖由于占用良田土、影响农作物生产、不环保而逐步被淘汰。目前我国积极发展黏土砖的替代产品，采用非烧结材料，利用工业废料制成蒸压灰砂砖、蒸压粉煤灰砖、混凝土小型空心砌块及加气混凝土砌块等，有利于可持续发展；同时还积极采用现代化施工技术，提高砌体结构的质量并减轻手工作业。

任务 5.1　脚手架与垂直运输设施

5.1.1　脚手架的作用与要求

1．脚手架的作用与分类

脚手架是建筑工程施工中工人进行操作、安全防护及堆放材料的临时设施，其主要作用有：

（1）能保证工程作业面的连续性施工。

（2）能满足施工操作所需要的用料和堆料要求，并使操作方便。

（3）对高处作业人员能起到防护作用，以确保施工人员的人身安全。

（4）能满足多层作业、交叉作业、流水作业和多工种作业的要求。

（5）能与垂直运输设备和楼层作业面高度相适应，确保材料垂直运输转入楼层水平运输的需要，使操作不影响工效和工程的质量。

脚手架种类很多，按搭设位置分为外脚手架和里脚手架；按所用材料分为木、竹和金属脚手架；按支固方式分为落地式、挑式、挂式、吊式、桥式、移动式；按设置形式分为单排、双排、满堂等。

2．对脚手架的基本要求

对脚手架的基本要求是：应有足够的宽度、步架高度、离墙距离，能满足工人操作、材料堆置和运输的需要；并保证有足够的强度、刚度和稳定性；构造简单、搭拆方便，并能多次周转使用。

5.1.2　扣件式钢管脚手架

1．扣件式钢管脚手架配件用材

（1）钢管。采用ϕ48.3 mm×3.6 m 的钢管，每根钢管最大质量不应大于 25.8 kg。

（2）扣件。扣件用于钢管之间的连接，其基本形式有回转扣件、直角扣件和对接扣件三种，如图 5.1 所示。回转扣件又称旋转扣件，用于平行或斜交杆件间的连接；直角扣件又称十字扣件，用于垂直交叉杆件间的连接；对接扣件又称一字扣件，用于杆件间的对接连接。目前，我国使用的扣件有可锻铸铁扣件和铸钢扣件两种。

（3）脚手板。脚手板可采用钢、木、竹材料制作，每块质量不宜大于 30 kg。

（4）底座。设在立杆下端，是用于承受并传递立杆荷载给地基的配件。底座可用钢管与钢板焊接，也可用铸铁制成。

（a）回转扣件　　（b）直角扣件　　（c）对接扣件

图 5.1　扣件形式

（5）安全网。是保证施工安全和减少灰尘、噪声、光污染的措施，包括立网和平网两部分。

2．扣件式钢管脚手架的构造

扣件式钢管脚手架由钢管、扣件、脚手板和底座等组成，如图 5.2 所示。其基本构造形式有单排和双排两种。单排式只有一根立杆，横杆另一端支撑在墙上，增加了脚手眼的修补工作，影响墙身质量，而且在稳定性方面不如双排式，属于限制使用的脚手架形式，故以下介绍以双排式脚手架为主。

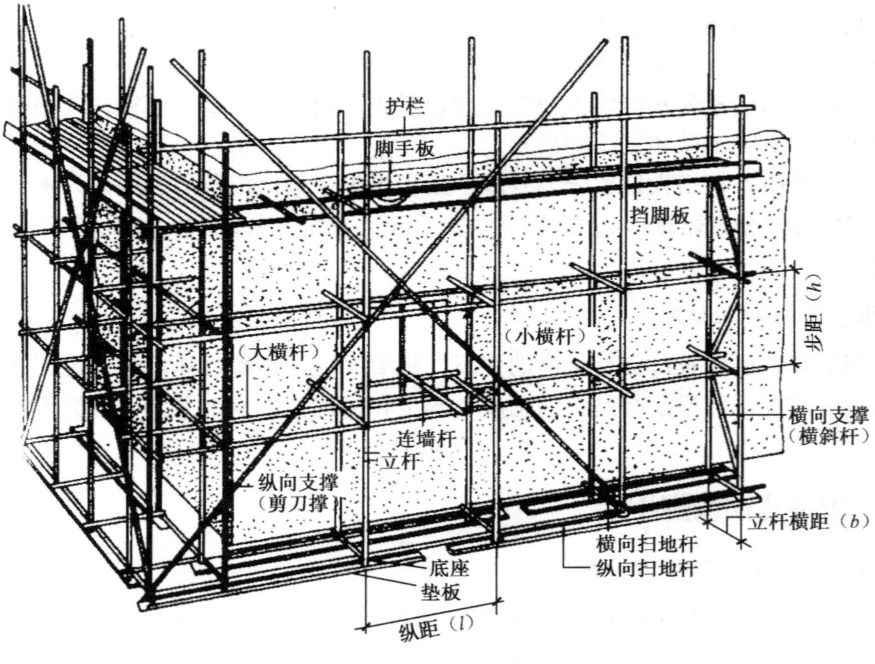

图 5.2　扣件式钢管脚手架

（1）立杆。是平行于建筑物并垂直于地面的杆件，是传递脚手架自重、施工荷载与风荷载的主要受力构件。

每根立杆底部应设置底座或垫板。单、双排脚手架底层步距均不应大于 2 m。立杆接长除顶层顶步可采用搭接外，其余各层各步接头必须采用对接扣件连接。立杆顶端宜高出女儿墙上皮 1 m，高出檐口上皮 1.5 m。

当立杆采用对接接长时，立杆的对接扣件应交错布置，两根相邻立杆的接头不应设置在同步内，同步内隔一根立杆的两个相隔接头在高度方向错开的距离不宜小于 500 mm；各接头中心至主节点的距离不宜大于步距的 1/3。

（2）纵向水平杆。平行于建筑物并在纵向水平连接各立杆，是承受并传递荷载给立杆的受力杆件。

纵向水平杆应设置在立杆内侧，单根杆长度不应小于 3 跨。纵向水平杆接长应采用对接扣件连接或搭接，并应符合：两根相邻纵向水平杆的接头不应设置在同步或同跨内；不同步或不同跨两个相邻接头在水平方向错开的距离不应小于 500 mm；各接头中心至最近主节点的距离不应大于纵距的 1/3；搭接长度不应小于 1 m，应等间距设置 3 个旋转扣件固定；端部扣件盖板边缘至搭接纵向水平杆杆端的距离不应小于 100 mm。

（3）横向水平杆。垂直于建筑物并在横向水平连接内、外排立杆，是承受并传递荷载给立杆的受力杆件。

作业层上非主节点处的横向水平杆，宜根据支撑脚手板的需要等间距设置，最大间距不应大于纵距的 1/2。

（4）连墙杆。是连接脚手架与建筑物的部件，是防止脚手架在风荷载和其他水平力作用下产生倾覆的杆件，同时它对立杆起中间支座的作用。

应靠近主节点设置，偏离主节点的距离不应大于 300 mm；应从底层第一步纵向水平杆处开始设置，当该处设置有困难时，应采用其他可靠措施固定；应优先采用菱形布置，或采用方形、矩形布置。脚手架连墙杆根据搭设高度的不同，一般采用“三步三跨”或“两步三跨”的间距进行布置，并应满足规范中对于每根连墙杆覆盖面积的限制。连墙杆必须采用可承受拉力和压力的构造。对高度 24 m 以上的双排脚手架，应采用刚性连墙杆与建筑物连接。连墙杆应呈水平设置，当不能水平设置时，与脚手架连接的一端应向下斜连接。

（5）剪刀撑。设在脚手架外侧面并与墙面平行的十字交叉斜杆，用于增强脚手架的纵向刚度，保证脚手架的稳定。

双排脚手架应设置剪刀撑与横向斜撑，单排脚手架应设置剪刀撑。扣件式钢管脚手架及门式钢管脚手架中，剪刀撑的斜杆与水平面的交角宜在 45°～60°之间，水平投影宽度应不小于 4 跨或 6 m。剪刀撑水平投影宽度最大值在门式钢管脚手架中不大于 6 跨或 10 m。在扣件式钢管脚手架中，当剪刀撑斜杆与地面的倾角为 45°、50°、60°时，分别为 6 跨、5 跨、4 跨。斜杆应与脚手架基本构架杆件加以可靠连接。剪刀撑斜杆应用旋转扣件固定在与之相交的横向水平杆的伸出端或立杆上，旋转扣件中心线至主节点的距离不应大于 150 mm。

高度在 24 m 及以上的双排脚手架应在外侧全立面连续设置剪刀撑；高度在 24 m 以下的单、双排脚手架，均必须在外侧两端、转角及中间间隔不超过 15 m 的立面上各设置一道剪刀撑，并应由底至顶连续设置（见图 5.3）。

（6）横向斜撑。设在脚手架内、外排立杆间步架平面内的“之”字形斜杆，用于增强脚手架的横向刚度，保证脚手架的稳定。高度在 24 m 以下的封闭型双排脚手架可不设横向斜撑，高度在 24 m 以上的封闭型脚手架，除拐角应设置横向斜撑外，中间应每隔 6 跨距设置一道。

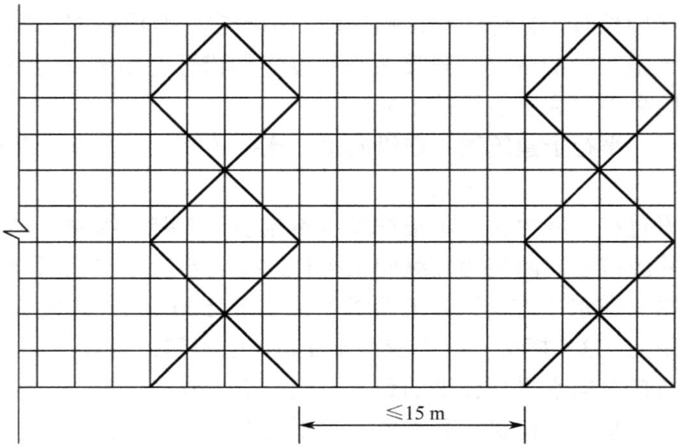

图 5.3 高度 24 m 以下的剪刀撑布置

（7）纵向水平扫地杆。连接立杆下端，是距底座下方不大于 200 mm 处的纵向水平杆，起约束立杆底端在纵向发生位移的作用。

（8）横向水平扫地杆。紧靠纵向水平扫地杆下方，采用直角扣件固定在立杆上，起约束立杆底端在横向发生位移的作用。

（9）安全防（围）护规定。

脚手架必须按以下规定设置安全防护措施，以确保架上作业和作业影响区域内的安全。

① 作业层距地（楼）面高度≥2.5 m 时，在其外侧边缘必须设置挡护高度≥1.2 m 的栏杆并设置挡脚板，且栏杆间的净空高度应≤0.5 m。

② 临街脚手架，架高≥25 m 的外脚手架及在脚手架高空落物影响范围内同时进行其他施工作业或有行人通过的脚手架，应视需要采用外立面全封闭、半封闭及搭设通道防护棚等适合的防护措施。封闭围护材料应采用密目安全网、塑料编织布、竹笆或其他板材。

③ 架高 9～25 m 的外脚手架，除执行①的规定外，可视需要加设安全立网维护。

④ 挑脚手架、吊篮和悬挂脚手架的外侧面应按防护需要采用立网围护或执行②的规定。

⑤ 遇有下列情况时，应按以下要求加设安全网：

架高≥9 m、未做外侧面封闭、半封闭或立网封护的脚手架，首层网应距地面 4 m 设置，悬出宽度应≥3.0 m；层间网自首层网每隔 3 层设一道，悬出高度应≥3.0 m。

外墙施工作业采用栏杆或立网围护的吊篮，架设高度≤6.0 m 的挑脚手架、挂脚手架和附墙升降脚手架时，应于其下 4～6 m 起设置两道相隔 3.0 m 的随层安全网，其距外墙面的支架宽度应≥3.0 m。

⑥ 上下脚手架的梯道、坡道、栈桥、斜梯、爬梯等均应设置扶手、栏杆或其他安全防（围）护措施并清除通道中的障碍，确保人员上下的安全。

采用定型的脚手架产品时，其安全防护配件的配备和设置应符合以上要求；当无相应安全防护配件时，应按上述要求增配和设置。

（10）搭设高度限制

单排脚手架搭设高度不应超过 24 m；双排脚手架搭设高度不宜超过 50 m，高度超过 50 m 的双排脚手架应采用分段搭设等措施。

3．扣件式钢管脚手架的搭设

脚手架搭设范围的土层应平整坚实，排水通畅，经验收合格后，方可开始搭设脚手架，每搭完一步脚手架，应按规定校正步距、纵距、横距及立杆的垂直度，脚手架必须配合施工进度搭设，一次搭设高度不应超过相邻连墙杆以上两步。

脚手架搭设前，应先按施工组织设计要求定位放线，再放置底座或放置长度不少于2跨、宽度≥200 mm、高度≥50 mm的木垫板（也可采用槽钢），然后搭设脚手架。开始搭设第一节立杆时，应每隔6跨设置一根抛撑，当搭至有连墙杆的构造点时，在搭设完该处的立杆、纵向水平杆、横向水平杆后，应立即设置连墙杆，当装设两道连墙杆后，方可拆除抛撑。在封闭脚手架的同一步中，纵向水平杆应四周交圈，用直角扣件与内外角部立杆固定。双排脚手架横向水平杆靠墙一端至墙装饰面的距离不宜大于100 mm，以防止杆件滑脱。扣件规格必须与钢管外径相同，扣件螺栓拧紧扭力矩应大于40 N·m，且应小于65 N·m；对接扣件开口应朝上或朝内。脚手板应铺设牢靠、严实，并应用安全网双层兜底。施工层以下每隔10 m应用安全网封闭。

作业层、斜道的栏杆和挡脚板均应搭设在外立杆的内侧，上栏杆上皮高度应为1.2 m，中栏杆应居中设置，挡脚板高度不应小于180 mm。剪刀撑、横向斜撑搭设应随立杆、纵向和横向水平杆等同步搭设。底层斜杆的下端均必须支撑在垫块或垫板上。

4．扣件式钢管脚手架的拆除

扣件式钢管脚手架的拆除必须由上而下逐层进行，严禁上下同时作业。连墙杆必须随脚手架逐层拆除，严禁先将连墙杆整层或数层拆除后再拆脚手架。分段拆除高差不应大于2步，若高差大于2步，则应增设连墙杆加固。当脚手架拆至下部最后一根长立杆的高度（约6.5 m）时，应先在适当位置搭设临时抛撑加固后再拆除连墙杆。拆下的材料应按品种、规格及时集中堆放，严禁抛扔。

5.1.3　碗扣式钢管脚手架

碗扣式钢管脚手架是在吸取国外同类型脚手架的先进接头和配件工艺的基础上，结合我国实际情况而研制的一种新型脚手架。碗扣固定在钢管上，杆件通过碗扣连接，连接牢靠，受力性能好，能充分满足房屋、桥涵、隧道等多种建筑物的施工要求。

1．组成与杆配件

碗扣式钢管脚手架或称多功能碗扣型脚手架。这种新型脚手架的核心部件是碗扣接头，由上下碗扣、横杆接头和上碗扣的限位销等组成（见图5.4）。

碗扣式钢管脚手架的设计杆配件，按其用途可分为主构件、辅助构件、专用构件三类。

1）主构件

立杆：是主要受力杆件，它是由一定长度的钢管（ϕ48 mm×3.5 m，Q235）上每隔0.6 m套一碗扣接头，并在其顶端焊接立杆连接管制成。

顶杆：即顶部立杆，其顶端设有立杆连接管，便于在顶端插入托撑或可调托撑，主要用于支撑架、支撑柱、物料提升架等的顶部。

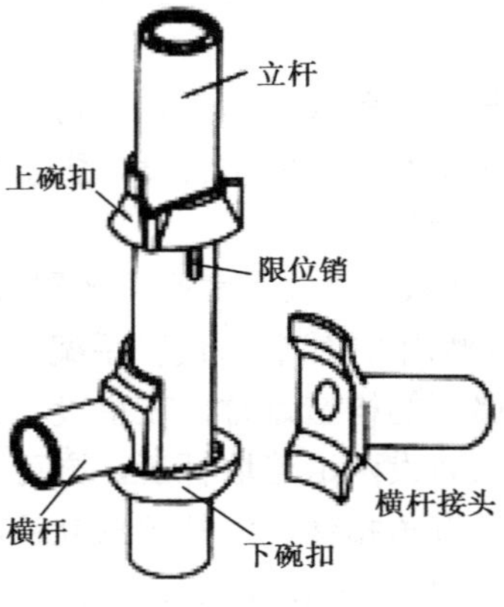

（a）连接前

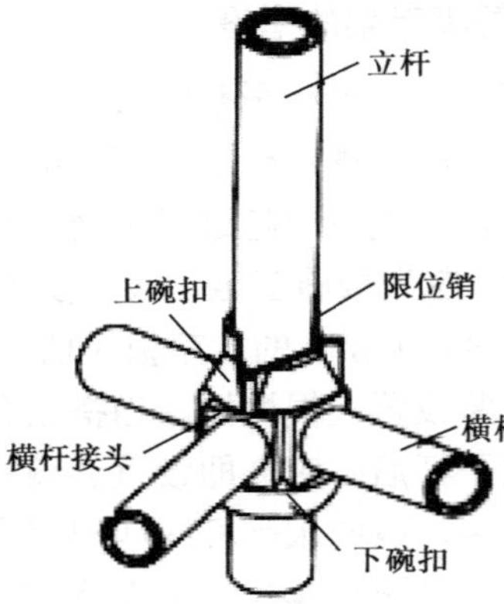

（b）连接后

图 5.4　碗扣接头构造

横杆：由一定长度的钢管（ϕ48 mm×3.5 m，Q235）两端焊接横杆接头制成，用于立杆横向连接管，或框架水平承力杆。

斜杆：是为增强脚手架稳定强度而设计的系列构件，在钢管（ϕ48 mm×2.2 m，Q235）两端铆接斜杆接头制成，斜杆接头可转动，同横杆接头一样可装在下碗扣内，形成节点斜杆。

底座：是安装在立杆根部，防止其下沉，并将上部荷载分散传递给地基基础的构件。

2）辅助构件

用于作业面及附壁拉结等的杆部件。

间横杆：为满足普通钢或木脚手板的需要而专设的杆件，可搭设于主架横杆之间的任意部位，用以减小支撑间距和支撑挑头脚手板。

架梯：由钢踏步板焊在槽钢上制成，两端带有挂钩，可牢固地挂在横杆上，用于作业人员上下脚手架的通道。

连墙撑：用于脚手架与墙体结构间的连接件，以加强脚手架抵抗风载及其他永久性水平荷载的能力，防止脚手架倒塌和增强稳定性的构件。

3）专用构件

用作专门用途的杆部件。

悬挑架：由挑杆和撑杆用碗扣接头固定在楼层内支撑架上构成。用于其上搭设悬挑脚手架，可直接从楼内挑出，不需要在墙体结构设埋件。

提升滑轮：用于提升小物料而设计的杆部件，由吊柱、吊架和滑轮等组成。吊柱可插入宽挑梁的垂直杆中固定，与宽挑梁配套使用。

2．搭设要点

1）组装顺序

立杆底座→立杆→横杆→斜杆→接头锁紧→脚手板→上层立杆→立杆连接销→横杆。

2）注意事项

在已处理好的地基上按设计位置安放立杆垫座（或可调底座），其上再交错安装 3.0 m 和

1.8 m 长立杆，调整立杆可调座，使同一层立杆接头不在同一平面内。搭设中应注意调整架体的垂直度，最大偏差不得超过 10 mm。连墙杆应随脚手架的搭设而随时在设计位置设置，并尽量与脚手架和建筑物外表面垂直。脚手架应随建筑物升高而随时搭设，但不应超过建筑物 2 个步架。

3. 拆除

当脚手架使用完成后制定拆除方案，拆除前应对脚手架做一次全面检查，清除所有多余物件，并设立拆除区，严禁人员进入。拆除顺序自上而下逐层拆除，不容许上下两层同时拆除。连墙撑只能在拆到该层时才许拆除，严禁在拆架前先拆连墙撑。拆除的构件应用吊具吊下，或人工递下，严禁抛掷。拆除的构件应及时分类堆放，以便运输、保管。

5.1.4　门型钢管脚手架

门型钢管脚手架是目前国际上应用最普遍的脚手架之一，是以门架、剪刀撑、水平架、连接器、臂扣和脚手板等组成基本结构，并采用连墙杆与建筑物主体结构相连的一种标准化钢管脚手架（见图 5.5）。

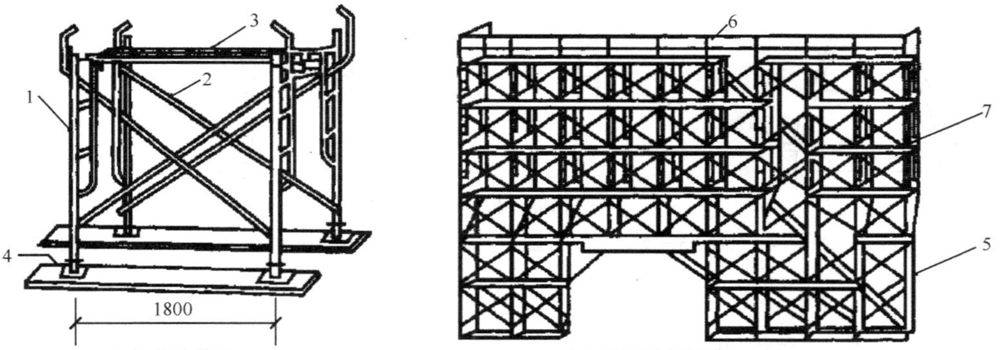

（a）基本单元　　（b）框式外脚手架

1—门式框架；2—剪刀撑；3—水平梁架；4—螺旋基脚；5—梯子；6—栏杆；7—脚手板

图 5.5　门型钢管脚手架

门型钢管脚手架一般按以下程序搭设：弹线→铺放垫木（板）、放底座→自一端起立门架并随即装剪刀撑→装水平梁架（或脚手架）→装梯子→装设连墙杆→重复上述步骤，逐层改变搭设方向向上安装→装加强整体刚度的长剪刀撑→装设顶部栏杆。

首层门式钢管脚手架垂直度偏差不大于步距的 1/1 000 及 2 mm，水平度偏差不大于跨距的 1/600 及 3 mm。各杆件连接扣件螺栓拧紧扭力矩宜为 50～60 N · m，并不得小于 40 N · m。脚手架应沿建筑物周围连续同步搭设升高，在建筑物周围形成封闭结构。

拆除架子时应自上而下进行，部件拆除顺序与安装顺序相反。不允许将拆除的部件直接从高空掷下。应将拆下的部件分品种捆绑后使用机械吊运，或由井架运至地面，集中堆放、保管。

5.1.5　里脚手架

里脚手架搭设在结构物内部，可以用于进行内外墙的砌筑、装饰等施工。里脚手架应轻便灵活、装拆方便。里脚手架有折叠式、支柱式和门式等多种形式，如图 5.6 所示。

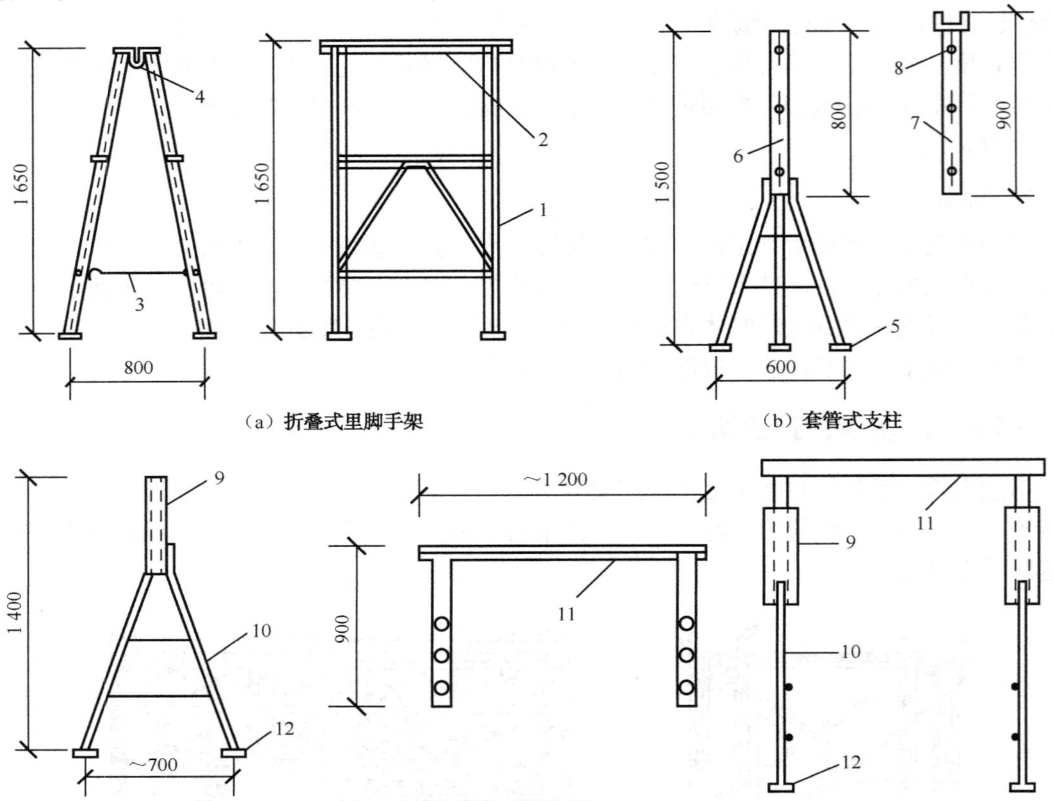

（a）折叠式里脚手架

（b）套管式支柱

（c）门架式里脚手架

1—立柱；2—横楞；3—挂钩；4—铰链；5—支脚；6—立管；7—插管；8—销孔；9—立管；10—支脚；11—门架；12—垫板

图 5.6　里脚手架

5.1.6　扣件式钢管脚手架设计

为使扣件式钢管脚手架满足安全适用、经济合理的要求，施工之前应按要求对脚手架进行设计计算并编入施工组织设计。

1．设计计算内容

脚手架的承载能力应按概率极限状态设计法的要求，采用分项系数设计表达式进行设计。可只进行下列设计计算：

（1）纵向、横向水平杆等受弯构件的强度和连接扣件的抗滑承载力计算。

（2）立杆的稳定性计算。

（3）连墙杆的强度、稳定性和连接强度的计算。

（4）立杆地基承载力计算。

2．设计计算依据

（1）《建筑施工扣件式钢管脚手架安全技术规范》（JGJ 130—2011）。

（2）《建筑结构荷载规范》（GB 50009—2012）。

（3）工程设计图纸及地质资料等。

3. 扣件式脚手架计算项目与要求

荷载效应组合

（1）设计脚手架的承重构件时，应根据使用过程中可能出现的荷载取其最不利的组合进行计算，荷载效应组合宜按表 5.1 采用。

表 5.1　荷载效应组合

计 算 项 目	荷载效应组合
纵向、横向水平杆强度与变形	永久荷载+施工荷载
脚手架立杆稳定	①永久荷载+可变荷载（不含风荷载）
	②永久荷载+0.9（可变荷载+风荷载）
连墙杆强度与稳定	单排架，风荷载+2.0 kN
	双排架，风荷载+3.0 kN
脚手架立杆地基承载力 型钢悬挑梁的强度、稳定与变形	①永久荷载+施工荷载（不含风荷载）
	②永久荷载+0.9（施工荷载+风荷载）

（2）计算构件的强度、稳定性与连接强度时，应采用荷载效应基本组合的设计值。永久荷载分项系数应取 1.2，可变荷载分项系数应取 1.4。

（3）脚手架中的受弯构件应根据正常使用极限状态的要求验算变形。验算构件变形时，应采用荷载短期效应组合的设计值。

（4）当纵向或横向水平杆的轴线对立杆轴线的偏心距不大于 55 mm 时，立杆稳定性计算中可不考虑此偏心距的影响。

（5）双排脚手架采用表 5.2 中规定的构造尺寸，且符合《建筑施工扣件式钢管脚手架安全技术规范》（JGJ 130—2011）构造规定时，其相应杆件可不再进行设计计算。但连墙杆、立杆地基承载力等仍应根据实际荷载进行设计计算。

表 5.2　常用密目式安全立网全封闭式双排脚手架的设计尺寸（m）

连墙杆设置	立杆横距 l_b	步距 h	下列荷载时的立杆纵距 l_a				脚手架允许搭设高度 H
			2+0.35（kN/m^2）	2+2+2×0.35（kN/m^2）	3+0.35（kN/m^2）	3+2+2×0.35（kN/m^2）	
二步三跨	1.05	1.5	2.0	1.5	1.5	1.5	50
		1.80	1.8	1.5	1.5	1.5	32
	1.30	1.5	1.8	1.5	1.5	1.5	50
		1.80	1.8	1.2	1.5	1.2	30
	1.55	1.5	1.8	1.5	1.5	1.5	38
		1.80	1.8	1.2	1.5	1.2	22

续表

连墙杆设置	立杆横距 l_b	步距 h	下列荷载时的立杆纵距 l_a				脚手架允许搭设高度 H
			2+0.35（kN/m²）	2+2+2×0.35（kN/m²）	3+0.35（kN/m²）	3+2+2×0.35（kN/m²）	
三步三跨	1.05	1.5	2.0	1.5	1.5	1.5	43
		1.80	1.8	1.2	1.5	1.2	24
	1.30	1.5	1.8	1.5	1.5	1.2	30
		1.80	1.8	1.2	1.5	1.2	17

注：1．表中所示 2+2+2×0.35（kN/m²），包括下列荷载——2+2（kN/m²）为二层装修作业层、施工荷载标准值、2×0.35（kN/m²）为二层作业层脚手板自重荷载标准值。

2．作业层横向水平杆间距，应按不大于 $l_a/2$ 设置。

3．地面粗糙度为 B 类，基本风压 w_0=0.4 kN/m²。

（6）钢材的强度设计值与弹性模量应按表 5.3 采用。

表 5.3　钢材的强度设计值与弹性模量（ N/mm²）

Q235 钢抗拉、抗压和抗弯强度设计值 f	弹性模量 E
205	2.06×10^5

注：扣件螺栓拧紧扭力矩值不应小于 40 N·m，且不应大于 65 N·m。

（7）扣件、底座的承载力设计值应按表 5.4 采用。

表 5.4　扣件、底座的承载力设计值（kN）

项　　目	承载力设计值
双接扣件（抗滑）	3.20
直角扣件、旋转扣件（抗滑）	8.00
底座（抗压）	40.00

（8）受弯构件的挠度不应超过表 5.5 中规定的容许值。

表 5.5　受弯构件的挠度

构 件 类 别	容许挠度 v
脚手板，纵向、横向水平杆	l/150 与 10 mm
脚手架悬挑受弯杆件	l/400

注：l 为受弯构件的跨度。

（9）受压、受拉构件的长细比不应超过表 5.6 中规定的容许值。

表 5.6　受压、受拉构件的容许长细比

构 件 类 别		容许长细比[λ]	构 件 类 别	容许长细比[λ]
立杆	双排架	210	横向斜掌、剪刀撑中的压杆	250
	单排架	230	拉杆	350

注：计算 λ 时，立杆的计算长度按本规范式（$l_0 = k\mu h$）计算，但 k 值取 1.00，本表中其他杆件的计算长度 l_0 按 $l_0 = \mu l = 1.27l$ 计算。

【案例 9】 某市区框架结构建筑脚手架设计

有一框架结构的建筑，建设地点位于某市有密集建筑群的城市市区，该市的 10 年重现期的基本风压 $w_0 = 0.4\ \mathrm{kN/m^2}$。结构脚手架拟采用扣件式双排钢管落地式脚手架（见图 5.7）。

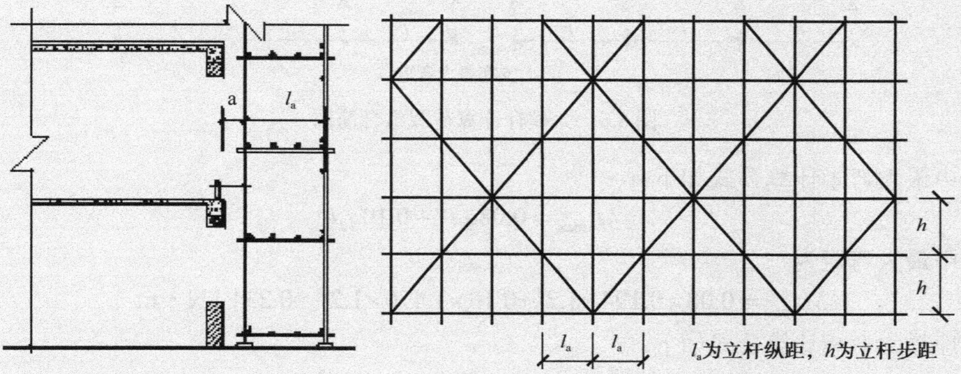

图 5.7　落地架搭设示意图

初步拟定：立杆的纵距为 1.20 m，立杆的横距为 1.05 m，立杆的步距为 1.80 m，搭设高度为 50 m；立杆采用单立管；内排架距离墙长度为 0.30 m；大横杆在上，搭接在小横杆上的大横杆根数为 2；采用的钢管类型为ϕ48.3×3.6（$A = 5.06\ \mathrm{cm^2}$，$W = 5.26\ \mathrm{cm^3}$，$I = 12.71\ \mathrm{cm^4}$，$i = 1.59\ \mathrm{cm}$，$g_k = 0.039\ \mathrm{kN/m^2}$）；扣件抗滑承载力系数为 0.80；连墙杆采用两步三跨，竖向间距 3.60 m，水平间距 3.60 m，连墙杆连接方式为双扣件。

围护设施为满外吊挂密目安全网，0.01 kN/m²；同时施工层数为 2 层，施工荷载为 3 kN/m²；木脚手板为 0.35 kN/m²；栏杆、冲压钢脚手板挡板为 0.16kN/m；每米立杆承受的结构自重标准值：0.120 2 kN/m。

地基土类型为碎石土，地基承载力标准值为 $f_{gk} = 500\ \mathrm{kN/m^2}$，基础底面扩展面积为 0.09 m²，地基承载力调整系数为 $k_c = 0.4$。

解： 1）大横杆的计算

大横杆按照三跨连续梁进行强度和挠度计算，大横杆在小横杆的上面。按照大横杆上面的脚手板和活荷载作为均布荷载计算大横杆的最大弯矩和变形。

（1）荷载值计算。

大横杆的自重标准值：　　　　$P_1 = 0.039\ \mathrm{kN/m}$

脚手板的荷载标准值：　　　　$p_2 = 0.35 \times 1.05/3 = 0.123\ \mathrm{kN/m}$

施工活荷载标准值： $Q=3\times1.05/3=1.05$ kN/m

恒荷载的计算值： $q_1=1.2\times0.039+1.2\times0.123=0.194$ kN/m

活荷载的计算值： $q_2=1.4\times1.050=1.47$ kN/m

（2）强度验算。

大横杆按三跨连续梁计算，计算简图如图 5.8 所示。

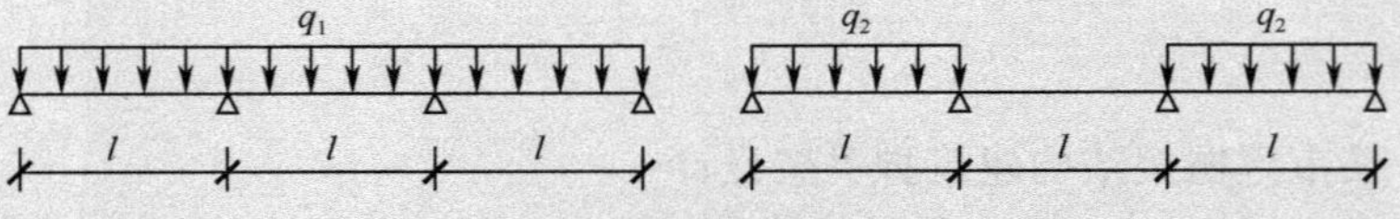

（a）跨中最大弯矩和跨中最大挠度

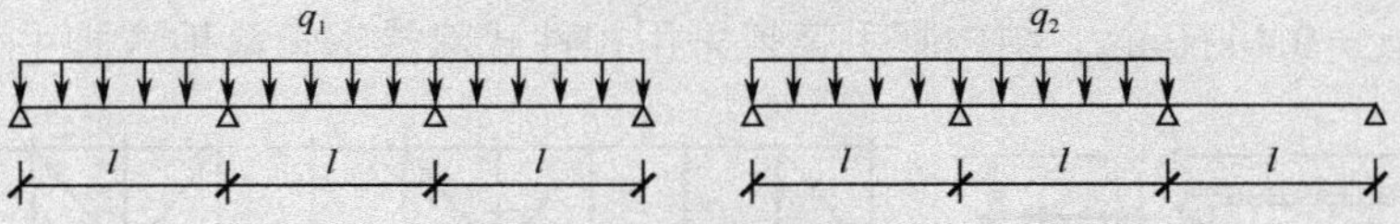

（b）支座最大弯矩

图 5.8　大横杆计算荷载组合简图

跨中最大弯矩计算公式如下：

$$M_{1\max}=0.08q_1l^2+0.10q_2l^2 \qquad (5\text{-}1)$$

跨中最大弯矩为

$$M_{1\max}=0.08\times0.194\times1.2^2+0.10\times1.470\times1.2^2=0.234\ \text{kN}\cdot\text{m}$$

支座最大弯矩计算公式如下：

$$M_{2\max}=-0.1q_1l^2-0.117q_2l^2 \qquad (5\text{-}2)$$

支座最大弯矩为

$$M_{2\max}=-0.10\times0.194\times1.2^2-0.117\times1.470\times1.2^2=-0.275\ \text{kN}\cdot\text{m}$$

选择支座弯矩进行强度验算：

$$\sigma=\frac{0.275\times10^6}{5\,260}=52.28\ \text{N/mm}^2$$

大横杆的抗弯强度：$\sigma=52.28\ \text{N/mm}^2<[f]=205\ \text{N/mm}^2$，满足要求。

（3）挠度计算。

最大挠度考虑为三跨连续梁均布荷载作用下的挠度，计算公式如下：

$$V_{\max}=0.677\frac{q_1l^4}{100EI}+0.990\frac{q_2l^4}{100EI} \qquad (5\text{-}3)$$

恒荷载标准值： $q_1=p_1+p_2=0.039+0.123=0.162$ kN/m

活荷载标准值： $q_2=Q=1.05$ kN/m

三跨连续梁均布荷载作用下的最大挠度

$$V_{\max}=0.677\times0.162\times1\,200^4/(100\times2.06\times10^5\times127\,100)+0.990\times1.050\times1\,200^4/(100\times2.06\times10^5\times127\,100)=0.910\ \text{mm}$$

脚手架纵、横向水平杆的容许挠度为 $l/150$ 与 10 mm，大横杆的最大挠度小于 $1\,200/150=8$ mm 或者 10 mm，满足要求。

2）小横杆的计算

小横杆按照简支梁进行强度和挠度计算，大横杆在小横杆的上面，计算简图如图 5.9 所示。

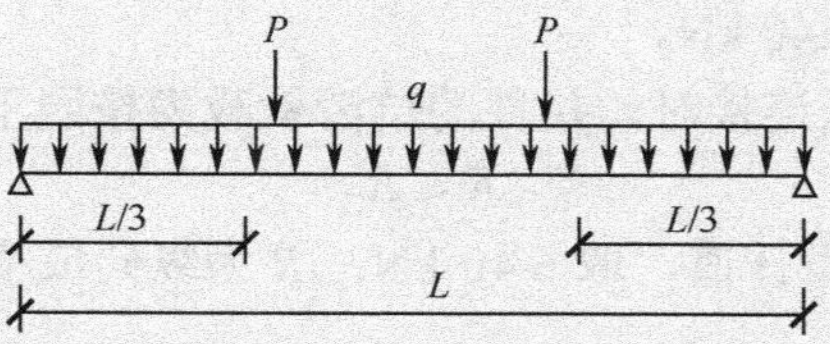

图 5.9　小横杆计算简图

（1）荷载值计算。

大横杆的自重标准值：　$P_1 = 0.039 \times 1.2 = 0.047\ \text{kN}$

脚手板的荷载标准值：　$P_2 = 0.350 \times 1.05 \times 1.2/3 = 0.147\ \text{kN}$

活荷载标准值：　$Q = 3 \times 1.05 \times 1.2/3 = 1.260\ \text{kN}$

荷载的计算值：　$P = 1.2 \times (0.047 + 0.147) + 1.4 \times 1.260 = 1.996\ \text{kN}$

（2）强度验算。

均布荷载最大弯矩计算公式如下：

$$M_{q\max} = ql^2/8 \tag{5-4}$$

$$M_{q\max} = 1.2 \times 0.039 \times 1.05^2/8 = 0.006\ \text{kN}\cdot\text{m}$$

集中荷载最大弯矩计算公式如下：

$$M_{p\max} = \frac{pl}{3} \tag{5-5}$$

$$M_{p\max} = 1.996 \times 1.05/3 = 0.698\ \text{kN}\cdot\text{m}$$

最大弯矩：　$M = M_{q\max} + M_{p\max} = 0.704\ \text{kN}\cdot\text{m}$

$$\sigma = M/W = 0.704 \times 10^6/5\,260 = 133.84\ \text{N/mm}^2 < 205\ \text{N/mm}^2$$

强度满足要求。

（3）挠度计算。

最大挠度为小横杆自重均布荷载与大横杆传递集中荷载所产生的挠度和。

小横杆自重均布荷载引起的最大挠度计算公式如下：

$$V_{q\max} = \frac{5ql^4}{384EI} \tag{5-6}$$

$$V_{q\max} = 5 \times 0.039 \times 1\,050^4/(384 \times 2.060 \times 10^5 \times 127\,100) = 0.024\ \text{mm}$$

$$F = P_1 + P_2 + Q = 0.047 + 0.147 + 1.260 = 1.454\ \text{kN}$$

集中荷载标准值最不利分配引起的最大挠度计算公式如下：

$$V_{F\max} = \frac{Pl(3l^2 - 4l^2/9)}{72EI} \tag{5-7}$$

$$V_{F\max} = 1\,454 \times 1\,050 \times (3 \times 1\,050^2 - 4 \times 1\,050^2/9)/(72 \times 2.06 \times 10^5 \times 127\,100) = 2.282\ \text{mm}$$

最大挠度和：　$V = V_{q\max} + V_{F\max} = 0.024 + 2.282 = 2.306\ \text{mm}$

小横杆的最大挠度<(1 050/150)=7 mm 与 10 mm，满足要求。

3）扣件抗滑力的计算

直角、旋转单扣件承载力取值为 8.00 kN，按照扣件抗滑承载力系数 0.80，该工程实际的旋转单扣件承载力取值为 6.40 kN。

纵向或横向水平杆与立杆连接时，扣件的抗滑承载力按照下式计算：

$$R \leqslant R_C \tag{5-8}$$

式中，R_C 为扣件抗滑承载力设计值，取 6.40 kN；R 为纵向或横向水平杆传给立杆的竖向作用力设计值。

小横杆的自重标准值：　$P_1 = 0.039 \times 1.05 / 2 = 0.02\ \text{kN}$

大横杆的自重标准值：　$P_2 = 0.039 \times 1.2 \times 4 / 2 = 0.09\ \text{kN}$

脚手板的荷载标准值：　$P_3 = 0.35 \times 1.05 \times 1.2 / 2 = 0.22\ \text{kN}$

活荷载标准值：　$Q = 3 \times 1.05 \times 1.2 / 2 = 1.89\ \text{kN}$

荷载的计算值：　$R = 1.2 \times (0.02 + 0.09 + 0.22) + 1.4 \times 1.89 = 3.04\ \text{kN}$

$R < 6.40\ \text{kN}$，单扣件抗滑承载力的设计计算满足要求。

4）立杆的稳定性计算

该脚手架步距、连墙杆竖向间距没有变化，故计算截面取底层立杆段。作用于立杆上的荷载包括材料恒荷载、施工活荷载和风荷载。

（1）荷载计算。

① 每米立杆承受的结构自重标准值为 0.120 2 kN/m，则

$$N_{G1} = 0.1202 \times 50 = 6\ \text{kN}$$

② 脚手板的自重标准值（kN/m^2）为

$$N_{G2} = 0.35 \times 2 \times 1.2 \times (1.05 + 0.3) / 2 = 0.57\ \text{kN}$$

③ 栏杆与挡脚板自重标准值（kN/m）为

$$N_{G3} = 0.16 \times 2 \times 1.2 / 2 = 0.19\ \text{kN}$$

④ 吊挂的安全设施荷载（包括安全网 0.01 kN/m^2）为

$$N_{G4} = 0.01 \times 1.2 \times 50 = 0.6\ \text{kN}$$

经计算得到，恒荷载标准值为

$$N_{Gk} = N_{G1} + N_{G2} + N_{G3} + N_{G4} = 7.36\ \text{kN}$$

活荷载为施工荷载标准值产生的轴向力总和，内、外立杆按一纵距内施工荷载总和的 1/2 取值。

经计算得到，活荷载标准值为

$$N_{Qk} = 3 \times 1.05 \times 1.2 \times 2 / 2 = 3.78\ \text{kN}$$

风荷载标准值应按照以下公式计算：

$$w_k = \mu_z \mu_s w_0 \tag{5-9}$$

式中，w_0 为基本风压（kN/m^2），按照《建筑结构荷载规范》（GB 50009）的规定采用，$w_0 = 0.40\ \text{kN/m}^2$；$\mu_z$ 为风荷载高度变化系数，按照《建筑结构荷载规范》（GB 50009）的规定采用，C 类场地，$\mu_z = 0.65$；μ_s 为风荷载体型系数，按照《建筑施工扣件式钢管脚手架安全技术规范》（JGJ 130） 的规定采用，$\mu_s = 1.11$。

经计算得到，风荷载标准值 $w_k = 0.65 \times 1.11 \times 0.40 = 0.29\ \text{kN/m}^2$。

不考虑风荷载时，立杆的轴向压力设计值计算公式为

$$N = 1.2N_{Gk} + 1.4N_{Qk} = 1.2\times 7.36 + 1.4\times 3.78 = 14.12\ \text{kN}$$

考虑风荷载时，立杆的轴向压力设计值计算公式为

$$N = 1.2N_{Gk} + 0.9\times 1.4N_{Qk} = 1.2\times 7.36 + 0.9\times 1.4\times 3.78 = 13.59\ \text{kN}$$

风荷载设计值产生的立杆段弯矩为

$$M_W = 0.9\times 1.4w_k l_a h^2 / 10 = 0.9\times 1.4\times 0.29\times 1.2\times 1.8^2 / 10 = 0.14\ \text{kN}\cdot\text{m}$$

（2）立杆的稳定性计算。

不组合风荷载时，立杆的稳定性计算公式为

$$\sigma = \frac{N}{\phi A} \leqslant [f] \tag{5-10}$$

立杆的轴心压力设计值：　$N = 14.12\ \text{kN}$

计算立杆的截面回转半径：　$i = 1.59\ \text{cm}$

计算长度附加系数：　$k = 1.155$

计算长度系数按《建筑施工扣件式钢管脚手架安全技术规范》（JGJ 130）中的表 5.2.8 得 $\mu = 1.5$。

立杆计算长度：　$l_0 = k\mu h = 1.155\times 1.5\times 1.8 = 3.119\ \text{m}$

长细比：　$l_0 / i = 311.9 / 1.59 = 196$

轴心受压立杆的稳定系数 φ 由长细比 l_0 / i 的结果查表得到：$\varphi = 0.188$。

$$\sigma = \frac{N}{\varphi A} = \frac{14.12\times 10^3}{0.188\times 506} = 148\ \text{N/mm}^2 \leqslant [f] = 205\ \text{N/mm}^2$$

考虑风荷载时，立杆的稳定性计算公式为

$$\sigma = \frac{N}{\varphi A} + \frac{M_W}{W} \tag{5-11}$$

$$\sigma = \frac{N}{\varphi A} + \frac{M_W}{W} = \frac{13.59\times 10^3}{0.188\times 506} + \frac{0.14\times 10^6}{5\,260} = 169.5\ \text{N/mm}^2 \leqslant [f] = 205\ \text{N/mm}^2$$

故立杆稳定性计算满足要求。

5）最大搭设高度的计算

双排脚手架可搭设高度应按照下式计算，并取较小值。

不组合风荷载时：

$$[H] = \frac{\varphi Af - (1.2\,\text{N}_{G2k} + 1.4\sum N_{Qk})}{1.2g_k} \tag{5-12}$$

组合风荷载时：

$$[H] = \frac{\varphi Af - \left[1.2N_{G2k} + 0.9\times 1.4\left(\sum N_{Qk} + \frac{M_{wk}}{W}\varphi A\right)\right]}{1.2g_k} \tag{5-13}$$

构配件自重标准值产生的轴向力 N_{G2k} 为

$$N_{G2k} = N_{G2} + N_{G3} + N_{G4} = 0.57 + 0.19 + 0.6 = 1.36\ \text{kN}$$

活荷载标准值：　$N_{Qk} = 3.78\ \text{kN}$

每米立杆承受的结构自重标准值：$g_k = 0.120\,2\ \text{kN/m}$

不组合风荷载时：

$$[H] = \frac{[0.188 \times 5.06 \times 10^{-4} \times 205 \times 10^3 - (1.2 \times 1.36 + 1.4 \times 3.78)]}{1.2 \times 0.120\,2} = 87\ \text{m}$$

组合风荷载时：

$$W_k = w_k l_a h^2 / 10 = 0.29 \times 1.2 \times 1.8^2 / 10 = 0.113\ \text{kN} \cdot \text{m}$$

$$[H] = \frac{0.188 \times 5.06 \times 10^{-4} \times 205 \times 10^3 - \left[1.2 \times 1.36 \times 0.9 \times 1.4 \times \left(3.78 + \dfrac{0.113}{5.26 \times 10^{-6}} \times 0.188 \times 5.06 \times 10^{-4}\right)\right]}{1.2 \times 0.120\,2}$$

=73 m

[*H*]=87 m 和 73 m 比较取较小值，[*H*]=73 m。

6）连墙杆的计算

连墙杆的轴向力计算值应按照下式计算：

$$N_l = N_{lw} + N_0 \tag{5-14}$$

式中，N_{lw} 为风荷载产生的连墙杆的轴向力设计值；N_0 为连墙杆约束脚手架平面外变形所产生的轴向力，单排架取 2 kN，双排架取 3 kN。

风荷载计算位置取至脚手架顶部，μ_s 与 w_0 取值同前；μ_z 查《建筑结构荷载规范》，取 $\mu_z = 1.11$。

$$w_k = \mu_z \cdot \mu_s \cdot w_0 = 1.1 \times 1.11 \times 0.4 = 0.488\ \text{kN/m}^2$$

每个连墙杆的覆盖面积内脚手架外侧的迎风面积为

$$A_w = 3.6 \times 3.6 = 12.96\ \text{m}^2$$

连墙杆约束脚手架平面外变形所产生的轴向力为

$$N_0 = 3\ \text{kN}$$

风荷载产生的连墙杆轴向力设计值（kN）应按照下式计算：

$$N_{lw} = 1.4 \cdot w_k \cdot A_w = 1.4 \times 0.488 \times 12.96 = 8.85\ \text{kN}$$

连墙杆的轴向力计算值为

$$N_l = N_{lw} + N_0 = 8.85 + 3 = 11.85\ \text{kN}$$

（1）连墙杆强度验算。

$$\sigma = \frac{N_l}{A_c} = \frac{11.85 \times 10^3}{5.06 \times 10^2} = 23.42\ \text{N/mm}^2 < 0.85 \times 205 = 174\ \text{N/mm}^2$$

（2）连墙杆稳定性验算。

$$\sigma = \frac{N_l}{\varphi A} = \frac{11.85 \times 10^3}{0.949 \times 1\,831} = 6.82\ \text{N/mm}^2 < 0.85 \times 205 = 174\ \text{N/mm}^2$$

式中，φ为轴心受压立杆的稳定系数；l 为内排架距离墙的长度；按长细比 $\dfrac{l}{i} = \dfrac{300}{15.9} = 18.87$ 的结果查表，得到 0.949；A 为连墙杆毛截面面积，$A = \dfrac{\pi d^2}{4} = \dfrac{\pi \times 48.3^2}{4} = 1\,831\ \text{mm}^2$。

连墙杆的设计计算满足要求。

连墙杆采用双扣件与墙体连接，连墙杆的连接强度验算：

$$N_1 = 11.85\ \text{kN} \leqslant 8\times 2\times 0.8 = 12.8\ \text{kN}\ （双扣件的抗滑力）$$

满足要求。

连墙杆扣件连接示意图如图 5.10 所示。

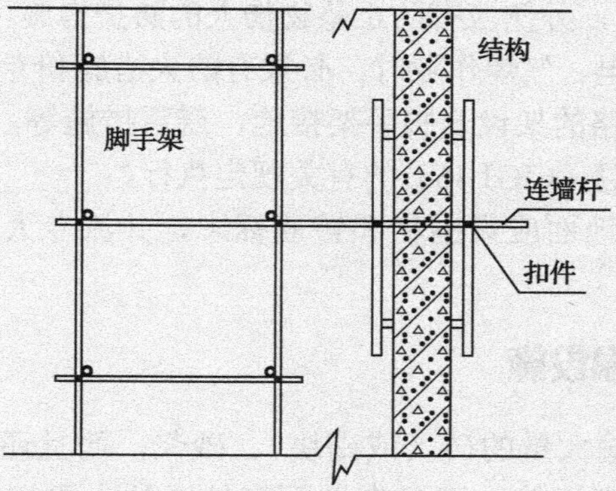

图 5.10　连墙杆扣件连接示意图

7）立杆的地基承载力计算

立杆基础底面的平均压力应满足下式的要求：

$$p \leqslant f_g \tag{5-15}$$

地基承载力设计值为

$$f_g = f_{gk} \times k_c = 200\ \text{kN/m}^2$$

式中，地基承载力标准值 $f_{gk} = 500\ \text{kN/m}^2$；脚手架地基承载力调整系数 $k_c = 0.4$。

立杆基础底面的平均压力为 $p = \dfrac{N}{A} = \dfrac{14.12}{0.09} = 156.9\ \text{kN/m}^2$

式中，上部结构传至基础顶面的轴向力设计值 N=14.12 kN；基础底面面积 A=0.09 m^2。

$p = 156.9\ \text{kN/m}^2 \leqslant f_g = 200\ \text{kN/m}^2$，地基承载力的计算满足要求。

5.1.7　脚手架的安全管理

（1）按照相关的法律和法规的要求，脚手架属于危险性较大的分部分项工程，应编制专项施工方案，并经公司总工批准，经监理单位审核后实施。在实施前要向工人交底，并严格按方案实施。

（2）搭设脚手架人员必须戴安全帽，系安全带，穿防滑鞋。

（3）搭设脚手架的构配件质量与搭设质量应按规范规定进行检查验收，合格后方准使用。

（4）作业层上的施工荷载应符合设计要求，不得超载。不得将模板支架、缆风绳、泵送混凝土和砂浆的输送管等固定在脚手架上；严禁悬挂起重设备。

（5）当有 6 级及 6 级以上大风和雾、雨、雪天气时，应停止脚手架搭设与拆除作业。雨、雪后上架作业应有防滑措施，并应扫除积雪。

（6）脚手架的安全检查与维护应按规范规定进行；安全网应按有关规定搭设或拆除。

（7）在脚手架使用期间，严禁拆除的杆件：主节点处的纵、横向水平杆，纵、横向扫地杆；连墙杆。

（8）不得在脚手架基础及其邻近处进行挖掘作业，否则应采取安全措施，并报主管部门批准。

（9）临街搭设脚手架时，外侧应有防止坠物伤人的防护措施。

（10）在脚手架上进行电、气焊作业时，必须有防火措施和专人看守。

（11）工地临时用电线路的架设及脚手架接地、避雷措施等，应按现行行业标准《施工现场临时用电安全技术规范》（JGJ 46）的有关规定执行。

（12）搭拆脚手架时，地面应设围栏和警戒标志，并派专人看守，严禁非操作人员入内。

5.1.8 材料垂直运输设施

砌体工程中不仅要运输大量的砖（或砌块）、砂浆，而且还要运输脚手架、脚手板和各种预制构件；不仅有垂直运输，而且有地面和楼面的水平运输。水平运输常用的有机动翻斗车和人力两轮手推车两种。其中，材料运输中垂直运输是影响砌体工程施工速度的重要因素。

砌体工程中常用的垂直运输设施有井架、龙门架、塔式起重机、施工电梯等。

1. 井架

井架是砌体工程垂直运输常用设备之一（见图 5.11）。井架常用钢管脚手架搭设而成，多为单孔井架，但也可构成两孔或多孔井架。井架通常带一个起重臂和吊盘。

起重臂起重能力为 5～10 kN，在其外伸工作范围内也可做小距离的水平运输。吊盘在井架内升降，仅作为垂直运输，吊盘的起重量为 10～15 kN，其中可放置运料的手推车或其他散装材料。搭设高度一般为 40 m 左右，需设缆风绳保持井架的稳定。

2. 龙门架

龙门架是由两根格构式截面的钢立柱及横梁（又称天轮梁）组成的门式架。龙门架上设滑轮、导轨、吊盘、缆风绳等，进行材料、机具和小型预制构件的垂直运输（见图 5.12）。龙门架构造简单，制作容易，用材少，装拆方便，起升高度为 15～30 m，起重量为 0.6～1.2 t，适用于中小型工程。

3. 附着式塔式起重机

附着式塔式起重机是固定在建筑物近旁混凝土基础上的起重机械，它可以借助顶升系统随着建筑施工进度而自行向上接高。为了减少塔身的计算高度，规定每隔 20 m 左右将塔身与建筑物用锚固装置连接起来。这种塔式起重机常用于高层建筑的施工。

附着式塔式起重机的顶部有套架和液压顶升装置，需要接高时，利用塔顶的行程液压千斤顶，将塔顶上部结构（起重臂等）顶高，用定位销固定；千斤顶回油，推入标准节，用螺栓与下面的塔身连成整体，每次可接高 2.5 m。附着式塔式起重机顶升的 5 个步骤如图 5.13 所示。

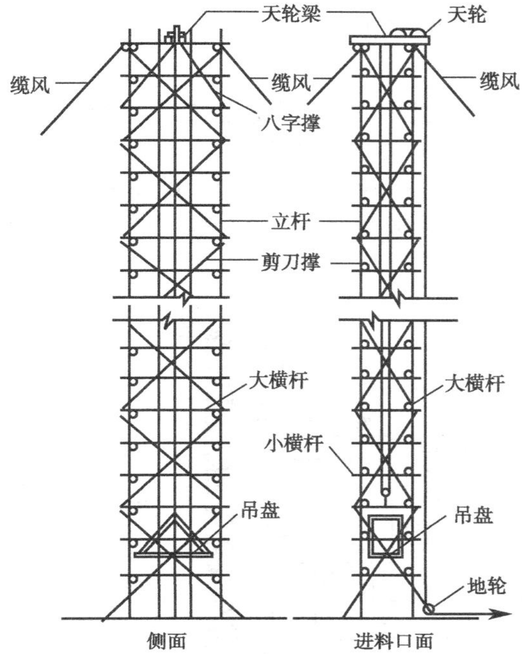

图 5.11　井架

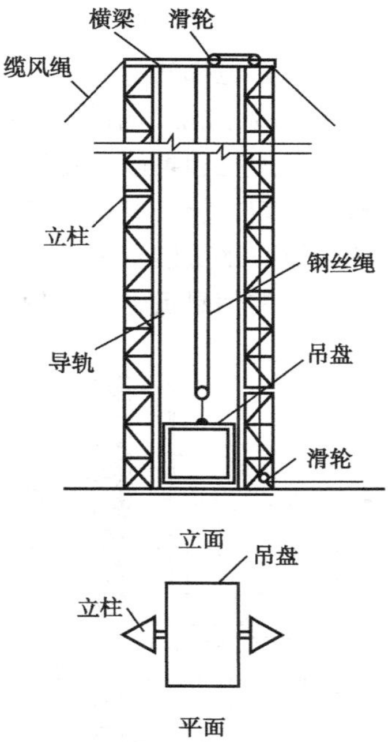

图 5.12　龙门架

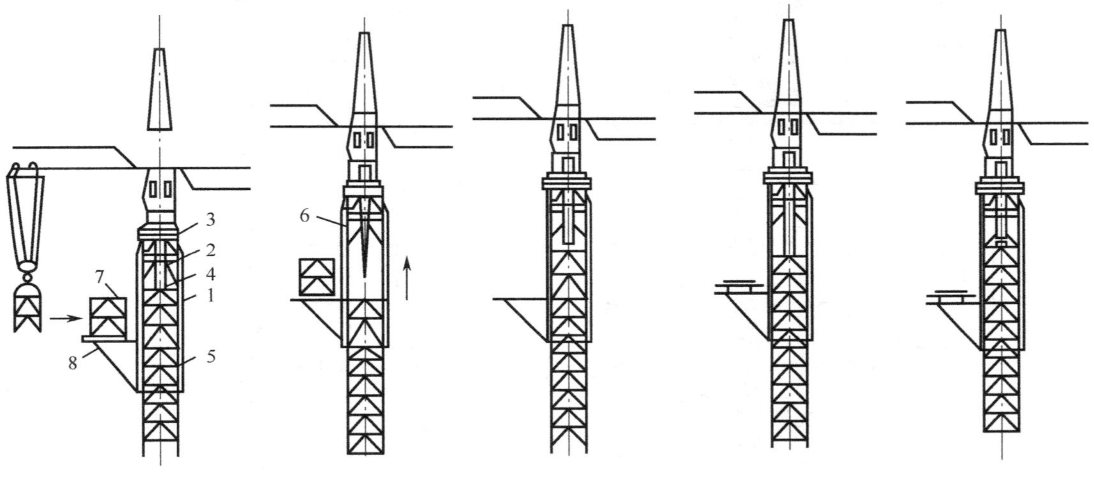

（a）准备状态　（b）顶升塔顶　（c）推入塔身标准节　（d）塔顶与塔身连成整体　（e）顶升完成

1—顶升套架；2—液压千斤顶；3—支撑座；4—顶升横梁；5—定位销；6—过渡节；7—标准节；8—摆渡小车

图 5.13　附着式自升塔式起重机的顶升过程

4. 施工电梯

施工电梯除作为人员上下设施外，也可作为材料的垂直运输设施，如图 5.14 所示。国内施工电梯常用齿轮、齿条驱动方式。施工电梯主要有两种：单笼式和双笼式。一般载重量为 1 t，可乘 12 人；重型的可载 2 t，或乘 24 人。

施工电梯作为唯一可以运送人员上下的设施，在安全方面需要有很好的保证。施工电梯设置有防坠安全器，电梯下降的速度大于防坠器设定的速度防坠器，就会刹车来控制吊笼的下坠速度，从而保证电梯的安全。

防坠安全器提高了施工电梯安全系数。施工升降机防坠安全器只能在有效的检验期限内使用。安全器的有效检验期限不得超过两年。安全器无论使用与否，在有效检验期满后都必须重新进行检验标定，施工升降机防坠安全器的寿命为5年。目前，施工电梯还安装平层装置和楼层呼叫装置，平层装置使施工电梯更精准地停靠在需要停靠的楼层，楼层呼叫装置方便施工电梯使用时的信息流通，也使管理更加方便。

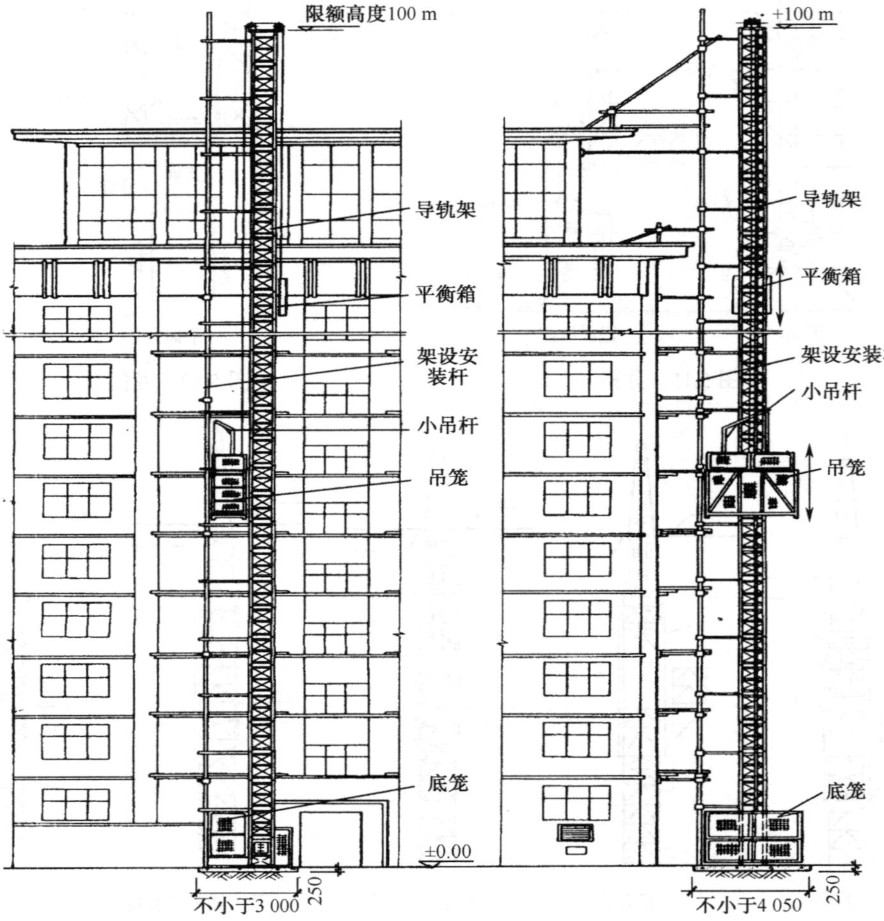

图5.14　施工电梯

任务5.2　砖砌体结构施工

5.2.1　砖砌体材料

砖砌体材料主要包括块体和砂浆两大部分。所谓块体是砌体所用各种砖、石、小砌块的总称，本节介绍的砖砌体用的块体主要为砖。

1. 砖

1）烧结普通砖

由黏土、页岩、煤矸石或粉煤灰为主要原料，经过焙烧而成的实心或具有一定的孔洞率、外形尺寸符合规定的砖。根据烧结原材料，分为烧结黏土砖、烧结页岩砖、烧结煤矸石砖、烧结粉煤灰砖等。其外形尺寸为 240 mm×115 mm×53 mm。

2）烧结多孔砖

以黏土、页岩、煤矸石为主要原料经焙烧而成，孔洞率不小于 15%，孔形为圆孔或非圆孔。孔的尺寸小而数量多，主要适用于承重部位的砖，简称多孔砖。目前多孔砖分为 P 形砖和 M 形砖。

外形尺寸为 240 mm×115 mm×90 mm 的砖，简称 P 型砖。

外形尺寸为 190 mm×190 mm×90 mm 的砖，简称 M 型砖。

3）蒸压灰砂砖

蒸压灰砂砖以石灰和砂为主要原料，经过坯料制备，压制成形，蒸压养护而成的实心砖。

4）蒸压粉煤灰砖

蒸压粉煤灰砖以煤灰、石灰为主要原料，掺加适量石膏和集料经坯料制备，压制成形，高压蒸汽养护而成的实心砖。

对于砌体结构工程所使用的各类型砖，其强度分级如下：

烧结普通砖、烧结多孔砖等的强度等级分为 MU30、MU25、MU20、MU15 和 MU10 五级。

蒸压灰砂砖、蒸压粉煤灰砖的强度等级分为 MU25、MU20、MU15 和 MU10 四级。

2. 砂浆

砂浆是由胶结料、细集料、掺加料（为改善砂浆和易性而加入的无机材料，如石灰膏、电石膏、粉煤灰、黏土膏等）和水配制而成的建筑工程材料。在建筑工程中起黏结、衬垫和传递应力的作用。砌体结构工程施工中常用的砂浆主要包括水泥砂浆和水泥混合砂浆（简称混合砂浆）。水泥砂浆可用于潮湿环境中的砌体，混合砂浆宜用于干燥环境中的砌体。

砂浆的制备及使用技术要点：

（1）不同品种的水泥不得混合使用，并分批对其强度、安定性进行复验。

（2）拌制砂浆所使用的砂、石灰膏、水及外加剂等其他原材料均需符合规范有关要求，并根据要求提供检测报告。

（3）砌筑砂浆应通过试配确定配合比。砂浆现场拌制时，各组分材料采用重量计量。计量精度水泥为±2%，砂、灰膏控制在±5%以内。砌筑砂浆应采用砂浆搅拌机进行拌制。自投料完算起，搅拌时间应符合下列规定。

水泥砂浆和混合砂浆不得小于 2 min；掺用外加剂的砂浆不得少于 3 min；掺用有机塑化剂的砂浆应为 3～5 min。

（4）外加剂不得直接投入拌制的砂浆中。掺用外加剂时，应先将外加剂按规定浓度溶于水中，在拌和水时投入外加剂溶液。

（5）砂浆的强度等级分为 M2.5、M5、M7.5、M10、M15、M20 六个等级，M10 及 M10 以下宜采用水泥混合砂浆。施工中当采用水泥砂浆代替水泥混合砂浆时，应重新确定砂浆强度等级。

（6）砌筑砂浆应有较好的和易性，其稠度、分层度指标应根据规范满足不同砖砌体材料的要求。

（7）砂浆应随拌随用，水泥砂浆和水泥混合砂浆应分别在 3 h 和 4 h 内使用完毕；当施工期间最高气温超过 30 ℃时，应分别在拌成后 2 h 和 3 h 内使用完毕。对掺用缓凝剂的砂浆，其使用时间可根据具体情况延长。

3. 砌筑材料现场质量验收

1）砖的现场质量检验

每一生产厂家的砖到场后按烧结砖 15 万块、多孔砖 5 万块、灰砂砖及粉煤灰砖 10 万块各为一验收批，在每一验收批中随机抽取 15 块进行抗压和抗折检验。

2）砌筑砂浆的现场质量检验

砌筑砂浆取样以每一楼层或 250 m^3 砌体为一验收批，并且每一工作班、每种配比至少取样一组。检验采用立方体抗压试件，每组六块，养护至 28 d 即送检。

砌筑材料现场质量检验的取样、检测及强度合格判定标准等细则均须符合规范相关规定。

5.2.2 砖砌体组砌方式

一块砖有三个两两相等的面，最大的面称为大面，长的一面称为条面，短的一面称为丁面。砖砌入墙体后，条面朝向操作者的称为顺砖，丁面朝向操作者的称为丁砖。

普通砖墙厚度有半砖、一砖、一砖半和二砖等。用普通砖砌筑的砖墙，依其墙面组砌形式不同，有一顺一丁、三顺一丁、梅花丁等。

1. 一顺一丁

一顺一丁砌法是一皮中全部顺砖与一皮中全部丁砖相互间隔砌成，上下皮间的竖缝相互错开 1/4 砖长（见图 5.15（a））。这种组砌形式效率较高，但当砖的规格不一致时，竖缝就难以整齐。

2. 三顺一丁

三顺一丁砌法是采用三皮顺砖间隔一皮丁砖的组砌方法。上下皮顺砖应错开 1/2 砖长，上下皮顺砖与丁砖间的竖缝相互错开 1/4 砖长（见图 5.15（b））。这种组砌形式，由于顺砖较多，砌筑效率较高，适用于砌一砖和一砖以上的墙厚。

3. 梅花丁

梅花丁又称沙包式、十字式。梅花丁砌法是每皮中丁砖与顺砖相隔砌成，且上皮丁坐中于下皮顺砖，上下皮间竖缝相互错开 1/4 砖长（见图 5.15（c））。这种组砌形式内外竖缝每皮都能错开，故整体性较好，灰缝整齐，比较美观，但砌筑效率较低。一般砌筑清水墙或当砖规格不一致时，采用这种组砌形式较好。

4．其他砌法

（1）两平一侧砌法（见图5.15（d））：当设计要求180 mm或300 mm厚砖墙时，可采用此砌法，即连砌两皮顺砖或丁砖，然后贴一层侧砖（条面朝下）。丁砖层上下皮搭接1/4砖长，顺砖层上下皮搭接1/2砖长。每砌两皮砖以后，将平砌砖和侧砌砖里外互换，即可组成两平一侧砌体。

（2）全顺砌法（见图5.15（e））：全部采用顺砖砌筑，每皮砖搭接1/2砖长，适用于半砖墙的砌筑。

（3）全丁砌法（见图5.15（f））：全部采用砖砌筑，每皮砖上下搭接1/4砖长，适用于圆形烟囱与窨井的砌筑。

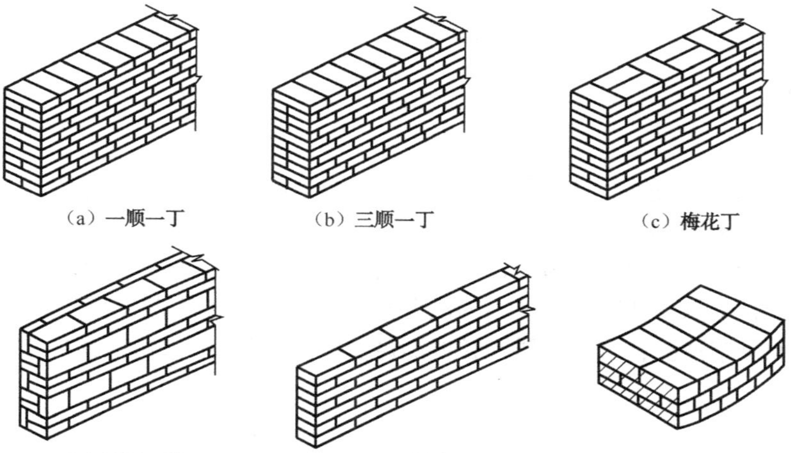

（a）一顺一丁　（b）三顺一丁　（c）梅花丁

（d）两平一侧　（e）全顺　（f）全丁

图5.15　砖墙组砌方式

5.2.3　砖砌体结构构造措施

砖砌体结构中常规的构造主要包括构造柱及圈过梁等，其截面尺寸及钢筋按照构造要求进行设置。其中的构造柱及圈梁形成砌体结构的内框架，对提高砌体结构的整体性、刚度及抗震性能具有重要的作用。

1．构造柱

构造柱不单独承重，因此不用设独立基础，其布置的位置和数量应遵循砌体设计规范的要求。

构造柱下端在施工时应锚固于钢筋混凝土基础或基础梁内。在构造柱施工前必须先砌墙，为使构造柱与砖墙紧密结合，墙体砌成马牙槎的形式。为保证柱脚截面，从每层柱脚开始，先退后进，退进不小于60 mm，每一马牙槎沿高度方向的尺寸不宜超过300 mm。沿墙高每500 mm，设2ϕ6拉结钢筋。每边伸入墙内不宜小于1 m。预留伸出的拉结钢筋，不得在施工中任意弯折，如有歪斜、弯曲，在浇筑混凝土之前，应校正到正确位置并绑扎牢固。马牙槎构造见图5.16。

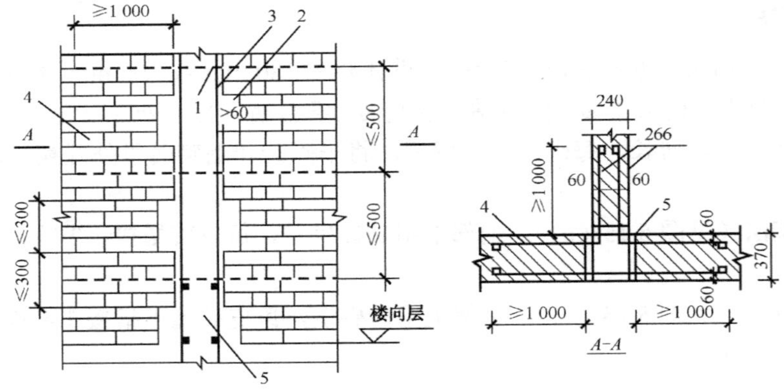

图 5.16　拉结筋布置及马牙槎示意图

2. 圈过梁

1）圈梁

现浇筑圈梁的位置一般位于楼面处，其上表面平齐于楼板表面。圈梁设置的楼层依据砌体结构建筑的层数和抗震设防裂度由砌体结构设计规范而定。其钢筋配置依据构造要求确定。

在施工中，为保证圈梁的整体性，节点处的钢筋处理通常可以分为以下两种情况。

（1）无构造柱节点：在节点处，因为没有构造柱，应将圈梁的纵筋锚入相邻圈梁内，分为L形、T形和十字形三种节点，锚固长度满足受拉锚固长度，如图 5.17、图 5.18 所示。

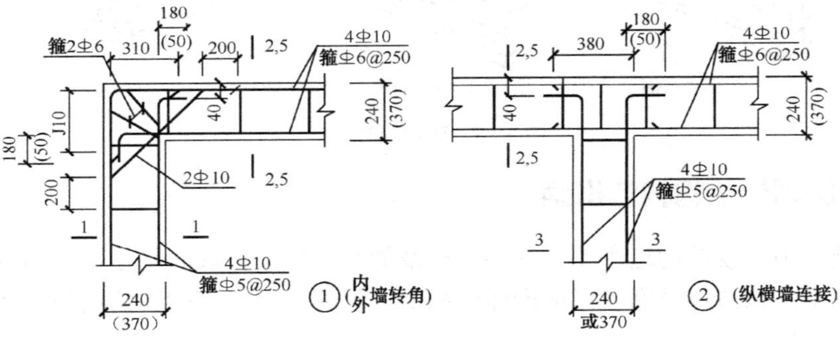

1—L 形转角；2—T 形纵横墙连接

图 5.17　板底圈梁无构造柱节点（6、7 度设防）

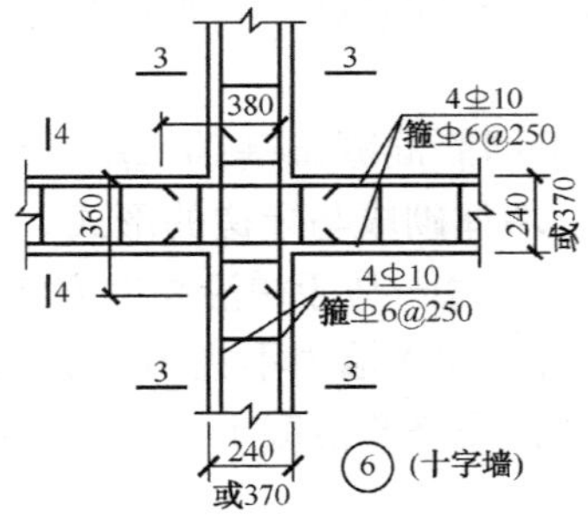

图 5.18　板底圈梁无构造柱墙十字节点（6、7 度设防）

（2）有构造柱节点：在节点处，将圈梁的纵筋锚固构造柱内，锚固长度满足受拉锚固长度，一般取 38 d，如图 5.19、图 5.20 所示。

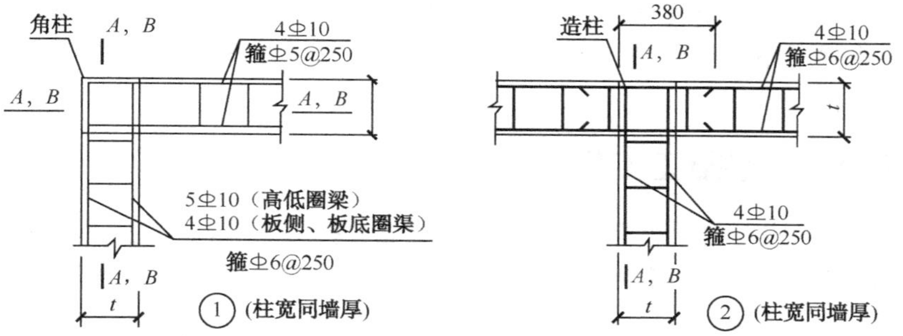

1—L 形转角；2—T 形纵横墙连接

图 5.19　板底圈梁有构造柱节点（6、7 度设防）

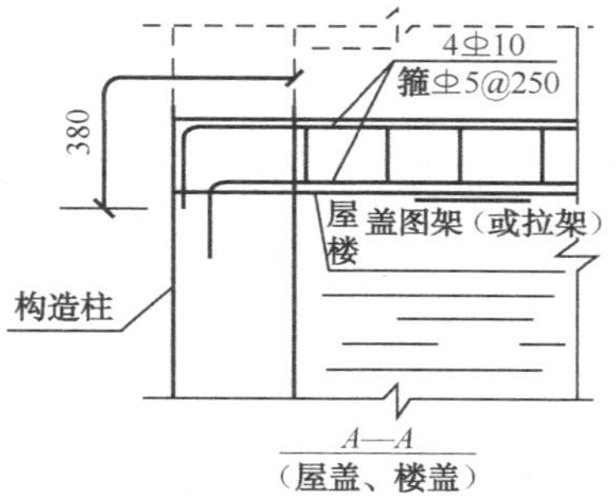

图 5.20　有构造柱节点圈梁钢筋锚固剖面图

2）过梁

过梁可尽量考虑与圈梁结合在一起，以简化构造。

安装过梁、梁垫：安装过梁、梁垫时，其标高、位置及型号必须准确，坐灰饱满。当坐灰厚度超过 20 mm 时，要用豆石混凝土铺垫。过梁安装时，两端支撑点的长度应一致。

当洞口跨度小于 1.5 m 时，可采用钢筋砖过梁。钢筋砖过梁的底面为砂浆层，砂浆层厚度不宜小于 30 mm。砂浆层中应配置钢筋，钢筋直径不应小于 5 mm，其间距不宜大于 120 mm，钢筋两端伸入墙体内的长度不宜小于 250 mm，并有向上的直角弯钩（见图 5.21）。

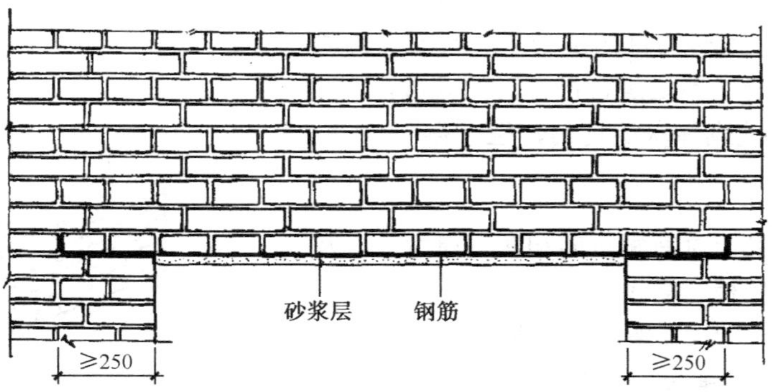

图 5.21　钢筋砖过梁

钢筋砖过梁砌筑前应先支设模板，模板中央应略有起拱。砌筑时，宜先铺 15 mm 厚的砂浆层，把钢筋放在砂浆层上，使其弯钩向上，然后再铺 15 mm 砂浆层，使钢筋位于 30 mm 厚的砂浆层中间。之后，按墙体砌筑形式与墙体同时砌砖。钢筋砖过梁截面计算高度内（7 皮砖高）的砂浆强度不宜低于 M5。钢筋砖过梁底部的模板应在砂浆强度不低于设计强度 50%时，方可拆除。

5.2.4 砖砌体结构施工工艺

砖砌体施工前除应对材料进行相应的检测，并做好技术交底，砖应提前 1～2 d 浇水湿润，对烧结普通砖、多孔砖含水率宜为 10%～15%；对灰砂砖、粉煤灰砖含水率宜为 8%～12%。现场检验砖含水率的简易方法采用断砖法，当砖截面四周融水深度为 15～20 mm 时，视为符合要求的适宜含水率。

砖砌体的施工过程有：找平、放线、摆砖样、立皮数杆、盘角、砌筑、清理、勾缝、楼层轴线引测和楼层标高控制等工序。

1．找平、放线

砌筑前，在基础防潮层或楼面上先用水泥砂浆或细石混凝土找平，然后在龙门板上以定位钉为标志，弹出墙的轴线、边线，定出门窗洞口位置，如图 5.22 所示。

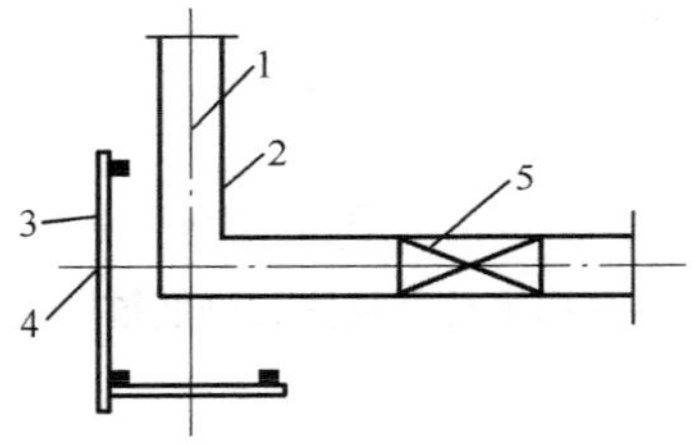

1—墙轴线；2—墙边线；3—龙门板；4—墙轴线标志；5—门洞位置标志

图 5.22 墙身放线

2．摆砖样

摆砖样是指在放线的基面上按选定的组砌形式用于砖试摆。一般在房屋外纵墙方向摆顺砖，在山墙方向摆丁砖，摆砖由一个大角摆到另一个大角，砖与砖留 10 mm 缝隙。摆砖的目的是为了校对放出的墨线在门窗洞口、附墙垛等处是否符合砖的模数，以尽可能减少砍砖，并使砌体灰缝均匀，组砌得当。

3．立皮数杆

皮数杆是指在其上画有每皮砖和灰缝厚度，以及门窗洞口、过梁、楼板、梁底、预埋件等标高位置的一种木制标杆，如图 5.23 所示。它是砌筑时控制每皮砖的竖向尺寸，并使铺灰、砌砖的厚度均匀，洞口及构件位置留设正确，同时还可以保证砌体的垂直度。

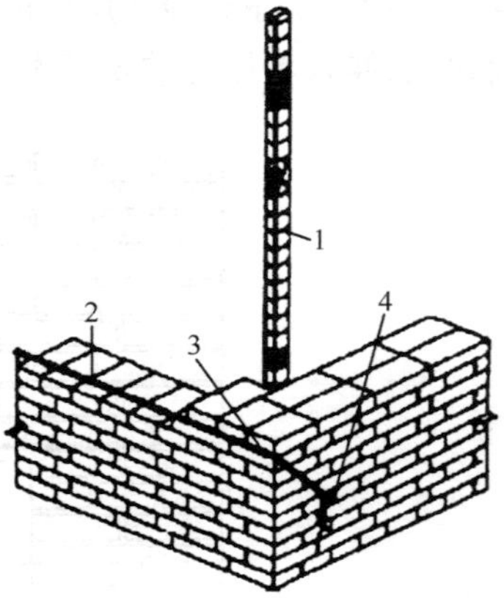

1—皮数杆；2—准线；3—竹片；4—圆铁钉

图 5.23 皮数杆示意图

皮数杆一般立于房屋的四大角、内外墙交接处、楼梯间及洞口多的地方。一般可每隔 10～15m 立一根。皮数杆的设立应由两个方向斜撑或锚钉加以固定，以保证其固定和垂直。一般每次开始砌砖前应用水准仪校正标高，并检查一遍皮数杆的垂直度和牢固程度。

4．盘角、砌筑

砌筑时应先盘角，盘角是确定墙身两面横平竖直的主要依据，盘角时主要大角不宜超过 5 皮砖，且应随砌随盘，做到“三皮一吊，五皮一靠”，对照皮数杆检查无误后，才能挂线砌筑中间墙体。为了保证灰缝平直，要挂线砌筑。一般一砖墙单面挂线，一砖半以上砖墙则宜双面挂线。

砖砌体的砌筑方法有“三一”砌筑法、挤浆法、刮浆法和满口灰法四种，其中，“三一”砌砖法和挤浆法最常用。

“三一”砌砖法，即一块砖、一铲灰、一揉压，并随手将挤出的砂浆刮去的砌筑方法。这种砌砖方法的优点是灰缝容易饱满、黏结力好、墙面整洁。所以，砌筑实心砖砌体宜采用“三一”砌砖法。

5．清理、勾缝

当每一施工面墙体砌筑完成后，应及时对墙面和落地灰进行清理。

勾缝是清水砖墙的最后一道工序，具有保护墙面和增加墙面美观的作用。墙面勾缝有采用砌筑砂浆随砌随勾缝的原浆勾缝和加浆勾缝。加浆勾缝指在砌筑几皮砖以后，先在灰缝处划出 1 cm 深的灰槽，待砌完整个墙体以后，再用细砂拌制 1 : 1.5 水泥砂浆勾缝。勾缝完的墙面应及时清扫。

6．楼层轴线引测

为了保证各层墙身轴线的重合和施工方便，在弹墙身线时，应根据龙门板上标注的轴线位置将轴线引测到房屋的外墙基上，两层以上各层墙的轴线可用经纬仪或锤球引测到楼层上去，同时还应根据图上轴线尺寸用钢尺进行校核。

7．楼层标高控制

各层标高除立皮数杆控制外，还可弹出室内水平线进行控制。底层砌到一定高度后，在各层的里墙身，用水准仪根据龙门板上的±0.000 标高，引出统一标高的测量点（一般比室内地坪高 200～500 mm），然后在墙角两点弹出水平线，依次控制底层过梁、圈梁和楼板底标高。当楼层墙身砌到一定高度后，先从底层水平线用钢尺往上量各层水平控制线的第一个标志，然后以此标志为准，用水准仪引测再定出各层墙面的水平控制线，以此控制各层标高。

5.2.5 砖砌体的质量要求

砖砌体的质量要求：横平竖直、砂浆饱满、组砌得当、接槎可靠。

1．横平竖直

横平，即要求每一皮砖应在同一水平面上，每块砖应摆平。为此，首先应将基础或楼面找平，砌筑时严格按皮数杆每皮层砖砌筑必须挂水平准线，并要拉紧，每块砖按水平准线砌平，不得出现螺丝墙。

竖直，即要求砌体表面轮廓垂直平整，且竖向灰缝垂直对齐。因而在砌筑过程中要随时用线锤和托线板进行检查，做到“三皮一吊、五皮一靠”，以保证砌筑质量，不得出现游丁走缝。

2．砂浆饱满

砂浆的饱满程度对砌体强度影响较大。砂浆不饱满，一方面造成砖块间黏结不紧密，使砌体整体性差，另一方面使砖块不能均匀传力。水平灰缝不饱满会引起砖块局部受弯、受剪而致断裂，所以为保证砌体的抗压强度，要求水平灰缝的砂浆饱满度不得低于 80%。竖向灰缝的饱满度对一般以承压为主的砌体的强度影响不大，但对砌体抗剪强度有明显影响。因而对于受水平荷载或偏心荷载的砌体，饱满的竖向灰缝可提高砌体的抗横向能力。况且竖缝砂浆饱满可避免砌体透风、漏水，且保温性能好。施工时竖缝宜采用挤浆或加浆方法，不得出现透明缝，严禁用水冲浆灌缝。砖砌体水平灰缝厚度和竖向灰缝宽度宜为 10 mm，不得小于 8 mm，也不应大于 12 mm。

3．组砌得当

为保证砌体的强度和稳定性，各种砌体均应按一定的组砌形式砌筑。其基本原则是上下错缝、内外搭砌，错缝长度一般不应小于 60 mm，并避免墙面和内墙中出现连续的竖向通缝，同时还应考虑砌筑方便和少砍砖。

4．接槎可靠

接槎是指先砌筑的砌体与后砌筑的砌体之间的结合。接槎方式合理与否对砌筑的整体性影响很大，特别在地震区，接槎质量将直接影响房屋的抗震能力，故应予以足够的重视。

砖墙的转角处和交接处应同时砌起，严禁无可靠措施的内外墙分砌施工。对不能同时砌起而必须留置的临时间断处，应砌成斜槎，斜槎的长度不应小于斜槎高度的 2/3，如图 5.24（a）所示。

非抗震设防及抗震设防裂度为 6 度、7 度地区的临时间断处，当不能留斜槎时，除转角处外可留直槎，但直槎必须做成凸槎。留直槎处应加设拉结钢筋。

拉结钢筋的数量为每 120 mm 墙厚放置 1ϕ6 mm 拉结钢筋（240 mm 厚墙放置 2 ϕ6 mm 拉结钢筋），间距沿墙高不应超过 500 mm；埋入长度从留槎处算起每边均不应小于 500 mm，对抗震设防裂度 6 度、7 度的地区，不应小于 1 000 mm；末端应有 90° 弯钩，如图 5.24（b）所示。

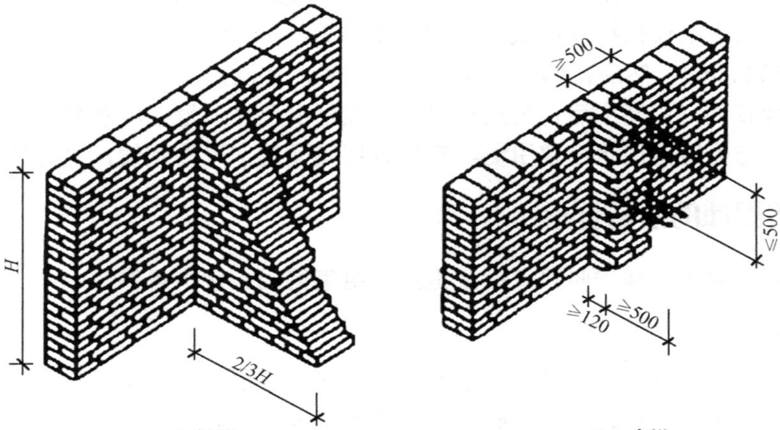

（a）斜槎　　（b）直槎

图 5.24　接槎方式

隔墙与承重墙不能同时砌筑而又不留成斜槎时，可从承重墙中引出凸槎。对抗震设防的工程，还应在承重墙的水平灰缝中预埋拉结钢筋，其构造与上述直槎相同，且每道墙不得少于两根。砖砌体接槎时，必须将接槎处的表面清理干净，浇水湿润，并应填实砂浆，保持灰缝平直。

5．一般砖砌体质量验收项目

（1）主控项目：砖和砂浆的强度等级；砂浆饱满度；留槎；轴线位置偏移（10 mm）及垂直度（每层 5 mm；全高≤10m 时为 10 mm，全高>10 m 时为 20 mm）。

（2）一般项目：组砌方法；灰缝厚度；允许偏差项目（基础顶面和楼面标高；表面平整度；门窗洞口高、宽；外墙上下窗口偏移；水平灰缝平直度；清水墙游丁走缝）。

任务 5.3　砌块砌体结构施工

5.3.1　砌块砌体材料

砌块的种类较多，按形状分为实心砌块和空心砌块。按规格可分为小型砌块，高度为 180～350 mm；中型砌块，高度为 360～900 mm。常用的有普通混凝土小型空心砌块、轻集料混凝土小型空心砌块、蒸压加气混凝土砌块、粉煤灰砌块。

（1）普通混凝土小型空心砌块。由普通混凝土制成，主规格尺寸为 390 mm×190 mm×190 mm、空心率在 25%～50%的空心砌块。砌块的强度分为 MU25、MU20、MU15、MU10、MU7.5 和 MU5 六个等级。

（2）轻集料混凝土小型空心砌块。轻集料混凝土小型空心砌块以水泥、砂、轻集料加水预制而成。其主规格尺寸为 390（290、190）mm ×190（290、240、140、90）mm×190（90）mm。按其孔的排数分为单排孔、双排孔、三排孔和四排孔四类。根据抗压强度分为 MU10、MU7.5、MU5、MU3.5、MU2.5、MU1.5 六个强度等级。

（3）蒸压加气混凝土砌块。蒸压加气混凝土砌块以水泥、矿渣、砂、石灰等为主要原料，加入发气剂，经搅拌成形、蒸压养护而成的实心砌块。其规格为长度 600 mm，高度 200 mm、240 mm、250 mm、300 mm，宽度 100 mm、120 mm、125 mm、150 mm、180 mm、200 mm、240 mm、250 mm、300 mm。

砌块按强度和干密度分级，强度级别有 A1.0、A2.0、A2.5、A3.5、A5.0、A7.5、A10.0（注：1.0 表示 1.0 MPa，余同）七个级别；干密度级别有 B03、B04、B05、B06、B07、B08（注：03 表示 300 kg/m^3，余同）六个级别。

（4）粉煤灰砌块。粉煤灰砌块以粉煤灰、石灰、石膏和轻集料为原料，加水搅拌，振动成形，蒸汽养护而成的密实砌块。其主规格尺寸为 880 mm×380 mm× 240 mm，880 mm×430 mm×240 mm。砌块端面应加灌浆槽，坐浆面宜设抗剪槽。根据抗压强度分为 MU13、MU10 两个强度等级。

图 5.25 是砌块砌体结构中常用的混凝土小型空心砌块的主规格块，尺寸为 390 mm×190 mm×190 mm，砖的两端带有两个凹槽；顶面是坐浆面，砖的纵向称壁，最小壁厚不应小于 30 mm，横向称肋，最小肋厚不应小于 25 mm，空心率 25%～50%（一般为 48%左右），底面是铺浆面，壁和肋的厚度均大于顶面。

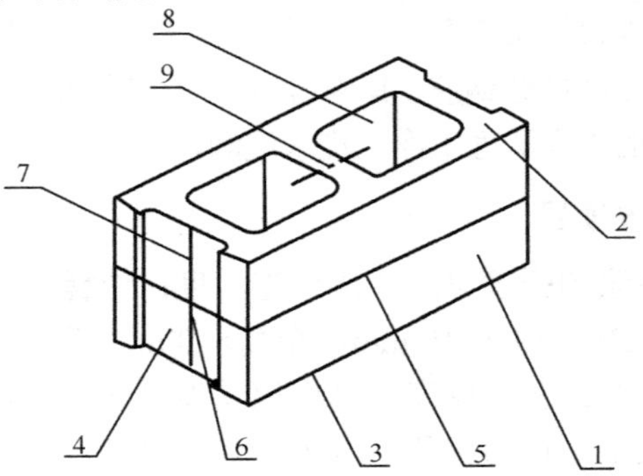

1—条面；2—坐灰面（肋厚较小的面）；3—铺灰面（肋厚较大的面）；4—顶面：5—长度；6—宽度；7—高度；8—壁；9—肋

图 5.25　混凝土小型空心砌块

砌筑混凝土小砌块砌体时，宜选用专用小砌块砌筑砂浆。专用小砌块砌筑砂浆是指符合现行行业标准《混凝土小型空心砌块和混凝土砖砌筑砂浆》（JC 860）的砌筑砂浆，该砂浆可提高小砌块与砂浆间的黏结力，且施工性能好。

5.3.2　混凝土砌块砌体结构构造措施

1．一般构造要求

（1）混凝土小型空心砌块砌体所用的材料，除满足强度计算要求外，还应符合下列要求：

① 对室内地面以下的砌体，应采用普通混凝土小砌块和不低于 M5 的水泥砂浆。

② 五层及五层以上民用建筑的底层墙体，应采用不低于 MU5 的混凝土小砌块和 M5 的砌筑砂浆。

（2）在墙体的下列部位，应用 C20 混凝土灌实砌块的孔洞：底层室内地面以下或防潮层以下的砌体；无圈梁的楼板支撑面下的一皮砌块；没有设置混凝土垫块的屋架、梁等构件支撑面下，高度不应小于 600 mm，长度不应小于 600 mm 的砌体；挑梁支撑面下，距墙中心线每边不应小于 300 mm，高度不应小于 600 mm 的砌体。

2．芯柱

芯柱是按设计要求设置在小型混凝土空心砌块墙的转角处、纵横墙交接处和楼梯间四角的三个孔洞，插入钢筋并浇筑混凝土而成。芯柱的构造要求如下。

（1）芯柱截面不宜小于 120 mm×120 mm，宜用不低于 C20 的细石混凝土浇灌。

（2）钢筋混凝土芯柱每孔内插竖筋不应小于 1ϕ10 或ϕ12（6～8 度抗震设防），底部应伸入室内地面下 500 mm 或与基础圈梁锚固，顶部与屋盖圈梁锚固；芯柱钢筋可在楼板面上搭接，搭接长度不应小于 40d（d 为钢筋直径）。

（3）在钢筋混凝土芯柱处，沿墙高每隔 600 mm 应设ϕ4 钢筋网片拉结，每边伸入墙体不小于 600 mm（见图 5.26）或 1 000 mm（6～8 度抗震设防）；芯柱应沿房屋的全高贯通，并与各层圈梁整体现浇。

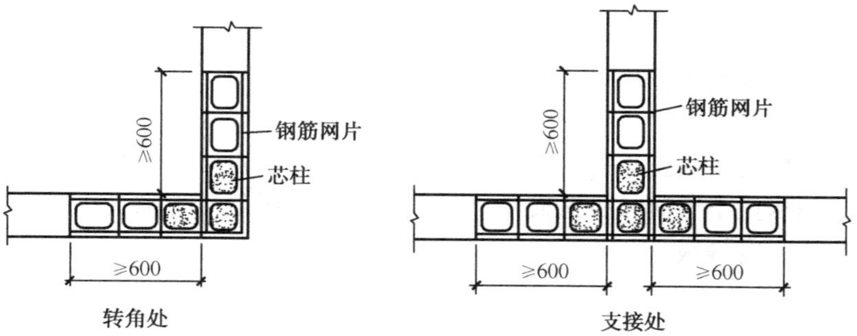

图 5.26　钢筋混凝土芯柱处拉筋

5.3.3　混凝土砌块砌体施工工艺

1. 砌筑准备工作

（1）进入施工现场的小砌块必须从持有产品合格证明书的同一厂家购入。合格证书应包括型号、规格、产品等级、强度等级、密度等级、生产日期等项内容。同时，要求在厂内的养护龄期必须确保 28d。用于砌块砌体结构砌筑的水泥、砂、水、掺和料及其他材料均需符合质量验收规范等相关要求。

（2）墙体施工前必须按设计图房屋的轴线编绘小砌块平、立面排列图。排列时应根据小砌块规格、灰缝厚度和宽度、门窗洞口尺寸、过梁与圈梁的高度、芯柱或构造柱位置、预留洞大小、管线、开关、插座敷设部位等进行对孔、错缝搭接排列，并以主规格小砌块为主，辅以相应配套块。

（3）砌块进场应按不同规格和标号分别整齐堆放，高度不得超过 1.6 m，应避免雨淋，以防止砌体产生干缩裂纹。

2. 操作工艺

混凝土空心砌块砌体结构砌筑工艺流程如下：

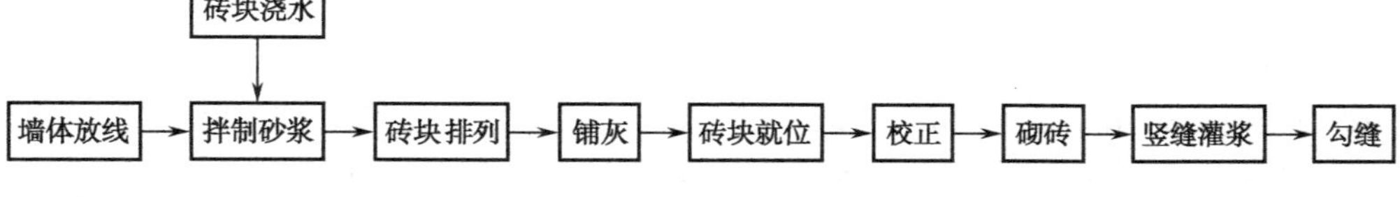

1）墙体放线

砌筑施工前，应将基础或楼层结构面按标高找平，依据砌筑图放出第一皮砌块的轴线、砌体边线和洞口线。

2）拌制砂浆

（1）砂浆采用机械拌和，手推车上料，磅秤计量。根据试验提供的砂浆配合比进行配料称量，水泥配料精确度控制在±2%以内；砂、石灰膏等配料精确度控制在±5%以内。投料顺序应先投砂、水泥、掺和料后加水。时间自投料完毕算起，不得少于 1.5 min。

（2）材料运输主要采用井字架做垂直运输，人工手推车做水平运输。

（3）砂浆应随拌随用，水泥浆和水泥混合砂浆必须分别在拌成后 3 h 和 4 h 内使用完毕。

3）砌块排列

（1）砌筑前，应根据工程设计施工图结合空心砌块的品种、规格、绘制砖块排列图，经审核无误，按图排列砖块。

（2）排列时尽可能采用主规格的砌块，主规格的砌块应占总量的75%～80%。

（3）砖块排列尽量不镶砖或少镶砖，必须镶砖时，应用整砖平砌且尽量分散，镶砌砖的强度不应小于砌块强度等级。

4）铺灰

将搅拌好的砂浆通过吊斗、灰车运至砌筑地点，在砌块就位前，用大铲、灰勺进行分块铺灰，但铺灰长度不得超过1 400 mm。

5）砌砖

底部先用实心块砌筑，高度不低于 200 mm；空心砌块的砌筑采用反砌，即将壁肋厚度大的面朝上，小面朝下，便于铺灰，且能增大上、下两皮砖的接触面积，提高砌体抗剪强度；空心砖砌筑时应对孔错缝搭砌。

6）竖缝灌砂浆

每砌一皮砖，就位校正后，用砂浆灌垂直缝，随后进行灰缝的勒缝（原浆勾缝），深度一般为3～5 mm。

3. 施工操作技术要点

1）砌块上墙前湿度控制

由于混凝土制成的砌块与一般烧结材料不同，湿度变化时体积也会变化，通常表现为湿胀干缩。如果干缩变形过大，超过了砌块块体或灰缝允许的极限，砌块墙就可能产生裂缝。因此，用砌块砌墙时应控制砌块上墙前的湿度。混凝土砌块和黏土砖的显著差别是前者不能浸水或浇水，以免砌块吸水膨胀。在气候特别干热的情况下，因砂浆水分蒸发过快，不便施工时，可在砌筑前稍加喷水湿润。

2）砌筑砂浆

小砌块砌筑应采用不低于 M5 的细砂混合浆，此砂浆能保证和易性与黏结度，立缝碰头灰若采用中粗纱，碰头灰很难刮上。砌块应进行反砌，即小砌块生产时的底面朝上砌筑于墙体上，易于铺放砂浆并保证水平灰缝砂浆的饱满度。水平灰缝和竖向灰缝的砂浆饱满度，按净面积计算不得低于90；竖缝凹槽部位应用砌筑砂浆填实；不得出现瞎缝、透明缝。灰缝厚度与砖砌体一致。

3）对孔错缝搭砌

小砌块墙体应对孔错缝搭砌。单排孔小砌块的搭接长度应为块体长度的1/2；多排孔小砌块的搭接长度可适当调整，但不宜小于砌块长度的1/3，且不应小于90 mm。墙体的个别部位不能满足上述要求时，应在灰缝中设置拉结钢筋或钢筋网片，但竖向通缝仍不得超过两皮小砌块（见图5.27）。

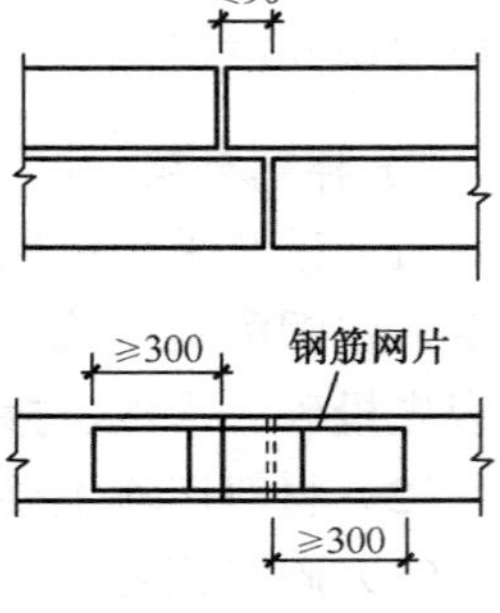

图5.27　水平灰缝中拉结筋

4）留槎

墙体转角处和纵横交接处应同时砌筑。临时间断处应砌成斜槎，斜槎水平投影长度不应小于斜槎高度（见图 5.28）。不能留斜槎的，可留直槎，但要加设拉结筋，拉结筋的数量按每 12 cm 墙厚放置一根直径 6 mm 的钢筋，间距沿墙高不得超过 50 cm，埋入长度从墙的留槎处算起，每边均不应小于 60 cm，末端应有 90° 弯钩（见图 5.29）。在抗震设防地区建筑物的临时间断处不得留直槎。承重砌体严禁使用断裂小砌块或壁肋中有竖向凹形裂缝的小砌块砌筑。

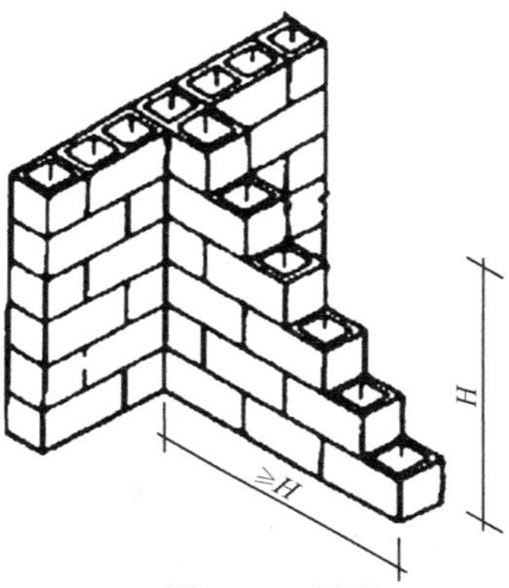

图 5.28 斜槎

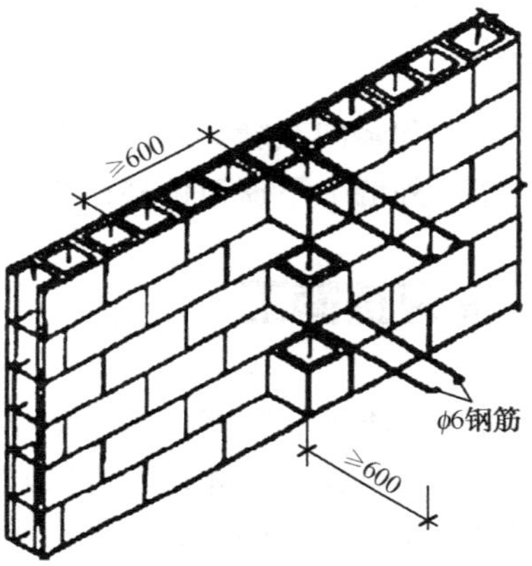

图 5.29 直槎

5）芯柱混凝土浇筑

芯柱混凝土宜选用专用小砌块灌孔混凝土并应符合下列规定：

（1）每次连续浇筑的高度宜为半个楼层，但不应大于 1.8 m。

（2）浇筑芯柱混凝土时，砌筑砂浆强度应大于 1 MPa。

（3）清除孔内掉落的砂浆等杂物，并用水冲淋孔壁。

（4）浇筑芯柱混凝土前，应先注入适量与芯柱混凝土相同的去石砂浆。

（5）每浇筑 400～500 mm 高度捣实一次，或边浇筑边捣实。

6）圈梁位置处的处理

墙上现浇筑混凝土圈梁等构件时，必须将梁底作为底模用的一皮小砌块孔洞预先填实 140 mm 高的 C20 混凝土或采用实心小砌块。固定圈梁、挑梁等构件侧模的水平拉杆、扁铁或螺栓应从小砌块灰缝中的预留ϕ10 孔穿入，不得在小砌块块体上打凿安装洞。但可利用侧砌的小砌块孔洞，等模板拆除后，用 C20 混凝土将孔洞填实。

7）门窗位置处的处理

木门框与小砌块墙体连接可在单孔小砌块（190 mm×190 mm×190 mm）孔洞内埋入满涂沥青的楔形木砖块，四周用 C20 混凝土填实。砌筑时，应将显露木砖的一面砌于门洞两侧上、中、下部位各 3 块，木门框即钉设木砖上。门窗洞口两侧的小砌块孔洞灌填 C20 混凝土，其门窗与墙体的连接方法可按实心混凝土墙体施工。

8）严禁在墙体上剔凿洞口、沟槽

对设计规定的洞口、管道、沟槽和预埋件，应在砌筑时预留或者预埋，严禁在砌好的墙体上剔凿。对电气穿线管，可利用砌块孔作为穿线孔。考虑墙体刚度，可将 U 形横孔用 C10～C15 混凝土灌到上平下 5 cm 处，留做横向穿线孔。

5.3.4 砌块砌体质量要求

1. 主控项目

小砌块和砂浆的强度等级；砌体水平灰缝的砂浆饱满度和竖缝；留槎；轴线偏移和垂直度偏差。

2. 一般项目

水平灰缝厚度和竖向灰缝宽度；一般尺寸允许偏差（基础顶面和楼面标高；表面平整度；门窗洞口高、宽；外墙上下窗口偏移；水平灰缝平直度）。

任务 5.4 填充墙施工

填充墙主要是在框架、框剪结构或钢结构中，用于维护或分隔区间的墙体。填充墙砌体在砌筑材料上与砌体结构基本相同。为减轻墙体自重，节省材料，所用砌筑块体大多采用烧结多孔砖、混凝土小型空心砌块和加气混凝土砌块等，也可采用实心砖。由于填充墙只承受自重，所以除了要求有一定的强度以外，对于墙体的其他功能性要求，如轻质、隔音、隔热等近年来逐步提高，尤其是加气混凝土砌块在近年来得到了广泛的应用。

由于可采用的砌筑块体种类众多，不同的块料填充墙做法各异，因此要求也不尽相同，实际施工时应参照相应设计要求及施工质量验收规范和各地颁布实施的标准图集、施工工艺标准等。有抗震设防要求的房屋的填充墙施工，还应符合《建筑抗震设计规范》(GB 50011—2010)及《建筑物抗震构造详图（多层砌体房屋和底部框架砌体房屋）》（11G329—2）的规定。一般填充墙的砌筑方法与所用块材（砖、砌块）砌体的施工方法基本相同，但其构造和局部施工处理有所区别。

5.4.1 填充墙砌体构造要求

1. 墙两端与结构的连接

（1）填充墙与两端混凝土柱或剪力墙的连接有三种方式：拉结钢筋、钢筋网片、现浇筑钢筋混凝土带（或腰梁）。一般采用在混凝土构件上预埋铁件加焊拉结钢筋或植墙拉筋的方法。预埋铁件一般采用 4 mm 以上的钢板做成，在混凝土构件施工时按设计位置预埋固定于构件中，砌墙时将墙中拉结钢筋焊接。

（2）墙体拉结钢筋在砌筑过程中非常重要，影响砌体结构本身的安全及稳定性。拉结钢筋的设置应满足《建筑抗震设计规范》（GB 50011—2010）及《建筑物抗震构造详图（多层砌体房屋和底部框架砌体房屋）》（11G329—2）的相关要求。填充墙应沿框架柱全高每隔 500 mm 设 2ϕ6 拉筋，当抗震设防 6、7 度时，拉筋伸入墙内的长度不应小于墙长的 1/5 且不小于 700 mm，当为 8、9 度时，宜沿墙全长贯通（见图 5.30）。在墙垛的位置，墙体拉结钢筋施工较困难时，一般做抱框处理。

（3）填充墙与框架柱或剪力墙之间的缝隙应用砂浆嵌填密实。砌体灰缝应保持横平竖直，竖向灰缝和水平灰缝均应铺填饱满的砂浆。砂浆饱满度：水平灰缝不得小于 90%，竖缝不得小于 80%，严禁用水冲浆浇灌灰缝，也不能用石子垫灰缝。水平灰缝及竖向灰缝的厚度和宽度应控制在 8～12 mm 之间。

2. 填充墙上下部与楼板或梁的连接

填充墙体底部应砌筑 2～3 皮不低于 MU10.0 的实心砖或现浇筑 C20 混凝土坎台，高度不小于 200 mm。其作用是承重、防撞击和防潮（见图 5.31）。

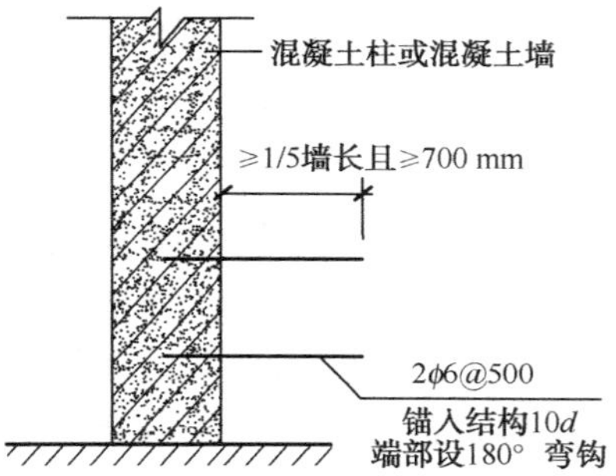

图 5.30　填充墙与钢筋混凝土柱或墙的钢筋拉结

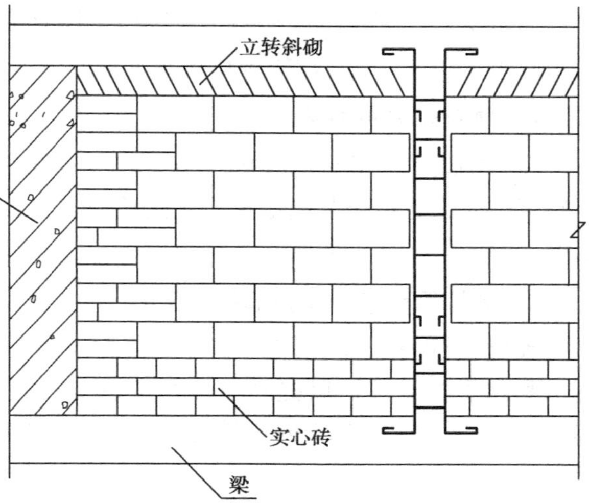

图 5.31　填充墙下部砌实心砖

为保证墙体的整体性，填充墙顶部通常采用侧砖、立砖、砌块斜砌（倾斜度宜为 60°）挤紧或在梁底做预埋铁件拉结等方式与结构连接。无论采用哪种连接方式，墙体向上砌至接近梁底时，应留一定空隙，并至少间隔 7d，待下部砌块墙体变形稳定后再砌筑。最上一皮采用侧砖斜砌时，应保证砖挤紧，砂浆饱满（见图 5.32）。

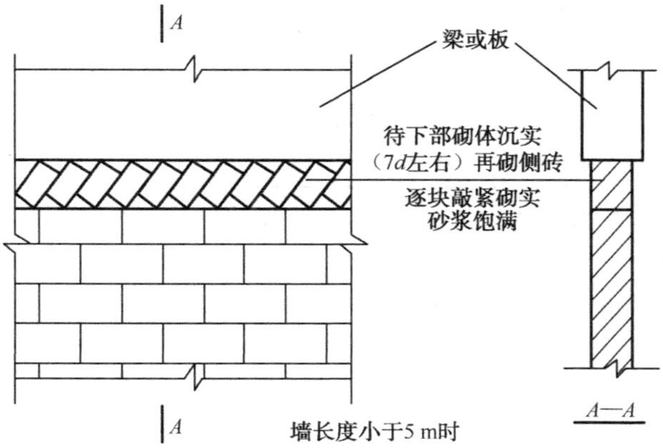

图 5.32　填充墙上部斜砌实心砖

5.4.2 填充墙砌体施工的一般规定

填充墙的砌筑方法与所用块材（砖、砌块）砌体的施工方法基本相同，其施工顺序最好自顶层向下层进行，防止因结构变形量向下传递而造成早期下层先砌筑的墙体产生裂缝。如因工期紧等原因必须由底层向顶层砌筑时，则墙顶的连接处理需待全部砌体完成后，再自上层向下层施工，此目的是给每一层结构一个完成变形的时间和空间。应注意以下几方面的构造要求。

1. 门窗、洞口和阳角处的处理

通常采用在洞口两侧和阳角处做构造柱或镶砌专用砖或预制块的方法，空心砌块填充墙阳角处可设芯柱。空心砌块墙在窗台顶面应做成混凝土压顶，以保证窗框与砌体的可靠连接。

2. 填充外墙防潮防水

空心砌块填充外墙面在施工中还应考虑防渗漏问题。渗漏现象主要发生在灰缝处。因此，在砌筑中应注意保证灰缝饱满，尤其是竖缝。另外，可采取在外墙抹灰层中加 3%～5%的防水粉、面砖勾缝或表面刷防水剂等措施，保证防渗效果。

3. 单片面积较大填充墙的施工

大空间的框架结构填充墙，应根据墙体长度、高度情况，按设计或规范要求设置构造柱和水平拉结件，以提高墙体稳定性。一般填充墙高度超过 4 m 时，应在墙体高度中部设置与柱连接且沿墙全长贯通的 2～3 道焊接钢筋网片或 3ϕ6 的通长水平钢筋或加设水平墙梁（腰梁），如图 5.33 所示。当墙长大于 5 m 时，墙顶与梁宜有拉结；当墙长超过层高 2 倍时，宜设置钢筋混凝土构造柱，如图 5.34 所示。当大面积的墙体有转角时，应在转角处设芯柱。

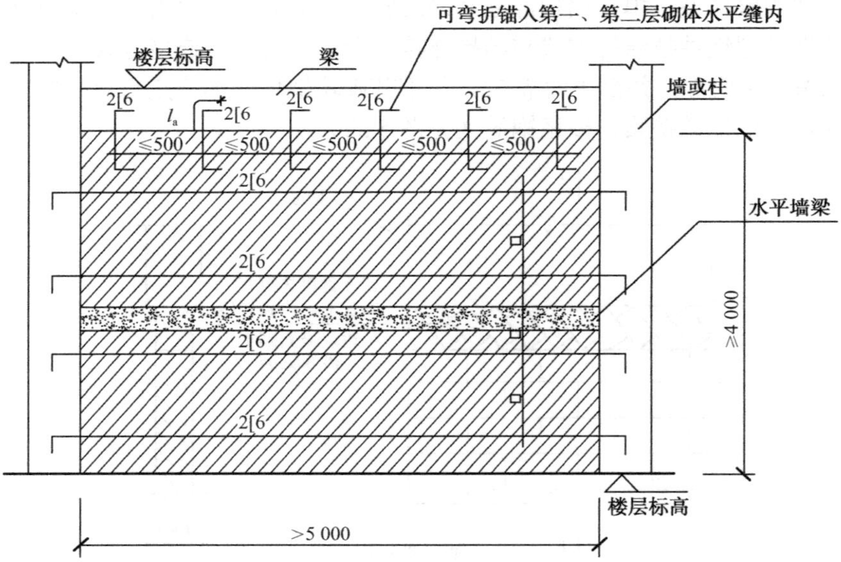

图 5.33 填充墙与结构梁、柱的连接

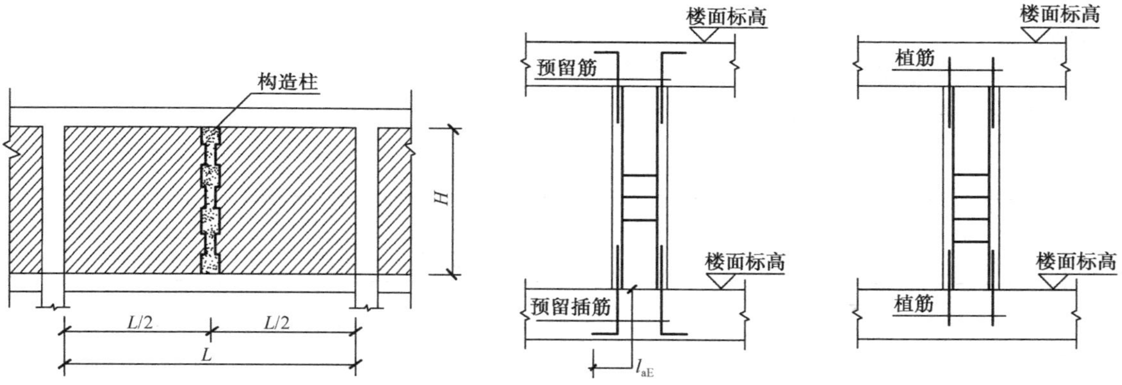

（a）预留钢筋施工方式　　（b）植筋施工方式

图 5.34　填充墙构造柱设置与钢筋施工方式

4．填充墙的构造柱施工

填充墙的构造柱设置在各层上下水平梁、板之间，构造柱本身不连续。构造柱的一般做法是：主体结构施工完毕后，进行填充墙及其构造柱的放线，先装钢筋后砌墙，再浇筑混凝土。钢筋的施工有两种方式：预留钢筋和植筋，如图 5.34 所示。植筋的施工是用电钻在构造柱纵筋位置进行打孔，将钢筋植入孔中，用植筋专用胶黏结，实现构造柱与上下部梁或板的拉结。

5.4.3　蒸压加气混凝土砌块施工

蒸压加气混凝土砌块（简称加气砖），是以粉煤灰、水泥、石灰、石膏为原材料，以铝粉等为发气剂，经原材料处理、配料搅拌、浇筑发泡、静停切割、蒸压养护而制成的一种新兴墙体材料。其特性为多孔轻质、保温隔热性能好、加工性能好，但其干缩较大，若使用不当，墙体会产生裂纹。广泛用于一般建筑物墙体，也可用于多层建筑物的承重墙和非承重墙及隔墙。体积密度级别低的砌块用于屋面保温。加气砖的规格尺寸见表 5.7。

表 5.7　加气砖的规格尺寸

<table>
<tr><th colspan="3">公 称 尺 寸</th><th colspan="3">制 作 尺 寸</th></tr>
<tr><th>长度 L</th><th>宽度 B</th><th>高度 H</th><th>长度 L_1</th><th>宽度 B_1</th><th>高度 H_1</th></tr>
<tr><td rowspan="2">600</td><td>100
125
150
200
250
300</td><td rowspan="2">200
250
300</td><td rowspan="2">L-10</td><td rowspan="2">B</td><td rowspan="2">H-10</td></tr>
<tr><td>120
180
240</td></tr>
</table>

加气砖按尺寸偏差与外观质量、体积密度和抗压强度分为：优等品（A）、一等品（B）、

合格品（C）三个等级。

加气砖的尺寸允许偏差和外观应符合表 5.8 的规定，抗压强度应符合表 5.9 的规定，强度级别应符合表 5.10 的规定。

表 5.8　尺寸允许偏差和外观

项　　目			指　　标		
			优等品（A）	一等品（B）	合格品（C）
尺寸允许偏差（mm）	长度	L_1	±3	±4	±5
	宽度	B_1	±2	±3	+3
	高度	H_1	±2	±3	+3
缺棱掉角	个数不多于（个）		0	1	2
	最大尺寸不得大于（mm）		0	70	70
	最小尺寸不得小于（mm）		0	30	30
平面弯曲不得大于（mm）			0	3	5
裂纹	条数不多于（条）		0	1	2
	任一面上的裂纹长度不得大于裂纹方向尺寸的		0	1/3	1/2
	贯穿一棱二面的裂纹长度不得大于面的裂纹的		0	1/3	1/3
爆裂、黏模和损坏深度不得大于（mm）			L_0	20	30
表面疏松、层裂			不允许		
表面油污			不允许		

表 5.9　加气砖的抗压强度

强 度 级 别	立方体抗压强度（MPa）	
	平均值不小于	单块最小值不小于
A1.0	1.0	0.8
A2.0	2.0	1.6
A2.5	2.5	2.0
A3.5	3.5	2.8
A5.0	5.0	4.0
A7.5	7.5	6.0
A10.0	10.0	8.0

表 5.10　加气砖的强度级别

体积密度级别		B03	B04	B05	B06	B07	B08
强度级别	优等品	A1.0	A2.0	A3.5	A5.0	A7.5	A10.0
	一等品			A3.5	A5.0	A7.5	A10.0
	合格品			A2.5	A3.5	A5.0	A7.50

加气砖的气孔率高达 70%～80%，因而具有“吸水导湿缓慢”的特性，这个特性的含义是：因其吸水少而慢，表面上看起来浇水不少，而实则吸水不多，结果当砌块与砌块或饰面材料相遇时，这种材料内的水分被加气砖表面强夺，易造成墙面抹灰开裂、饰面脱落等问题，施工中应注意这一特点。

1．砌筑形式

加气砖的立面砌筑形式只有全顺一种，砌筑时，上下皮竖缝应相互错开，搭接长度不宜小于砌块长度的 1/3，且不应小于 150 mm，如不满足时，应在水平灰缝中设置 2ϕ6 mm 的钢筋网片，加筋长度不小于 700 mm，如图 5.35 所示。

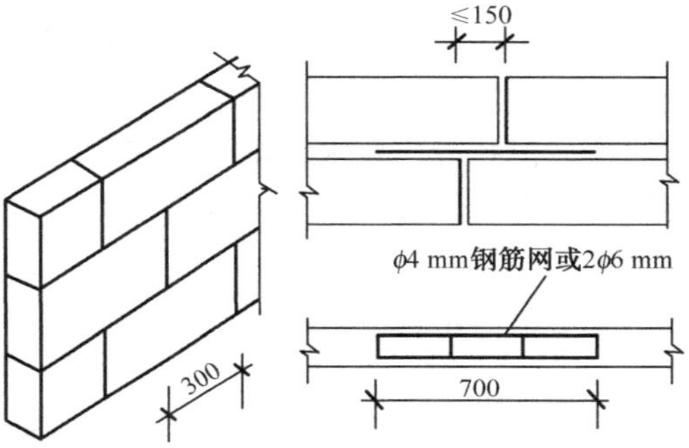

图 5.35　加气砖砌筑形式

2．施工技术要点

1）工艺流程

基层处理→测量墙中线→弹墙边线→砌底部实心砖→立皮数杆→拉准线、铺灰、依准线砌筑→埋墙拉筋→梁下、墙顶斜砖砌筑。

2）基层处理

将砌筑加气砖墙体根部的混凝土梁、柱的表面清扫干净，用砂浆找平，拉线，用水平尺检查其平整度。

3）砌底部实心砖

在墙体底部，砌第一皮加气砖前，应用实心砖砌筑，其高度宜不小于 200 mm。

4）拉准线、铺灰、依准线砌筑

为保证墙体垂直度、水平度，采取分段拉准线砌筑，铺浆要厚薄均匀，每一块砖全长上铺满砂浆，浆面平整，保证灰缝厚度，灰缝厚度宜为 15 mm，灰缝要求横平竖直，水平灰缝应饱满，竖缝采用挤浆和加浆方法，不得出现透明缝，严禁用水冲洗灌缝。铺浆后立即放置砌块，要求一次摆正找平。若铺浆后不立即放置砌块，砂浆凝固，则应铲去砂浆，重新砌筑。

5）埋墙拉筋

与钢筋混凝土柱（墙）的连接，采取在混凝土柱（墙）上打入 2ϕ6@500 的膨胀螺栓，然后在膨胀螺栓上焊接ϕ6 mm 的钢筋，长可埋入加气砖墙体内 1 000 mm。

6）梁下、墙顶斜砖砌筑

与梁的接触处待加气砖砌完 7 d 后采用灰砂砖斜砌顶紧。

3. 技术要求

（1）加气砖在砌筑之前，其产品龄期应超过 28d，砌筑前一天必须将第二天需用的加气砖洒水湿润，砌筑时应在砌筑面上适量洒水。严格控制好加气混凝土砌块上墙砌筑时的含水率，控制在 10%～15%比较适宜，即砌块含水深度以表层 8～10 mm 为宜，可通过刀刮或敲上个小边观察规律。禁止直接使用饱含雨水或浇水过量的砌块。

（2）为减少施工现场切割砌块工作，砌块砌筑前均应进行砌块排列设计。

（3）砌筑过程中应做好预留、预埋工作，不得事后凿打。

对预埋在墙内的线管、线盒、留孔等，要求水电专业在砌墙前预留，并向砌筑人员说明（切锯砌块时应使用专用工具）。当管线较密，砌筑困难时，留出位置不砌，待水电施工结束后，支模浇筑 C20 细石混凝土。

（4）构造柱与墙连接处砌成马槎，先砌墙后浇柱，沿墙高每隔 500 mm 设 2ϕ6 mm 钢筋，埋入墙体内 1 000 mm。

（5）当墙长大于 5 m 时，顶部应有ϕ6 mm 膨胀螺栓焊ϕ6 mm 钢筋与墙体拉接；当墙体净高大于 4m 时，中间设拉梁；当墙长大于 4 m 时，墙中间需设构造柱。

（6）砖墙的转角处和交接处应同时砌起，对不能同时砌起而必须留槎时，应砌成斜槎，斜槎长度不小于斜槎高度的 2/3。

（7）由于不同干密度和强度等级的加气混凝土砌块的性能指标不同，所以不同干密度和强度等级的加气混凝土不应混砌，但在墙底、墙顶局部采用的小块实心砖和多孔砖砌筑不视为混砌。

（8）为减少砂浆在砌筑后收缩变形和由于顶部震动引起的下部气体松动，严格控制砌筑高度，每工作日只许砌筑 1/2 层高，且不大于 1.8 m。雨天不宜砌筑，并对砌块和砌体采取遮盖措施。

（9）穿越墙体的水管要严防渗漏。穿墙、附墙或埋入墙内的铁件应做防腐处理。

（10）切锯砌块应使用专用工具，不得用斧或瓦刀任意砍劈。

5.4.4 填充墙砌体的质量要求

1. 主控项目

（1）砖、砌块和砌筑砂浆的强度等级应符合设计要求。

抽检数量：烧结空心砖每 10 万块为一验收批，小砌块每 1 万块为一验收批，不足上述数量时按一批计，抽检数量为一组。

检验方法：检查砖或砌块的产品合格证书、产品性能检测报告和砂浆试块试验报告。

（2）填充墙砌体应与主体结构可靠连接，其连接构造应符合设计要求，未经设计同意，不得随意改变连接构造方法。每一填充墙与柱的拉结筋的位置超过一皮块体高度的数量不得多于一处。

抽检数量：每检验批抽查不应少于5处。

检验方法：观察检查。

（3）填充墙与承重墙、柱、梁的连接钢筋，当采用化学植筋的连接方式时，应进行实体检测。锚固钢筋拉拔试验的轴向受拉非破坏承载力检验值应为6.0 kN。抽检钢筋在检验值作用下应基材无裂缝、钢筋无滑移、宏观裂损现象；持荷2 min期间荷载值降低不大于5%。

抽检数量：按表5.11确定。

表5.11　检验批抽检锚固钢筋样本最小容量

检验批的容量	样本最小容量	检验批的容量	样本最小容量
≤90	5	281～500	20
91～150	8	501～1200	32
151～280	13	1 201～3 200	50

检验方法：原位试验检查。

2．一般项目

（1）填充墙砌体尺寸、位置允许偏差及检验方法应符合表5.12的规定。

表5.12　填充墙砌体尺寸、位置允许偏差及检验方法

项次	项　目		允许偏差（mm）	检 验 方 法
1	轴线位移		10	用尺检查
2	垂直度	≤3 m	5	用2m托线板或吊线、尺检查
		>3 m	10	
3	表面平整度		8	用2m靠尺和楔形尺检查
4	门窗洞口高、宽（后塞口）		±10	用尺检查
5	外墙上、下窗口偏移		20	用经纬仪或吊线检查

抽检数量：每检验批抽查不应少于 5处。

（2）填充墙砌体的砂浆饱满度及检验方法应符合表5.13的规定。

表5.13　填充墙砌体的砂浆饱满度及检验方法

砌 体 分 类	灰　缝	饱满度及要求	检 验 方 法
空心砖砌体	水平	≥80%	采用百格网检查块体底面或侧面砂浆的黏结痕迹面积
	垂直	填满砂浆、不得有透明缝、瞎缝、假缝	
蒸压加气混凝土砌块、轻骨料混凝土小型空心砌块砌体	水平	≥80%	
	垂直	≥80%	

抽检数量：每检验批抽查不应少于 5处。

（3）填充墙留置的拉结钢筋或网片的位置应与块体皮数相符合。拉结钢筋或网片应置于灰缝中，埋置长度应符合设计要求，竖向位置偏差不应超过一皮高度。

抽检数量：每检验批抽查不应少于 5 处。

检验方法：观察和用尺量检查。

（4）砌筑填充墙时应错缝搭砌，蒸压加气混凝土砌块搭砌长度不应小于砌块长度的 1/3；轻骨料混凝土小型空心砌块搭砌长度不应小于 90 mm；竖向通缝不应大于 2 皮。

抽检数量：每检验批抽检不应少于 5 处。

检查方法：观察和用尺检查。

（5）填充墙的水平灰缝厚度和竖向灰缝宽度应正确。烧结空心砖、轻骨料混凝土小型空心砌块砌体的灰缝应为 8～12 mm。蒸压加气混凝土砌块砌体当采用水泥砂浆、水泥混合砂浆或蒸压加气混凝土砌块砌筑砂浆时，水平灰缝厚度及竖向灰缝宽度不应超过 15 mm；当蒸压加气混凝土砌块砌体采用蒸压加气混凝土砌块黏结砂浆时，水平灰缝厚度和竖向灰缝宽度宜为 3～4 mm。

抽检数量：每检验批抽查不应少于 5 处。

检查方法：水平灰缝厚度用尺量 5 皮小砌块的高度折算；竖向灰缝宽度用尺量 2 m 砌体长度折算。

思考与练习题 5

一、单项选择题

1．砖墙水平灰缝的砂浆饱满度至少达到（　　）以上。

A．90%　　B．80%　　C．75%　　D．70%

2．砌砖墙留斜槎时，斜槎长度不应小于高度的（　　）。

A．1/2　　B．1/3　　C．2/3　　D．1/4

3．砖砌体留直槎时应加设拉结筋拉结筋沿墙高每（　　）设一层。

A．300 mm　　B．500 mm　　C．700 mm　　D．1 000 mm

4．砌砖墙留直槎时，必须留成阳槎并加设拉结筋拉结筋沿墙高每 500 mm 留一层，每层按（　　）墙厚留一根，但每层最少为两根。

A．370 mm　　B．240 mm　　C．120 mm　　D．60 mm

5．砌砖墙留直槎时，需加拉结筋对抗震设防裂度为 6 度、7 度地区，拉结筋每边埋入墙内的长度不应小于（　　）。

A．50 mm　　B．500 mm　　C．700 mm　　D．1 000 mm

6．砖墙的水平灰缝厚度和竖缝宽度，一般应为（　　）左右。

A．3 mm　　B．7 mm　　C．10 mm　　D．15 mm

7．隔墙或填充墙的顶面与上层结构的接触处，宜（　　）。

A．用砂浆塞填　　B．用砖斜砌顶紧

C．用埋筋拉结　　D．用现浇筑混凝土连接

8．砌筑砂浆的抽样频率应符合：每一检验批且不超过（　　）砌体的同种砂浆，每台搅拌机至少抽检一次。

A．100 m^3　　B．150 m^3　　C．250 m^3　　D．500 m^3

9．常温下水泥砂浆必须在拌后（　　）内使用完毕。

A．2 h　　B．3 h　　C．4 h　　D．12 h

10．墙面平整度的检查方法是用（　　）。

A．2 m 托线板　　B．2 m 靠尺和楔形塞尺

C．吊线和尺子量　　D．经纬仪或吊线和尺量

11．扣件式钢管外墙脚手架中，可提高脚手架横向稳定性的杆件是（　　）。

A．连墙杆　　B．横向水平杆

C．剪刀撑　　D．纵向水平扫地杆

12．扣件式钢管脚手架的承载能力取决于（　　）。

A．钢管的直径与壁厚　　B．边墙杆布置形式与间距

C．横杆的步距与立杆的纵距　　D．扣件的材料与做法

13．砌体结构抗震构造柱的设置应为（　　）。

A．先现浇柱后砌墙　　B．先砌墙后现浇柱

C．先装预制柱后砌墙　　D．先砌墙后装预制柱

二、思考题

1．脚手架为什么要设置剪刀撑？如何设置？

2．试述黏土砖砌筑的工艺流程和质量要求。

3．试述混凝土空心砖砌筑的工艺流程。

4．试述加气混凝土砌块砌筑的工艺流程。

附录　检验批质量验收记录表

表A　现浇筑混凝土模板安装工程检验批质量验收记录

<table>
<tr><td colspan="3">单位（子单位）工程名称</td><td colspan="2"></td><td>分部（子分部）工程名称</td><td colspan="2"></td></tr>
<tr><td colspan="3">分项工程名称</td><td colspan="2"></td><td>验收部位</td><td colspan="2"></td></tr>
<tr><td colspan="3">施工单位</td><td colspan="3"></td><td>项目经理</td><td></td></tr>
<tr><td colspan="3">施工执行标准名称及编号</td><td colspan="3"></td><td>专业工长（施工员）</td><td></td></tr>
<tr><td colspan="3">分包单位</td><td colspan="3"></td><td>分包项目经理</td><td></td></tr>
<tr><td>类别</td><td>序号</td><td colspan="2">检查项目</td><td>质量标准</td><td>单位</td><td>施工单位自检记录</td><td>监理（建设）单位验收记录</td></tr>
<tr><td rowspan="3">主控项目</td><td>1</td><td colspan="2">模板及其支架☆</td><td>应根据工程结构形式、荷载大小、地基土类别、施工设备和材料供应等条件进行设计。模板及其支架应具有足够的承载能力、刚度和稳定性，能可靠地承受浇筑混凝土的重量、侧压力及施工荷载</td><td></td><td></td><td></td></tr>
<tr><td>2</td><td colspan="2">上、下层支架的立柱</td><td>应对准，并铺设垫板</td><td></td><td></td><td></td></tr>
<tr><td>3</td><td colspan="2">隔离剂</td><td>不得沾污钢筋和混凝土接槎处</td><td></td><td></td><td></td></tr>
<tr><td rowspan="5">一般项目</td><td>1</td><td colspan="2">模板安装要求</td><td>1．模板的接缝不应漏浆，木模板应浇水湿润，但模板内不应有积水；
2．模板与混凝土的接触面应清理干净并涂刷隔离剂；
3．模板内的杂物应清理干净；
4．对清水混凝土及装饰混凝土工程，应使用能达到设计效果的模板</td><td></td><td></td><td></td></tr>
<tr><td>2</td><td colspan="2">地坪、胎膜</td><td>应平整光洁，不得产生影响结构质量的下沉、裂缝、起砂或起鼓</td><td></td><td></td><td></td></tr>
<tr><td rowspan="2">3</td><td rowspan="2">梁、板起拱度（$L_1 \geq$ 4 m）</td><td>设计有要求</td><td>应符合设计要求</td><td></td><td></td><td></td></tr>
<tr><td>设计无要求</td><td>应为全跨长的1/1 000～3/1 000</td><td></td><td></td><td></td></tr>
<tr><td>4</td><td colspan="2">预埋件、预留孔（洞）</td><td>应齐全、正确、牢固</td><td></td><td></td><td></td></tr>
</table>

续表

类别	序号	检查项目		质量标准	单位	施工单位自检记录	监理（建设）单位验收记录
一般项目	5	预埋件制作、安装		应符合《混凝土结构工程施工质量验收规范》GB 50204 的规定			
	6	轴线位移		≤5	mm		
	7	标高偏差	杯形基础的杯底	−10～−20	mm		
			其他基础模板	±5	mm		
			底模上表面	±5	mm		
			有装配件的支撑面	0～−5	mm		
	8	截面尺寸偏差	基础	±10	mm		
			柱、墙、梁	+4～−5	mm		
	9	垂直度	≤5m	≤6	mm		
			>5m	≤8	mm		
	10	侧向弯曲	基础	不大于 $L_2/750$，且不大于 20 mm	mm		
			梁、墙	不大于 $L_2/1\,000$，且不大于 10 mm	mm		
			柱	不大于 $L_2/1\,000$，且不大于 15 mm	mm		
	11	相邻两板表面高低差		≤2	mm		
	12	表面平整度		≤5	mm		
	13	预留孔中心位移		≤3	mm		
	14	预留洞	中心位移	≤10	mm		
	15		截面尺寸偏差	+10～0	mm		
	16	插筋	中心位移	≤5	mm		
	17		外露长度偏差	+10～0	mm		
	18	预埋螺栓	中心位移	≤2	mm		
	19		外露长度偏差	+10～0	mm		

注：表中 L_1、L_2 为长度

施工单位检查结果	班组长：　　　　项目专业质量检查员： 项目专业技术负责人：　　　　年　月　日
监理（建设）单位验收结论	专业监理工程师： （建设单位项目专业技术负责人）　　　　年　月　日

表B 模板拆除工程检验批质量验收记录

<table>
<tr><td colspan="2">单位（子单位）工程名称</td><td colspan="3"></td><td>分部（子分部）工程名称</td><td colspan="2"></td></tr>
<tr><td colspan="2">分项工程名称</td><td colspan="3"></td><td>验收部位</td><td colspan="2"></td></tr>
<tr><td colspan="2">施工单位</td><td colspan="4"></td><td>项目经理</td><td></td></tr>
<tr><td colspan="2">施工执行标准名称及编号</td><td colspan="4"></td><td>专业工长（施工员）</td><td></td></tr>
<tr><td colspan="2">分包单位</td><td colspan="4"></td><td>分包项目经理</td><td></td></tr>
</table>

<table>
<tr><th>类别</th><th>序号</th><th colspan="4">检查项目</th><th>质量标准</th><th>单位</th><th>施工单位自检记录</th><th>监理（建设）单位验收记录</th></tr>
<tr><td rowspan="9">主控项目</td><td>1</td><td colspan="4">模板及其支架拆除的顺序及安全措施☆</td><td>应按施工技术方案执行</td><td></td><td></td><td></td></tr>
<tr><td rowspan="7">2</td><td rowspan="7">底模及支架拆除时的混凝土强度注)</td><td colspan="3">设计有要求时</td><td>应符合设计要求</td><td></td><td></td><td></td></tr>
<tr><td rowspan="6">设计无要求时</td><td rowspan="3">板</td><td>≤2 m</td><td>≥50%</td><td></td><td></td><td></td></tr>
<tr><td>>2 m ≤8 m</td><td>≥75%</td><td></td><td></td><td></td></tr>
<tr><td>>8 m</td><td>≥100%</td><td></td><td></td><td></td></tr>
<tr><td rowspan="2">梁拱壳</td><td>≤8 m</td><td>≥75%</td><td></td><td></td><td></td></tr>
<tr><td>>8 m</td><td>≥100%</td><td></td><td></td><td></td></tr>
<tr><td colspan="2">悬臂构件</td><td>≥100%</td><td></td><td></td><td></td></tr>
<tr><td>3</td><td colspan="4">后浇带模板</td><td>拆除和支顶按施工技术方案执行</td><td></td><td></td><td></td></tr>
<tr><td rowspan="2">一般项目</td><td>1</td><td colspan="4">侧模拆除</td><td>混凝土强度应能保证其表面及棱角不受损伤</td><td></td><td></td><td></td></tr>
<tr><td>2</td><td colspan="4">模板拆除</td><td>模板拆除时，不应对楼层形成冲击荷载。拆除的模板和支架宜分散堆放并及时清运</td><td></td><td></td><td></td></tr>
<tr><td colspan="10">注：底模及支架拆除时的混凝土强度标准为应达到的设计强度标准值的百分率</td></tr>
<tr><td colspan="2">施工单位检查结果</td><td colspan="8">班组长：　　项目专业质量检查员：
项目专业技术负责人：　　年　月　日</td></tr>
<tr><td colspan="2">监理（建设）单位验收结论</td><td colspan="8">专业监理工程师：
（建设单位项目专业技术负责人）　　年　月　日</td></tr>
</table>

表C 钢筋加工检验批质量验收记录

单位（子单位）工程名称		分部（子分部）工程名称	
分项工程名称		验收部位	
施工单位		项目经理	
施工执行标准名称及编号		专业工长（施工员）	
分包单位		分包项目经理	

类别	序号	检查项目	质量标准	单位	施工单位自检记录	监理（建设）单位验收记录
主控项目	1	原材料抽检☆	钢筋进场时，应按现行国家标准GB 1499等的规定抽取试件做力学性能试验，其质量必须符合有关标准的规定			
	2	有抗震要求的框架结构☆	对有抗震设防要求的框架结构，其纵向受力钢筋的强度应满足设计要求。当设计无具体要求时，对一、二级抗震等级，检验所得的强度实测值应符合下列规定：1. 钢筋的抗拉强度实测值与屈服强度实测值的比值不应小于1.25；2. 钢筋的屈服强度实测值与强度标准值的比值不应大于1.3			
	3	化学成分专项检验	当发现钢筋脆断、焊接性能不良或力学性能显著不正常等现象时，应对该批钢筋进行化学成分检验或其他专项检验			
	4	受力钢筋弯钩和弯折	1. HPB235级钢筋末端应做180°弯钩，其弯弧内直径不应小于钢筋直径的2.5倍，弯钩的弯后平直部分长度不应小于钢筋直径的3倍； 2. 当设计要求钢筋末端需做135°弯钩时，HRB335级、HRB400级钢筋的弯弧内直径不应小于钢筋直径的4倍，弯钩的弯后平直部分长度应符合设计要求； 3. 钢筋做不大于90°的弯折时，弯折处的弯弧内直径不应小于钢筋直径的5倍			

续表

类别	序号	检查项目		质量标准	单位	施工单位自检记录	监理（建设）单位验收记录
主控项目	5	箍筋末端弯钩		除焊接封闭环式箍筋外，箍筋的末端应做弯钩，弯钩形式应符合设计要求。当设计无具体要求时，应符合下列规定： 1．箍筋弯钩的弯弧内直径除应满足本表主控项目第4项的规定外，还应不小于受力钢筋直径。 2．箍筋弯钩的弯折角度，对一般结构，不应小于90°；对有抗震等要求的结构，应为135°。 3．箍筋弯后平直部分长度，对一般结构，不宜小于箍筋直径的5倍；对有抗震等要求的结构，不应小于箍筋直径的10倍			
一般项目	1	钢筋表面质量		钢筋应平直、无损伤，表面不得有裂纹、油污、颗粒状或片状老锈			
	2	钢筋调直		应符合设计要求和现行有关标准的规定			
	3	钢筋加工偏	受力钢筋顺长度方向全长的净尺寸	±10	mm		
	4		弯起钢筋的弯折位置	±20	mm		
	5		箍筋内净尺寸	±5	mm		
施工单位检查结果				班组长：　　项目专业质量检查员： 项目专业技术负责人：　　年　月　日			
监理（建设）单位验收结论				专业监理工程师： （建设单位项目专业技术负责人）　　年　月　日			

表D 钢筋安装检验批质量验收记录

单位（子单位）工程名称		分部（子分部）工程名称	
分项工程名称		验收部位	
施工单位		项目经理	
施工执行标准名称及编号		专业工长（施工员）	
分包单位		分包项目经理	

类别	序号	检查项目	质量标准	单位	施工单位自检记录	监理（建设）单位验收记录
主控项目	1	受力钢筋的品种、级别、规格和数量☆	必须符合设计要求			
	2	纵向受力钢筋连接方式	应符合设计要求和现行有关标准的规定			
	3	焊接接头的质量	应符合相关国家标准的规定			
一般项目	1	接头位置	宜设在受力较小处。同一纵向受力钢筋不宜设置两个或两个以上接头；接头末端至钢筋弯起点距离不应小于钢筋直径的 10 倍			
	2	受力钢筋焊接接头设置	宜相互错开。在连接区段长度为 35d 且不小于 500 mm 范围内，接头面积百分率应符合国家标准 GB 50204 的规定			
	3	绑扎搭接接头	同一构件中相邻纵向受力钢筋的绑扎搭接接头宜相互错开。接头中钢筋的横向净距不应小于钢筋直径，且不应小于 25 mm。搭接长度应符合标准的规定。连接区段 1.3L 长度内，接头面积百分率： 1. 对梁类、板类及墙类构件，不宜大于 25%； 2. 对柱类构件，不宜大于 50%； 3. 当工程中确有必要增大接头面积百分率时，对梁内构件不宜大于 50%，对其他构件，可根据实际情况放宽			

续表

类别	序号	检查项目			质量标准	单位	施工单位自检记录	监理（建设）单位验收记录
一般项目	4	箍筋配置			在梁、柱类构件的纵向受力钢筋搭接长度范围内，应按设计要求配置箍筋。当设计无具体要求时应符合标准 GB 50204 的规定			
	5	钢筋骨架	网片长、宽偏差		±10	mm		
	6		网眼尺寸偏差		±20	mm		
	7		网片对角线差		≤10	mm		
	8		长度偏差		±10	mm		
	9		宽、高度偏差		±5	mm		
	10	受力钢筋	间距偏差		±10	mm		
	11		排距偏差		±5	mm		
	12		保护层厚度偏差	基础	±10	mm		
				柱、梁	±5	mm		
				板、墙、壳	±3	mm		
	13	箍筋、横向钢筋间距偏差			±20	mm		
	14	钢筋弯起点位移			≤20	mm		
	15	预埋件	中心位移		≤5	mm		
	16		水平高差		+3～0	mm		
注：表中 *d* 为纵向受力钢筋的较大直径；*L* 为搭接长度								
施工单位检查结果	班组长：　项目专业质量检查员： 项目专业技术负责人：　年　月　日							
监理（建设）单位验收结论	专业监理工程师： （建设单位项目专业技术负责人）　年　月　日							

表E 混凝土原材料及配合比设计检验批质量验收记录

单位（子单位）工程名称		分部（子分部）工程名称	
分项工程名称		验收部位	
施工单位		项目经理	
施工执行标准名称及编号		专业工长（施工员）	
分包单位		分包项目经理	

类别	序号	检查项目	质量标准	单位	施工单位自检记录	监理（建设）单位验收记录
主控项目	1	水泥检验☆	必须符合设计要求和现行国家标准GB 175等的规定。当在使用中对水泥质量有怀疑或水泥出厂超过三个月（快硬硅酸盐水泥超过一个月）时，应进行复验，并按复验结果使用。钢筋混凝土结构、预应力混凝土结构中，严禁使用含氯化物的水泥			
	2	外加剂质量及应用技术☆	应符合现行国家标准GB 8076、GB 50119等和有关环境保护的规定。预应力混凝土结构中，严禁使用含氯化物的外加剂；钢筋混凝土结构中，当使用含氯化物的外加剂时，其他含量应符合现行国家标准GB 50164的规定			
	3	氯化物及碱含量	混凝土中氯化物及碱的总含量应符合现行国家标准GB 50010和设计的要求			
	4	配合比设计	混凝土应按现行国家标准JGJ 55的有关规定，根据混凝土强度等级、耐久性和工作性等要求进行配合比设计。对有特殊要求的混凝土，其配合比设计尚应符合国家现行有关标准的专门规定			

续表

类别	序号	检查项目	质量标准	单位	施工单位自检记录	监理（建设）单位验收记录
一般项目	1	矿物掺和料质量	应符合现行国家标准GB1596等的规定，其掺量应通过试验确定			
	2	粗细骨料质量	应符合现行国家标准JGJ 52、JGJ 53的规定			
	3	拌制用水质量	宜采用饮用水；当采用其他水源时，水质应符合现行国家标准JGJ 63的规定			
	4	配合比鉴定及验证	首次使用的配合比应进行开盘鉴定，其工作性应满足设计配合比的要求。开始生产时应另留置一组标准养护试件，作为验证配合比的依据			
	5	施工配合比	混凝土拌制前，应测定砂、石含水率并根据测试结果调整材料用量，提出施工配合比			
施工单位检查结果		班组长：　　项目专业质量检查员： 项目专业技术负责人：　　年　月　日				
监理（建设）单位验收结论		专业监理工程师： （建设单位项目专业技术负责人）　　年　月　日				

表F 普通混凝土施工检验批质量验收记录

单位（子单位）工程名称		分部（子分部）工程名称	
分项工程名称		验收部位	
施工单位		项目经理	
施工执行标准名称及编号		专业工长（施工员）	
分包单位		分包项目经理	

类别	序号	检查项目		质量标准	单位	施工单位自检记录	监理（建设）单位验收记录
主控项目	1	混凝土强度及试件取样留置☆		必须符合设计要求和现行有关标准的规定			
	2	混凝土原材料每盘称量的偏差	水泥、掺和料	±2%			
			粗、细骨料	±3%			
			水、外加剂	±2%			
	3	混凝土运输、浇筑及间歇		混凝土运输、浇筑及间歇的全部时间不应超过混凝土的初凝时间，同一施工段的混凝土应连续浇筑，并应在底层混凝土初凝之前将上一层混凝土浇筑完毕。当底层混凝土初凝后浇筑上一层混凝土时，应按施工技术方案中对施工缝的要求进行处理			
一般项目	1	施工缝留置及处理		应按设计要求和施工技术方案确定、执行			
	2	后浇带留置位置		应按设计要求和施工技术方案确定，混凝土浇筑应按施工技术方案进行			
	3	养护		应符合施工技术方案和现行有关标准的规定。现浇板浇筑后，应在终凝后进行覆盖和浇水养护，养护时间不得少于7天，对掺用缓凝型外加剂的混凝土，不得少于14天			

施工单位检查结果	班组长： 项目专业质量检查员： 项目专业技术负责人： 年 月 日
监理（建设）单位验收结论	专业监理工程师： （建设单位项目专业技术负责人） 年 月 日

表G　现浇混凝土结构外观及尺寸偏差检验批质量验收记录

单位（子单位）工程名称		分部（子分部）工程名称	
分项工程名称		验收部位	
施工单位		项目经理	
施工执行标准名称及编号		专业工长（施工员）	
分包单位		分包项目经理	

类别	序号	检查项目			质量标准	单位	施工单位自检记录	监理（建设）单位验收记录
主控项目	1	外观质量☆			不应有严重缺陷。对已经出现的严重缺陷，应由施工单位提出技术处理方案，并经监理（建设）、设计单位认可后进行处理，对经处理的部位，应重新检查验收			
	2	尺寸偏差☆			不应有影响结构性能和使用功能的尺寸偏差。对超过尺寸允许偏差且影响结构性能和安装、使用功能的部位，应由施工单位提出技术处理方案，并经监理（建设）、设计单位认可后进行处理。对经处理的部位，应重新检查验收			
一般项目	1	外观质量			不宜有一般缺陷。对已经出现的一般缺陷，应由施工单位按技术处理方案进行处理，并重新检查验收。防水混凝土不得有露筋、蜂窝等缺陷			
	2	轴线位移	独立基础		≤10	mm		
			其他基础		≤15	mm		
			墙、柱、梁		≤8	mm		
	3	垂直度	层高	≤5m	≤8	mm		
				>5m	≤10	mm		
			全高（H）		不大于 H/1 000，且不大于30 mm	mm		
	4	标高偏差	杯形基础杯底		0～-10	mm		
			其他基础顶面		±10	mm		
			层高		±10	mm		
			全高		±30	mm		

续表

类别	序号	检查项目		质量标准	单位	施工单位自检记录	监理（建设）单位验收记录
一般项目	5	截面尺寸偏差		+8～−5	mm		
	6	表面平整度		≤8	mm		
	7	预留洞中心位移		≤15	mm		
	8	预留孔	中心位移	≤5	mm		
	9		截面尺寸偏差	+10～−5	mm		
	10	混凝土预埋件、预埋螺栓、预埋管拆模后质量		应符合相关国家标准的规定			
	11	防水混凝土表面裂缝宽度		不应大于 0.2 mm，并不得贯通			
施工单位检查结果		班组长：　　　项目专业质量检查员： 项目专业技术负责人：　　　年　月　日					
监理（建设）单位验收结论		专业监理工程师： （建设单位项目专业技术负责人）　　　年　月　日					

表H 砖砌体工程检验批质量验收记录

工程名称		分项工程名称		验收部位	
施工单位				项目经理	
施工执行标准名称及编号				专业工长	
分包单位				施工班组长	

	质量验收规范的规定		施工单位检查评定记录	监理（建设）单位验收记录
主控项目	1．砖强度等级	设计要求 MU		
	2．砂浆强度等级	设计要求 M		
	3．斜槎留置	5.2.3 条		
	4．转角、交接处	5.2.3 条		
	5．直槎拉结钢筋及接槎处理	5.2.4 条		
	6．砂浆饱满度	≥80%（墙）		
		≥90%（柱）		
一般项目	1．轴线位移	≤10 mm		
	2．垂直度（每层）	≤5 mm		
	3．组砌方法	5.3.1 条		
	4．水平灰缝厚度	5.3.2 条		
	5．竖向灰缝宽度	5.3.2 条		
	6．基础、墙、柱顶面标高	±15 mm 以内		
	7．表面平整度	≤5 mm（清水）		
		≤8 mm（混水）		
	8．门窗洞口高、宽（后塞口）	±10 mm 以内		
	9．窗口偏移	≤20 mm		
	10．水平灰缝平直度	≤7 mm（清水）		
		≤10 mm（混水）		
	11．清水墙游丁走缝	≤20 mm		
施工单位检查评定结果	项目专业质量检查员： 年 月 日 项目专业质量（技术）负责人： 年 月 日			
监理（建设）单位验收结论	监理工程师（建设单位项目工程师）： 年 月 日			

表Ⅰ　混凝土小型空心砌体工程检验批质量验收记录

工程名称		分项工程名称		验收部位	
施工单位				项目经理	
施工执行标准名称及编号				专业工长	
分包单位				施工班组长	

	质量验收规范的规定		施工单位检查评定记录	监理（建设）单位验收记录
主控项目	1．小砌块强度等级	设计要求MU		
	2．砂浆强度等级	设计要求M		
	3．混凝土强度等级	设计要求C		
	4．转角、交接处	6.2.3条		
	5．斜槎留置	6.2.3条		
	6．施工洞口砌法	6.2.3条		
	7．芯柱贯通楼盖	6.2.4条		
	8．芯柱混凝土灌实	6.2.4条		
	9．水平灰缝饱满度	≥90%		
	10．竖向灰缝饱满度	≥90%		
一般项目	1．轴线位移	≤10 mm		
	2．垂直度（每层）	≤5 mm		
	3．水平灰缝厚度	8 mm～12 mm		
	4．竖向灰缝宽度	8 mm～12 mm		
	5．顶面标高	±15 mm以内		
	6．表面平整度	≤5 mm（清水）		
		≤8 mm（混水）		
	7．门窗洞口	±10 mm以内		
	8．窗口偏移	≤20 mm		
	9．水平灰缝平直度	≤7 mm（清水）		
		≤10 mm（混水）		

施工单位检查评定结果	项目专业质量检查员：　　　　项目专业质量（技术）负责人： 年　月　日　　　　年　月　日
监理（建设）单位验收结论	监理工程师（建设单位项目工程师）： 年　月　日

表 J　填充墙砌体工程检验批质量验收记录

工程名称		分项工程名称		验收部位	
施工单位				项目经理	
施工执行标准名称及编号				专业工长	
分包单位				施工班组长	

	质量验收规范的规定			施工单位检查评定记录	监理（建设）单位验收记录
主控项目	1．块体强度等级		设计要求 MU		
	2．砂浆强度等级		设计要求 M		
	3．与主体结构连接		9.2.2 条		
	4．植筋实体检测		9.2.3 条	见填充墙砌体植筋锚固力检测记录	
一般项目	1．轴线位移		≤10 mm		
	2．墙面垂直度（每层）	≤3 m	≤5 mm		
		>3 m	≤10 mm		
	3．表面平整度		≤8 mm		
	4．门窗洞口		±10 mm		
	5．窗口偏移		≤20 mm		
	6．水平缝砂浆饱满度		9.3.2 条		
	7．竖向缝砂浆饱满度		9.3.2 条		
	8．拉结筋、网片位置		9.3.3 条		
	9．拉结筋、网片埋置长度		9.3.3 条		
	10．搭砌长度		9.3.4 条		
	11．灰缝厚度		9.3.5 条		
	12．灰缝宽度		9.3.5 条		
施工单位检查评定结果			项目专业质量检查员： 年　月　日 项目专业质量（技术）负责人： 年　月　日		
监理（建设）单位验收结论			监理工程师（建设单位项目工程师）： 年　月　日		

参 考 文 献

[1] 中华人民共和国住房和城乡建设部. GB 50666—2011 混凝土结构工程施工规范[S]. 北京：中国建筑工业出版社，2012.
[2] 中华人民共和国住房和城乡建设部. GB 50300—2013 建筑工程施工质量验收统一标准[S]. 北京：中国建筑工业出版社，2014.
[3] 中华人民共和国住房和城乡建设部. GB 50204—2015 混凝土结构工程施工质量验收规范[S]. 北京：中国建筑工业出版社，2015.
[4] 中华人民共和国住房和城乡建设部. GB 50203—2011 砌体结构工程施工质量验收规范[S]. 北京：中国建筑工业出版社，2011.
[5] 中华人民共和国住房和城乡建设部. JGJ 18—2012 钢筋焊接及验收规程[S]. 北京：中国建筑工业出版社，2012.
[6] 中华人民共和国住房和城乡建设部. JGJ 107—2010 钢筋机械连接技术规程[S]. 北京：中国建筑工业出版社，2010.
[7] 中华人民共和国住房和城乡建设部. GB/T 50107—2010 混凝土强度检验评定标准[S]. 北京：中国建筑工业出版社，2010.
[8] 中华人民共和国住房和城乡建设部. GB 50164—2011 混凝土质量控制标准[S]. 北京：中国建筑工业出版社，2011.
[9] 中华人民共和国住房和城乡建设部. JGJ 130—2011 建筑施工扣件式钢管脚手架安全技术规范[S]. 北京：中国建筑工业出版社，2011.
[10] 中华人民共和国住房和城乡建设部. GB/T 50214—2013 组合钢模板技术规范[S]. 北京：中国计划出版社，2013.
[11] 中国建筑标准设计研究院. 11G101—1 混凝土结构施工图平面整体表示方法制图规则和构造详图（现浇混凝土框架、剪力墙、梁、板）[S]. 北京：中国计划出版社，2011.
[12] 江正荣. 建筑施工计算手册（第 2 版）[M]. 北京：中国建筑工业出版社，2007.
[13] 吴洁，杨天春. 建筑施工技术[M]. 北京：中国建筑工业出版社，2009.
[14] 王军强. 混凝土结构施工[M]. 北京：中国建筑工业出版社，2010.
[15] 孙大群. 主体结构施工[M]. 北京：中国建筑工业出版社，2007.
[16] 艾思平. 建筑主体工程施工[M]. 合肥：合肥工业大学出版社，2010.
[17] 游普元. 钢筋混凝土主体结构施工[M]. 天津：天津大学出版社，2011.

反侵权盗版声明

举报电话：（010）88254396；（010）88258888
传　　真：（010）88254397
E-mail：　dbqq@phei.com.cn
通信地址：北京市海淀区万寿路 173 信箱
　　　　　电子工业出版社总编办公室
邮　　编：100036